pagine di scienza

*i*blu

Roberto Piazza

La materia dei sogni

Sbirciatina su un mondo di cose soffici (lettore compreso)

 Springer

Roberto Piazza
Dipartimento di Chimica, Materiali e Ingegneria chimica
Politecnico di Milano

Collana *i blu – pagine di scienza* ideata e curata da Marina Forlizzi

ISBN 978-88-470-1596-8   ISBN 978-88-470-1597-5 (eBook)
DOI 10.1007/978-88-470-1597-5

Coordinamento editoriale: Barbara Amorese
Impaginazione: le-tex publishing services GmbH, Leipzig
Layout copertina: Simona Colombo, Milano

Springer-Verlag Italia S.r.l., Via Decembrio 28, I-20137 Milano
Springer fa parte di Springer Science+Business Media (www.springer.com)

*A Vittorio,
che mi ha insegnato a guardare
la materia dei sogni,*

*e naturalmente a Bianca e Sante,
che dalla materia dei loro sogni
hanno tratto chi scrive.*

Indice

Capitolo 1

Ouverture: una giornata particolare

*We are such stuff
as dreams are made on*

W. Shakespeare, *The Tempest*

Lettrice, dammi una mano! D'altronde, sai bene che un autore ha bisogno dei suoi lettori, sia perché senza di loro non potrebbe davvero definirsi tale, sia in quanto, più prosaicamente, deve pur campare. Ma forse, quando apri un libro, non ti aspetti che costui ti chieda di sottoscrivere una sorta di "patto faustiano". Nulla di veramente impegnativo, ma neppure di scontato: voglio prenderti a braccetto e accompagnarti attraverso una tua giornata qualunque, chiedendoti solo in cambio di porti qualche domanda in più su molte cose che incontri quotidianamente, inclusa forse te stessa. Naturalmente non è un patto vincolante, visto che hai *tu* il coltello dalla parte del manico: quando vuoi, puoi sempre riporre questo volume in un cassetto, regalarlo alla tua peggior nemica, o usarlo per scopi meno nobili. A me non resta che sperare che ciò avvenga il più tardi possibile, promettendoti che, se ce la farai, sarai riuscita a leggere senza troppa fatica un testo scientifico non proprio elementare, senza farti venire il mal di testa con i quark, le superstringhe, i buchi neri e le "Teorie del Tutto", qualunque cosa significhino questi termini astrusi. Se così non fosse… be', visto il titolo, non stonerà sul tuo comodino, accanto al letto.

D'accordo? Allora incominciamo subito. Pur sperando ardentemente che per te le cose vadano decisamente meglio, supporrò, per fissare le idee, che tu sia una delle tante donne costrette a fare un doppio lavoro (e ce ne sono ancora troppe). Nel senso che, oltre alla tua onesta e sudata attività professionale, ti tocchi anche badare a una casa e soprattutto a dei figli e a un marito, i primi troppo piccoli, il secondo troppo inetto, per accudire da solo ai compiti elementari che i nostri antenati dell'Età della Pietra sapevano assolvere senza problemi. Quindi ti alzi presto e, per prima cosa, ti appresti a preparare la colazione per te e per loro. Naturalmente non può mancare il latte, così ricco di zuccheri, proteine, vitamine, grassi essenziali per la crescita dei tuoi ragazzi (forse meno per i "maniglioni dell'amore" che il tuo compagno comincia a mostrare). Un momento: di che cosa siano le proteine hai solo una vaga idea (lo sarà un po' meno se tieni duro fino alla fine), ma sai che i grassi hanno una qualche parentela con l'olio, e sai benissimo che olio e acqua, che costituisce oltre l'80% del latte, non hanno alcuna voglia di mescolarsi. Come mai allora quel miracolo bianco sta insieme così bene, mentre la maionese che prepari tu (anche lei uno strano miscuglio di grassi e cose che stanno bene solo in acqua) smonta in modo così deprimente? E poi, perché il latte è così bianco? Anzi, sei proprio sicura che sia *sempre* bianco? Fai un piccolo esperimento. Prendi un bicchiere d'acqua e illuminalo di traverso con una piccola torcia elettrica. Poi, aggiungi del latte (meglio se scremato) goccia a goccia e mischia accuratamente: se fai le cose per bene, ti accorgerai che a un certo punto il fascio di luce della torcia, diffuso dalla soluzione, diviene azzurrino. Da dove diavolo nasce questo "latte per puffi"?

Ma andiamo avanti. Sulla tavola, oltre al latte, ci sono molte altre cose strane, per esempio il burro e la marmellata. Qui almeno una differenza ti è chiara: senza dover richiamare alla mente qualche noiosa lezione scolastica, sai che, mentre il latte è un liquido, queste cose sono solide, ossia stanno in piedi da sole. Sono però solidi un po' strani, visto che con un coltello puoi spalmarli con facilità su una fetta biscottata, su cui scorrono quasi come se fossero liquidi: prova a fare lo stesso con altri solidi, come un pezzo di legno o il coltello stesso! Dimenticavo: prima di tutto ciò, ti sei forse preparata una buona tazza di caffè per darti una scossa, magari con una di queste nuove (e dannatamente care) macchine che fanno un espresso forte e cremoso come quello che bevi al bar. Se pensi che questo innocuo liquido sia più semplice, ti sbagli di grosso: basta vedere cosa succede quando la macchia di caffè che ti sei fatta sul pigiama appena messo si asciuga (vabbé, se proprio vuoi fare l'esperimento, ti consento di usare anche un vecchio straccio). E poi, che cosa sarà quella succulenta cremina, che a te non riesce mai di preparare a mano?

Finita la colazione, prima di prepararti, è il caso di dare un'occhiata ai vestiti che indosseranno quelle adorate pesti dei tuoi "piccoli", che ormai sono quasi dei liceali. Nel farlo, ti accorgi che questi buffi capi (per usare un eufemismo) che insistono a volersi mettere sono fatti di strani tessuti sintetici, spesso con proprietà strabilianti: per esempio, traspirano ma non si bagnano, o ti risparmiano l'arduo compito della stiratura. Hai sentito dire che questi tessuti sono fatti di cose che si chiamano "polimeri", ma che cosa mai li renderà così versatili? Dai poi un'occhiata alle loro scarpe, che passano sotto i nomi astrusi di *sneakers*, *trainers*, *pumps*, *kickers*, ma che per te corrispondono invariabilmente a quelle che dalle mie parti si dicono "scarp de' tennis". Il che ti fa pensare alla gomma, e soprattutto a che cosa sarebbe un mondo *senza* gomma (quello dei tuoi bisnonni, per intenderci): forse è il caso di indagare un po' sulla natura di questo straordinario materiale.

Finalmente è il tuo momento: il bagno è libero, e puoi dedicarti con tranquillità alla *toilette* personale. Prima di ciò, tuttavia, soffermati a considerare qualcuno degli oggetti di cui farai uso. Innanzitutto il sapone, da sempre, o almeno da quando ci siamo convinti che lavarsi non è proprio un peccato, bandiera della lotta per l'igiene (e per la vita: sapessi quanti bimbi come i tuoi devono ringraziare l'ostetrica che ha imparato a detergersi accuratamente le mani prima di intervenire). Come è possibile che questo materiale, sciolto nell'acqua in minima quantità, riesca a trasportare via cose che, in sua assenza, rimarrebbero tenacemente attaccate alla pelle? A dire il vero, una stanza da bagno dei nostri giorni è piena di sostanze che svolgono una funzione simile al sapone, come bagno schiuma, detergenti per l'igiene intima, shampoo, dentifrici, schiuma da barba (quest'ultima sempre un po' dovunque nel tuo bagno). Perché tante varianti? Prova a lavarti i capelli o i denti con il sapone da bucato, e capirai che non è *solo* una questione di marketing. Il dentifricio, poi, è ancora una di quelle cose che si comportano come solide solo quando necessario, ossia quando deve starsene ben fermo sullo spazzolino, mentre scorre senza problema quando ti spazzoli i denti. Oltre a queste cose, il tuo armadietto è pieno di boccette che in qualche modo ricordano il latte di cui abbiamo parlato prima, come il latte (appunto) detergente e le creme da giorno, da notte, da crepuscolo, dove acqua e sostanze grasse rimangono mescolate con *nonchalance* a dispetto di quanto vorrebbe la chimica elementare.

Sei già in ritardo per il lavoro. Ma prima di uscire ti ricordi di dover stampare e firmare quel documento che tuo figlio deve portare a scuola entro oggi (ovviamente te lo ha detto ieri sera). E devi farlo tu, visto che il marito, nutrito, sbarbato, lavato e profumato, è già uscito di casa (però si è almeno ricordato di darti un bacino). Comunque sai farlo, visto che lo stesso marito, che non sa prepararsi due uova al burro, ti ha "spiegato" (per usare un'iperbole) come usare il computer di casa, chiedendosi un po' sdegnato come sia possibile che una donna d'oggi non sappia fare cose così semplici. Naturalmente, le cartucce d'inchiostro sono finite. Con quello che costano! Ma come mai sono così care? Be', pensaci bene: quel dannato oggetto (la tua stampante *ink-jet*) sputacchia in continuazione, generando precisi caratteri di stampa con una velocità impressionante. Come vedremo, l'inchiostro che sputa non è un fluido così semplice, ma è pieno di particelle sospese, e impedire che queste otturino i forellini da cui esce non è facile (anzi, se pensi a quante volte la stampante ti comunica che sta "pulendo gli ugelli", capirai che forse non lo sappiamo ancora fare troppo bene). Ma essere stati capaci, fin dall'antichità, di sospendere in modo stabile particelle colorate, i pigmenti, nell'acqua o in altri liquidi è ciò che ci permette oggi di godere della vista degli affreschi della Cappella Sistina e delle ninfee di Monet, o di leggere la Divina Commedia e le poesie di Leopardi. E, nel mio piccolo, consente ora a me di scrivere questo libro.

Riesci finalmente a uscire, affrettandoti a raggiungere l'ufficio, la fabbrica, la scuola, o il negozio dove lavori, facendoti strada attraverso una nebbiosa e malinconica mattinata padana: la "scighera", come si dice a Milano, un altro mistero bianco come il latte, fatto solo d'aria e d'acqua, che bianchi non sono. Certo, sarebbe molto più piacevole se fosse una bella giornata di sole. O no? Hai sentito dire che questo cielo di Lombardia non solo è, per dirla alla Manzoni, così bello quando è bello, ma sembra essere anche particolarmente deleterio *proprio* quando è bello, a causa di quelle misteriose particelle che chiamano "PM10" e che tuo figlio sostiene essere molto più dannose alla salute del rock duro al massimo volume, citando come fonte l'altrettanto incomprensibile sigla "AC/DC". Tu in realtà non sai bene che cosa siano, ma intuisci che abbiano qualcosa a che vedere col dover stendere in casa la biancheria, se vuoi che resti bianca, o con le brutte striature sul muro, proprio sopra ai termosifoni o dietro il frigorifero, che stanno già devastando la "rinfrescata" un po' approssimativa che tuo marito, improvvisandosi *bricoleur* domestico, ha dato alla pareti la scorsa primavera (anche quella vernice era fatta per scorrere solo quando lo voleva il pennello, per quanto i risultati ottenuti non sembrino confermarlo). Comunque, se vuoi saperlo, sono particelle non troppo diverse da quelle che che abbiamo incontrato nell'inchiostro della tua stampante: lì nell'acqua, qui nell'aria. Forse ti sorprenderà di più sapere che anche il magnifico opale che porti al dito, frutto di un momento di insperata follia del tuo coniuge, deve i suoi magnifici colori solo a semplici particelle di vetro, disposte però con cura e millenaria pazienza dalla Natura in modo del tutto singolare.

Per sfuggire alla melanconia della nebbia e visto che ti rimane ancora un bel po' di strada da fare, ti ritrovi a ripensare a quelle stupende giornate di sole della scorsa estate in Sardegna, con quel cielo così azzurro (a proposito, perché azzurro?), quel mare incantato, quella sabbia bianca e fine. Già, la sabbia: anche questo è un materiale ben strano, non credi? Scorre come l'acqua (tanto che ci fanno pure le clessidre), ma non è un liquido, quanto piuttosto uno sciame di granelli che *si comportano* (quasi) come un liquido. A pensarci bene, di cose simili alla sabbia ne incontri tante tutti i giorni, basti pensare allo zucchero, al sale, alla farina, al detersivo in polvere. Che cosa hanno in comune questi "fluidi granulari"? Molte cose interessanti, e questo potresti aspettartelo: quello che probabilmente non sai è che hanno qualcosa da insegnarci anche su quell'ingorgo del traffico in cui l'auto di tuo marito è in questo momento imbottigliata.

Per lasciarti un po' di libertà senza starti appiccicato tutto il giorno, e anche perché non so proprio quale sia l'attività che svolgi, sorvolo sulle otto o più ore che costituiscono la tua giornata lavorativa, e mi limito ad aspettarti all'uscita per riaccompagnarti a casa. Prima di rientrare, devi fare però un salto al supermercato, dato che, una volta rincasata, dovrai pur preparare qualcosa per quelle bestie fameliche che ti attendono (anche se, stanca come sei, qualche volta faresti volentieri fare *a loro* "quattro salti in padella"). E poi, se per te è solo una spesa frettolosa, per me è un paradiso di occasioni per farti notare cose di cui parleremo. A parte molti altri cibi che con quelli che abbiamo incontrato a colazione presentano parecchi aspetti in comune (per esempio burro, cioccolata, gelati, confetture, panna montata, maionese, gelatine, yogurt più o meno cremosi), aggirandoti tra gli scaffali troverai anche molte sostanze non commestibili, come detergenti, ammorbidenti, adesivi, cere, silicone sigillante (la cui pubblicità, chissa perché, tuo marito segue con tanta attenzione), oli lubrificanti, amido, spugne, pannolini, assorbenti igienici, balsamo dopo-shampoo, deodoranti "gel" per ambienti, e persino padelle antiaderenti, che hanno molto a che fare con ciò che voglio farti conoscere.

Non mi soffermo sulla cena e sul dopocena, se non per farti notare che il giornale che sei finalmente riuscita a sfogliare potrebbe essere presto sostituito da uno schermo dalle proprietà strabilianti: a differenza di quanto avviene con lo schermo del tuo computer, questo aggeggio ti consentirà di leggere in piena luce solare (anzi, funzionerà *meglio* in queste condizioni) con un consumo ridicolo di batterie. Ti sorprenderà scoprire che il materiale di cui è fatto, la cosiddetta *e-paper* o "carta elettronica", ha molto a che vedere sia con le polveri sottili che con il tuo anello di opale. Suppongo poi che, una volta a letto, tuo marito sia crollato immediatamente tra le braccia di Morfeo, dando immediatamente inizio a quel concerto grosso per fiati che da qualche tempo rende più brevi le tue notti. Dopo aver preso una camomilla per calmare l'irritazione, provocata dal fatto che domattina lui negherà ovviamente ogni addebito (come del resto faccio anch'io…), puoi forse sfruttare quest'insonnia forzata per porti qualche domanda di sempre, a cui la vita di tutti i giorni lascia così poco spazio. Chi sei *tu* in realtà? Come diavolo funziona questa macchina meravigliosa che, a parte qualche acciacco occasionale, ti ha consentito fin ora di godere di una vita tutto sommato felice?

Fatti allora piccina piccina, fino a ritornare un'adolescente che sorrideva alla vita o, prima ancora, una bimba che si stupiva a ogni nuova scoperta. Ancora uno sforzo: cerca con l'immaginazione di tornare a immergerti in quel piccolo mare da cui tutti veniamo e che chiamiamo mamma, fino a ritornare a essere quella singola cellula da cui hai avuto origine. Anche quella microscopica gocciolina, qualunque fosse il suo stato esistenziale, era capace di molte cose. Ma, innanzitutto, aveva ben chiara la differenza tra ciò che stava *fuori* e ciò che stava *dentro*, e poteva decidere con estrema precisione che cosa far entrare e che cosa meno: in qualche modo, pensaci bene, aveva fin dall'inizio fissato chiaramente il confine fra te e il mondo. Che cosa rende possibile questa "dichiarazione d'identità"? Scopriremo nelle pagine che seguono come questo recinto dell'Io sia fatto di cose non molto diverse dai saponi, e come le stesse macchine che permettono alla cellula di funzionare (le proteine) sfruttino in modo estremamente raffinato principi simili a quelli che regolano il modo in cui le molecole di un detersivo si organizzano in soluzione. Scopriremo anzi molto di più: quella piccola, insignificante cellula è una vera e propria città, dove microscopici cittadini svolgono con incredibile efficienza le stesse attività svolte dai tuoi amici e dagli amici dei tuoi amici. Incontreremo così ingegneri chimici e meccanici, camionisti e netturbini, chirurghi e badanti, antennisti e sentinelle, architetti e muratori, banchieri e giornalisti, poliziotti e banditi, che si prestano a tutti questi ruoli sotto la guida creativa di un magnifico regista e di uno splendido scenografo. E forse ti sorprenderai nello scoprire che il piccolo segreto di questa magica città è solo quello di aver saputo orchestrare, sfruttando sapientemente l'energia di quel sole che traspariva dietro la nebbia, uno stupendo concerto di particelle, polimeri e saponi: di aver dato loro, per l'appunto, vita.

Come vedi, le cose di cui vogliamo parlare sono tante. Se avrai voglia di seguirmi, cercherò di farti capire come sono fatti e come funzionano anche materiali più prosaici ma di grande importanza tecnologica, come il petrolio, il cemento, gli antiparassitari, le schiume, gli adesivi, gli inchiostri, gli addensanti, molti farmaci e, davvero, chi più ne ha più ne metta. Può sembrarti impossibile che cose così diverse come la nebbia, una scarpa da tennis, una mousse al cioccolato e una proteina abbiano qualcosa in comune e, di fatto, molti veri specialisti (chimici, ingegneri dei materiali, biologi), condividerebbero forse la tua perplessità. Ma, come ben noto, noi fisici siamo gente un po' strana, vittime di un'incurabile "sindrome di Peter Pan" che ci spinge perennemente a cercare nuovi oggetti con cui giocare, e soprattutto nuovi imprevedibili incastri tra i pezzi di quel puzzle complicato che chiamiamo realtà. Così, questi bimbi mai cresciuti si sono inventati una cosa che passa sotto il nome di "fisica della materia soffice" (anche se talora proprio soffice non sembra) e sono ostinatamente convinti che le stesse idee di fondo possono guidarci a comprendere come funzionano tutte queste cose, dai colori di Tiziano all'organizzazione della vita. Quella vita che, per Shakespeare, è fatta della stessa materia di cui sono fatti i sogni. E che cosa c'è di più soffice di un sogno, se non forse una carezza? Carezza con cui, per il momento, ti lascio. Tuo marito ha finito il concerto, e tu puoi finalmente goderti il meritato riposo. Grazie per la collaborazione, e buona lettura.

NOTA IN CHIUSURA: Se anziché una lettrice sei un lettore, un po' indispettito da questa apertura o semplicemente convinto che rivolgersi a un pubblico generico sia più neutrale, ricorda che il gentil sesso vanta un discreto credito nei tuoi confronti per quanto riguarda gli incipit letterari. Comunque, se questo ti può consolare, quanto hai appena letto dovrebbe farti capire che l'essermi rivolto alla tua compagna, madre, figlia, sorella, o amica ci è stato d'aiuto: per ciò di cui parleremo, la loro giornata è decisamente più interessante della tua o della mia. Forse però mi sbaglio, forse anche tu lavi la biancheria, fai la spesa al supermercato, cambi i pannolini ai piccoli. In questo caso, buon per te: attraverso questo libro, scoprirai quante nuove occasioni ti offrano queste attività per soddisfare la tua curiosità. Se invece così non fosse, non credi che sia il caso di incominciare?

Capitolo 2

Una vita in sospeso

Tipi brilli, appiccicosi e molto superficiali: le particelle colloidali – Andare a zonzo tra molecole irrequiete: il moto browniano – Osmosi: il respiro di un mondo disperso – Demiurghi del mondo microscopico: come mettere sotto controllo i colloidi – Sofficità senza limiti: aggregati colloidali, geometria frattale, e per finire uno yogurt – Odi et amo: ambivalenza delle forze elettrostatiche, paesaggi vesuviani e cementi – Dalla nebbia in Val Padana alla tavolozza di Tiziano: sparpagliare luce e colori – E-paper, il calamaio di domani – Tramonti infuocati e lune blu: colori e inganni degli aerosol.

È venuto per me il momento, cara lettrice, di interrompere il nostro *tête-à-tête* e di rivolgermi, per correttezza, anche a tutti gli altri lettori (sperando ovviamente che ce ne siano). Dunque, di che cosa vorrei parlarvi in questo libro? Di molte, moltissime cose. Partendo dalle cose più piacevoli, una ragionevole lista dei miei *desiderata* potrebbe per esempio cominciare così:

tè e caffè, ricotta e panna montata, maionese e yogurt, riso e sabbia, saponi e dentifrici, inchiostri e vernici, latte e polveri sottili, pannolini e gelatine, gelati e schiume da barba, pneumatici e proteine, ragni e tessuti sintetici, polistirolo espanso e bagno schiuma, vetri e opali, petrolio e acque termali, pellicole fotografiche e argille, farmaci e batteri, cellule e bolle di sapone, virus e cemento…

… e andare ancora avanti per un bel po'. Per non suscitare l'ira funesta del mio Editore, dovrò tuttavia limitarmi a saltabeccare qua e là tra questi e altri argomenti, cercando almeno di farvene annusare l'aroma. Ma che cosa hanno in comune tutte queste cose? In realtà, sembra un'accozzaglia disordinata di sostanze e oggetti più o meno nobili: va bene per tè e caffè, saponi e dentifrici, farmaci e batteri, direte voi, ma latte e polveri sottili, pneumatici e proteine, cellule e bolle di sapone c'entrano tra di loro come i cavoli a merenda.

Nulla di più sbagliato. Scopo principale di questo libro, anzi l'unico messaggio che vorrei vi restasse davvero in testa dopo averlo letto, è che *tutti* questi materiali condividono un importante aspetto di fondo. Per ora provo ad accennarvelo, anche se in realtà le cose vi saranno chiare solo alla fine. Partiamo da un esempio semplice, considerando un bel bosco montano. Per una guardia forestale, questo è fondamentalmente fatto di abeti, pini, larici e piante del sottobosco. In prima battuta, per capire se una pianta è malata, decidere dove piantare nuove piante, disegnare un sentiero o salvaguardare il bosco dai piromani non gli serve andare molto più per il sottile. Capire *perché* alcune piante siano malate e decidere se possano essere curate o debbano essere purtroppo abbattute è però tutto un altro discorso, e per questo la guardia forestale deve chiedere aiuto a un botanico.

Per il botanico, il bosco è una cosa ben diversa, perché ogni abete, pino, o larice è fatto di radici, tronco, rami, pigne che portano i semi: insomma, il botanico, per capire, ha dovuto scendere di qualche piano con l'ascensore e, anziché limitarsi a considerare strutture grandi decine di metri, guardare con attenzione cose decisamente più piccole, ma certamente non ancora le più piccole. Per un biologo (almeno di quelli che circolavano una cinquantina di anni fa), ogni albero, e in definitiva il bosco stesso, è un insieme di cellule e dei materiali come il legno che queste cellule producono. Anzi, dentro una cellula ci sono organelli più piccoli che dobbiamo imparare a conoscere se vogliamo capire davvero perché una pianta si ammali o come si riproduca. L'ascensore è sceso ancora di parecchi piani: ora il bosco è fatto di "mattoncini" grandi millesimi di millimetro, o anche meno.

Tuttavia, a scuola ci hanno insegnato (o dovrebbero averci insegnato) che ogni cosa, anche una cellula, è fatta di molecole, che a loro volta sono piccole famigliole di atomi. Per un fisico atomico, allora, un bosco è fondamentalmente fatto di atomi: l'ascensore è arrivato al piano terra, perché i mattoncini che costituiscono il bosco ora sono dieci o centomila volte più piccoli di una cellula. In realtà c'è anche un sottoscala, e molto profondo: a un fisico nucleare interessa che cosa c'è *dentro* un atomo, cose come il nucleo che, pur essendo il mattoncino più grande, è centomila volte più piccolo di un atomo. La discesa nei sotterranei sembra non finire mai, tanto che oggi pensiamo che, per capire veramente come sia fatto il mondo, si debbano considerare distanze molto più piccole rispetto al nucleo atomico di quanto questo lo sia rispetto a un abete.

Un bosco può avere quindi molti *livelli di descrizione*, sempre più raffinati, ma tutti perfettamente legittimi e per molti aspetti "autosufficienti", anche se collegati: la guardia forestale non ha nessun bisogno di sapere che il bosco è fatto di atomi, né gliene potrebbe importare di meno dell'esistenza di particelle come gli elettroni, i mesoni o i quark. Se però guardiamo con maggiore attenzione questa discesa negli inferi, ci accorgiamo che, a un certo punto, abbiamo fatto un salto notevole, perché due piani sembrano molto più lontani tra loro degli altri. A un botanico, per descrivere le strutture fondamentali di cui è composta una conifera, quali siano le loro funzioni, e che cosa le rende diverse da quelle di altre piante, non servono troppi concetti. Un po' più complesso è il lavoro del biologo, anche se "tradizionale", perché i tipi di cellule e di materiali biologici che costituiscono ciascuno di questi componenti, come per esempio una foglia, sono decisamente tanti; comunque, è un problema abbordabile. All'estremo opposto, le cose sono decisamente più facili per il fisico atomico, dato che i tipi di atomi diversi sono solo circa un centinaio e, di questi, solo un numero ridotto costituisce le strutture biologiche. Per il fisico delle particelle, poi, le cose sono ancora più semplici, perché i costituenti fondamentali della natura sono pochi, molti meno di quanti sembrassero essere fino a poche decine di anni fa.

L'anello mancante però, quello tra cellule e atomi, è radicalmente diverso, perché le molecole di diverso tipo che compongono una cellula sono milioni, anzi *miliardi*. Certo, direte, ci hai imbrogliato, perché hai trascurato i *chimici*, che sono capaci di individuare, studiare, modificare, o addirittura progettare da zero una quantità sterminata di molecole. Verissimo, la chimica è prodigiosa e io dei chimici e delle loro straordinarie capacità ho un rispetto quasi reverenziale. Ma *non basta*. È vero, sono *le molecole* a essere i veri mattoni su cui è costruito tutto l'universo, o perlomeno quella parte che più ci interessa: il mondo degli atomi o delle particelle ci serve solo a capire come sono fatte o come reagiscono tra di loro, ma poi ce lo possiamo (quasi) dimenticare. Tuttavia, se vi mostro un mucchio di mattoni, travi, tubi e piastrelle alla rinfusa, vi è difficile pensare a una casa. Se invece vi mostrassi un tetto, dei muri portanti, delle pareti divisorie, un sistema idraulico preassemblato, le cose vi sembrerebbero forse più semplici. Non è solo lo sterminato numero di molecole diverse a rendere complesso un materiale biologico, ma il fatto che queste si raccolgono *a loro volta* in piccole e grandi strutture, ciascuna con una precisa identità.

Molti materiali semplici non hanno questa proprietà: in un bicchiere d'acqua, nella mina della matita, persino nei chip del vostro telefonino, c'é ben poco di mezzo tra gli atomi e l'oggetto che vedete davanti agli occhi. Per i materiali di cui vogliamo parlare invece sì, questi mattoncini esistono, anche se, per quanto grandi rispetto alle molecole, sono in genere sempre troppo piccoli per essere visti. Anzi, talvolta esistono *solo* quando il materiale si forma, e se cerchiamo di tirarli fuori ritornano a essere molecole semplici. La loro differenza rispetto ai materiali semplici è quindi un po' come quella tra una casa costruita mattone per mattone e un prefabbricato, dove si tratta solo di mettere insieme elementi già preconfezionati. Rispetto a quest'esempio banale, vedremo che costruire un materiale a partire da questi mattoncini, anziché da semplici atomi o molecole, apre a infinite e ancora parzialmente inesplorate possibilità applicative. Impareremo a conoscerli a poco a poco: ciò che conta è che comunque questi mattoncini appartengono a una specie di "Terra di Mezzo" tra il mondo *micro*-scopico delle molecole e quello *macro*-scopico delle cose che abbiamo sotto gli occhi tutti i giorni o, come diremo, sono degli oggetti *meso*-scopici. Quello che vi propongo di intraprendere è proprio un viaggio attraverso questa Terra di Mezzo.

Prima di cominciare, diamo un nome a questi strani materiali "prefabbricati". Per la verità, non esiste un'espressione univoca per definirli, anche se nella maggior parte dei casi, per ragioni che vedremo, si parla di *materia soffice*. Ora, questo termine è sicuramente appropriato per la ricotta, la panna montata, il dentifricio, in misura forse minore per la gomma degli pneumatici, le pellicole fotografiche, o persino i ragni: ma caffè, latte, petrolio, sono davvero *troppo* soffici, al punto di non essere neppure dei solidi, ma dei *liquidi*. La nebbia poi non è neanche rigorosamente un liquido (anche se, passandoci in mezzo un po' ci si bagna), ma qualcosa che sta sospeso nell'aria: più che un materiale soffice è una sostanza impalpabile. Be', in questo caso si parla di solito di *fluidi complessi*, per distinguerli da fluidi "semplici" come l'acqua o l'aria pura. Ma cose come gli opali, o peggio che peggio il cemento, non sono certamente né soffici né tanto meno fluidi! Forse, per definire efficacemente questi sistemi, sarebbe il caso di ricordare *esplicitamente* che sono fatti di oggetti molto più grandi delle molecole, chiamandoli materiali *sovramolecolari*. Quest'ultima, tuttavia, anche se più precisa e generale, è un'espressione un po' difficile e a dire il vero un po' pedante, che non si è particolarmente affermata tra chi si occupa come me di queste cose. Comunque, in seguito userò indifferentemente, a seconda dei casi, l'una o l'altra di queste espressioni: l'importante sarà capire che cosa significhino *veramente*.

Un termine che cercherò invece di usare il meno possibile è quello di "nanomateriali", oggi di gran moda, insieme a quello di nanotecnologie, sia nella letteratura scientifica che in TV o sui giornali (per non parlare della fantascienza). Non perché sia del tutto sbagliato farlo, ma perché spesso è un'espressione impropria e abusata: "nano" ha un significato fisico ben preciso (lo vedremo) e molto spesso i mattoncini di cui parliamo sono tutt'altro che "nani". Anche nella scienza, comunque, le mode passano, o comunque si moderano col tempo. Per certi aspetti lo spero: talvolta ho il timore che occuparsi troppo di nanotecnologie possa trasformare un giovane molto brillante, che potrebbe forse aspirare a divenire un gigante della scienza, in niente di più che un nano… tecnologo.

2.1 Sei personaggi, o forse più, che un autore l'hanno trovato

Come in un buon pezzo teatrale o in un giallo di Agatha Christie, è il caso di presentare subito i "personaggi microscopici" che stanno al cuore dei materiali soffici, dei fluidi complessi e di tutte le diavolerie di cui parleremo. Naturalmente, come in ogni giallo che si rispetti, non mi aspetto certamente che comprendiate *ora* l'aspetto, il carattere, le piccole manie di questi personaggi (né tanto meno chi sia l'assassino): dovrete aver pazienza, e aspettare ovviamente che la trama si dipani. Prendetela piuttosto come una lista della spesa, utile a conoscere almeno i nomi di ciò che vogliamo acquistare; capitolo dopo capitolo, faremo conoscenza con ciascuno di questi personaggi, proprio secondo l'ordine di apparizione che segue.

Colloidi e aerosol

Prendete un po' di polvere *molto* fine, versatela in un bicchier d'acqua, agitate per bene, e avrete un colloide. Tutto qui: un colloide, nella sua forma più semplice è semplicemente una "sospensione" di particelle solide in un liquido. Anzi, non c'è neppure bisogno che sia un liquido: il fumo di una candela che si disperde nell'aria costituisce a sua volta un colloide, ma dove il "sospensorio" è un gas. In questo caso si parla più precisamente di aerosol (spesso un colloide è anche detto in generale un "sol"). Sembrano davvero oggetti un po' miseri: ma vedremo che moltissimi materiali di grande interesse non sono altro che colloidi. Inoltre, capire come funziona una semplice sospensione di particelle ci fornirà le basi per studiare sistemi molto più complicati: la maggior parte delle cose di cui ci occuperemo, anzi, potrebbero essere in fin dei conti chiamate colloidi.

Polimeri

Forse questo è un termine che conoscete già, perché avrete sentito per esempio che le materie plastiche sono costituite proprio da polimeri. Questi personaggi costituiscono un po' l'eccezione alla regola secondo cui i nostri mattoncini sono fatti di tante molecole. Un polimero in realtà è una *singola* molecola, ma davvero enorme. Per l'esattezza, è una lunga catena costruita attaccando insieme tantissime "unità base", che nel caso più semplice sono tutte uguali, ma possono essere anche di diverso tipo. Quando immersa in un liquido, una di queste catene si "raggomitola" a formare una pallina, simile alle particelle sospese nei colloidi ma molto più soffice. Quando però le catene sono tante, smettono di essere gomitoli e si intrecciano a formare una specie di rete, che è il precursore di quelle che chiameremo gomme.

Micelle, vescicole ed emulsioni

Questi termini, al contrario, vi sono certamente meno familiari, ma familiare vi è sicuramente il sapone. I saponi, e in generale quelli che si chiamano *tensioattivi*, sono composti da molecole molto particolari, che hanno un comportamento "schizofrenico" nei confronti dell'acqua: una parte della molecola la ama, ma un'altra parte non la sopporta. Come conseguenza, quando vengono sciolte in essa, si uniscono in gran numero per formare delle particelle molto grandi rispetto alle singole molecole, che si chiamano proprio micelle. I tensioattivi sono il prototipo di una larga classe di composti chimici, detti molecole *anfifiliche* che hanno in comune la caratteristica di associarsi *spontaneamente* quando sono in soluzione, formando degli aggregati che, anzi, esistono solo in soluzione (non c'è proprio modo di tirar fuori dall'acqua una micella di sapone). Non tutte le molecole anfifiliche formano micelle: alcune di esse preferiscono formare oggetti più complicati come le vescicole, una sorta di palline d'acqua immerse nell'acqua, ma separate da essa proprio da queste strane molecole. Se oltre all'acqua e al tensioattivo aggiungiamo un po' d'olio, le strutture che si formano sono ancora più complesse: sono quelle che si chiamano emulsioni, di cui, come vedremo, la vostra casa è sicuramente piena.

Cristalli, gel e vetri colloidali

Questi personaggi non sono in realtà semplici mattoncini, ma piuttosto *strutture* che i mattoncini possono formare e che costituiscono l'ossatura di quelli che possono essere propriamente chiamati materiali soffici perché, a differenza delle sospensioni colloidali e delle soluzioni di polimeri e tensioattivi, che sono liquidi (complessi, ma pur sempre liquidi), sono *solidi*, ossia materiali che mantengono la propria forma senza spargersi come un liquido. Nel caso più semplice, quello dei cristalli colloidali, sono una specie di riproposizione in grande di solidi comuni come il ghiaccio o il diamante: qualcosa che ricorda le matite giganti o i biberon da elefanti che si potevano trovare nel mitico negozio *Think Big* di New York. Spesso, tuttavia sono dei solidi molto speciali: mentre un "vero" solido è costituito da atomi ordinati con un semplice arrangiamento geometrico (per esempio, sui vertici di tanti cubettini), nei gel o nei vetri colloidali le particelle o i polimeri che li compongono sono del tutto disordinati, come le molecole in un liquido. Ma il tutto, per qualche motivo, sta insieme: i mattoncini hanno messo su casa, anche se l'architettura è un po' caotica. La differenza tra vetri e gel è sostanzialmente che, mentre i primi sono generalmente duri e compatti, i gel possono essere fatti di "quasi niente", candidandosi a essere i solidi più soffici che si possano immaginare.

Cristalli liquidi e materiali granulari

Tra l'italico disordine dei liquidi e l'ordine prussiano dei solidi si inseriscono anche altri materiali con un comportamento ancora più incerto, i cristalli liquidi: ce ne occuperemo solo di passaggio, dato che in genere non sono costituiti da mattoncini, bensì da molecole semplici, ma vedremo che la scienza dei colloidi ci può spiegare facilmente *perché* nasce un cristallo liquido. Qualche parola in più la spenderemo parlando di materiali granulari, ossia di sostanze come la sabbia, il riso, le granaglie, costituti anch'essi di particelle ma dove, rispetto alle sospensioni colloidali, non c'è più un vero e proprio "sospensorio". Ciò nonostante, vedremo come molti problemi di "impaccamento" caratteristici delle particelle colloidali abbiano un preciso corrispettivo, anzi siano davvero di primaria importanza, anche per questi materiali.

Membrane, biopolimeri e macchine biologiche

Finalmente ci siamo: avvicinandoci a ciò che chiamiamo "vita", raggiungeremo davvero il climax del nostro percorso, una vetta eccelsa dove colloidi, polimeri, micelle, vescicole e altro ancora danzano freneticamente in una specie di *rave party* della materia soffice. Anche se capiamo solo qualche briciola delle regole che sottostanno a questo complesso gioco di società, una cosa è certa: la differenza principale tra le strutture biologiche e i loro più semplici precursori inanimati è la presenza di una spiccata *individualità*. Per esempio, le proteine in fondo sono polimeri, ma fatti di *tante* (una ventina) unità base diverse, gli aminoacidi. Mentre in soluzione un polimero semplice, come abbiamo detto, è una catena aggrovigliata e disordinata (e, come vedremo, tutti i polimeri di una data lunghezza hanno quindi una struttura abbastanza simile, almeno "statisticamente"), ogni sequenza di aminoacidi conferisce in genere *una sola* e ben precisa forma possibile a una proteina: a ognuna di queste strutture corrisponde una precisa *funzione* della proteina stessa. Per di più, le catene si aggrovigliano molto più strettamente che quelle dei polimeri semplici, seguendo regole che hanno molto a che vedere con il modo con cui si formano gli aggregati di tensioattivi e facendo assomigliare molte proteine più a una particella colloidale rigida che a un "soffice" polimero. Anche il re della giungla biologica, il DNA, e il suo fedele servitore, l'RNA, sono polimeri, ma con una struttura così complessa (per quanto basata in fondo su sole quattro unità base) da poterci scrivere dentro il codice che ciascun essere vivente utilizza, anzi, che lo definisce univocamente. Infine, le membrane che avvolgono le cellule le fanno assomigliare molto alle semplici vescicole: ma sono membrane *molto* speciali, che possono stabilire con estrema precisione (con l'aiuto delle proteine) sia quale *forma* assumere sia cosa *scambiare* con il mondo esterno. Questa straordinaria multiformità delle strutture biologiche apre a possibilità di organizzazione pressoché infinite e alla realizzazione di vere e proprie "macchine molecolari", il cui funzionamente siamo ancora molto lontani dal comprendere in pieno: davvero questa è la "materia dei sogni"!

Come vedete, il percorso è lungo, ed è meglio intraprenderlo con calma, per evitare di "spomparsi" subito. In questo capitolo cominceremo dal primo e più semplice personaggio della lista, raccontando fatti e misfatti della vita eternamente in sospeso di una particella colloidale.

2.2 Quando essere superficiali conviene

Per fare un primo incontro con i colloidi e capire che cosa abbiano di tanto speciale, è meglio cominciare con un piccolo esperimento. Supponete di avere tra le mani un cubetto con un lato di un centimetro, fatto del materiale che più vi piace, e che io vi fornisca un "bisturi magico" con il quale possiate tagliarlo a piacimento e senza sforzo. Cominciate a dividerlo in mille cubetti uguali (sta a voi immaginare come), così da ottenere 1.000 cubetti identici con un lato di 1 mm (se avete immaginato bene, vi sarà chiaro perché debba essere così). Ora ripetete l'operazione su *ognuno* dei cubettini che avete prodotto[1], ottenendo così in totale 1.000 × 1.000 = 1.000.000 = un milione di cubettini-ini con un lato di un decimo di millimetro. Non abbiamo ancora finito: ripetiamo di nuovo l'operazione su ognuno dei cubettini-ini, così da ottenere un miliardo di cubettini-ini-ini, ciascuno con un lato di un centesimo di millimetro.

Chiediamoci ora che cosa sia cambiato. Se pensiamo alla quantità di materiale, o in altri termini al suo *volume*, proprio niente. Prima avevamo 1 cm^3 (un centimetro cubo, o un "ciccì") di materiale, ora un miliardo di cubettini-ini-ini, ma ciascuno con un volume di un miliardesimo di ciccì: ovviamente, non abbiamo guadagnato né perso nulla. Ma pensiamo un po' alla *superficie* dei nostri cubettini-ini-ini: dato che un cubo ha sei facce uguali, il nostro cubetto iniziale aveva un'area totale di 6 cm^2, più o meno la superficie di un francobollo. Ora ciascun cubettino-ino-ino ha una superficie di soli 6 × 0,01 × 0,01 = 0,0006 cm^2. Ma siccome ne abbiamo un miliardo, la superficie totale (provate con la calcolatrice) sarà di 60 *metri quadri*: ossia l'area di un bilocale!

Sorpresi? Benvenuti allora nel superficiale mondo delle particelle colloidali o, come va di moda dire di questi tempi, delle nanoparticelle[2]. Dove con il termine "particelle" non intendiamo gli elettroni, i protoni, i muoni, i kaoni o tutte quelle altre cose astruse di cui parlano i fisici (quelli seri), ma semplicemente, nel significato latino originario del termine, "piccole parti" di un certo materiale. Siano esse particelle solide come polveri, palline di vetro, ovetti di plastica, o scagliette di metallo[3]; ma anche liquide, come goccioline di nebbia; o persino gassose, come bollicine in un *flute* di champagne. L'importante è che siano piccole e quindi, come i nostri cubettini-ini-ini, abbiano una grandissima superficie anche se, nel complesso, occupano poco spazio. Quando poi tante nanoparticelle sono sospese in un fluido, generalmente un liquido come l'acqua o un olio, ma talora un gas, come l'aria di Milano, parlere-

---

[1] Be', meglio che vi fornisca anche un microscopio per vedere che cosa state facendo. Sperando ovviamente che, in quanto segue, la vostra mano sia *molto* ferma e precisa: ma io confido immensamente nei miei lettori!

[2] Termine più conciso ma più impreciso che, come già detto, userò talvolta *solo* per pigrizia.

[3] A scanso di equivoci promozionali, non elusive "particelle di sodio", che non esistono (almeno in acqua).

mo di colloidi. Che cosa un colloide abbia a che vedere con la colla (molto poco) lo diremo dopo: etimologicamente, comunque, un colloide è l'*intera* dispersione, ossia particelle + fluido in cui sono sospese.

"Piccolo", tuttavia, è un aggettivo ambiguo: io, per esempio, sono sicuramente piccolo se confrontato con Sun Mingming, il micidiale giocatore di basket cinese, ma non direi sicuramente altrettanto se mi confrontassi con qualche arcinoto primo ministro europeo. In fisica, si è sempre piccoli o grandi *rispetto a qualcosa*. Allora, quanto possono essere "piccole" o "grandi" le particelle di cui parliamo? Vedremo tra un po', dato che è più complicato, quali siano le massime dimensioni che può avere una particella perché possa ragionevolmente essere chiamata ancora "colloidale". Quanto al piccolo, chiederemo solo, come già detto, che le nostre particelle siano comunque molto grandi rispetto agli atomi e alle molecole. È facile vedere che una particella colloidale può essere *davvero* piccola, pur avendo un volume molto grande rispetto a quello tipico per una molecola. Per fare un semplice conticino senza tirarci dietro un sacco di zeri dopo la virgola, ricordiamo che un millesimo di millimetro viene detto *micro*metro, o più semplicemente *micron*, che si indica con "μm": ossia, 1 μm = 0,001 mm. A sua volta, un millesimo di micron è detto *nano*metro, e si scrive 1 nm = 0,001 μm. Siamo scesi davvero nel piccolo, ma non basta ancora: gli atomi e le molecole semplici non sono più grandi di qualche *decimo* di nanometro[4]. Per esempio, nell'acqua ogni molecola occupa un volume di circa 0,03 nanometri cubi: non è difficile vedere[5] che anche una gocciolina con un raggio di soli 0,1 μm contiene ancora quasi 140 milioni di molecole di H_2O!

Negli ultimi decenni, un gran numero di chimici e fisici (io compreso) hanno speso buona parte del loro tempo a cercare di preparare e caratterizzare particelle e sospensioni colloidali fatte dei materiali più disparati e con le proprietà più stravaganti. Perché tanto interesse per questi nanetti di materia? La prima e più impor-

---

[4] Per il suo importante legame con le dimensioni molecolari, al decimo di nanometro viene spesso dato il nome speciale di "Ångstrom", ossia 1 Å = 0,1 nm; dove quella "A col pallino" si dovrebbe pronunciare (ma pochi lo fanno) come una "O" molto chiusa.

[5] Se volete fare voi il conto, ricordate la semplice filastrocca memorizzata (e probabilmente subito dimenticata) ai tempi della scuola: *Il volume della sfera qual è? Quattroterzi pigreco erretre*.

tante motivazione nasce proprio della caratteristica di questi sistemi di avere un'enorme superficie, unita alla considerazione che è proprio attraverso la superficie che un materiale interagisce con ciò che gli sta attorno. Non è troppo difficile da capire. Se avete mai passato una notte "romantica" in una tenda in Norvegia, anche in piena estate (o durante ciò che i locali definiscono come tale), vi sarete resi conto che conviene (e può anche far piacere), stringersi il più possibile l'uno all'altra per scaldarsi: per dirla meglio, conviene ridurre la superficie che insieme esponete all'ambiente per limitare gli scambi di calore. Oppure, provate a confrontare il tempo che ci mette a sciogliersi in acqua fredda lo zucchero tradizionale con quello impiegato da nuove preparazioni commerciali molto fini e, in accordo con il motto *time is money*, decisamente più costose. Ancora, quando osservate con sguardo un po' depresso le pareti di un bagno poco areato ricoprirsi progressivamente di muffe, che crescono con pertinacia alla faccia di tutti i trattamenti antivegetativi che avete applicato, sappiate che è proprio *sulla superficie* del muro che avvengono le reazioni biochimiche che ne permettono la formazione, proprio come in superficie avviene l'ossidazione del ferro che riempie di ruggine una vecchia ringhiera metallica. Gli scambi di energia e di materia o le reazioni chimiche con l'ambiente sono quindi tanto più efficienti quanto maggiore è la superficie di contatto: in questo senso, le particelle colloidali sono dei campioni di frenesia ipercinetica.

Ma non è tutto qui: i nostri nanetti sono così piccoli da infilarsi (quasi) dappertutto, cosicché molti di noi sperano che certi scambi o certe reazioni possano essere "pilotate" in modo da avvenire solo dove ci fa comodo. Per esempio, potremmo pensare di inserire un farmaco antitumorale in certe nanoparticelle speciali (impareremo a conoscerle) che possono viaggiare senza problemi anche nei capillari sanguigni più piccoli, per poi rilasciarlo solo quando queste siano giunte nel tessuto interessato. E non è ancora finita, perché c'è una ragione più sottile, ma forse più importante, per guardare con interesse ai colloidi. Fino a pochi decenni or sono, per realizzare nuovi materiali, i ricercatori avevano a disposizione solo i mattoncini che la natura o l'ingegno dei chimici ci hanno fornito, ossia le molecole: insomma, si doveva partire proprio dal piccino piccino. Oggi non è più così: le nanoparticelle possono essere considerate come i mattoncini di un Lego mesoscopico che, progettando accuratamente la struttura e gli incastri, permette di costruire materiali con proprietà del tutto nuove e strabilianti, in qualche modo originati dalla forma e dalle proprietà che ciascuna particella ha gia in sé. Per ora questa affermazione vi sembrerà forse un po' arcana, ma in seguito cercheremo di capire come farlo.

2.3 Premiata Ditta "Trasporti Colloidali"

Prima di avventurarci seriamente nel mondo dei colloidi, vediamo una situazione in cui l'enorme superficie delle particelle disperse può giocare un ruolo molto semplice, ma estremamente importante: questo *case study*, come direbbero gli inglesi, ci permetterà anche di familiarizzare con alcuni tipi di colloidi che, senza fare alcun sforzo, la Natura ci mette direttamente a disposizione.

La crisi petrolifera (anzi, le periodiche crisi petrolifere) degli ultimi anni ha riaperto la discussione, anche nel nostro Paese, sull'opportunità di fare uso dell'energia termonucleare. Il petrolio prima o poi (anche se nessuno sa veramente dire *quando*) ce lo saremo bevuto tutto, e le tecnologie energetiche basate su fonti rinnovabili, per quanto stiano avendo sviluppi impensabili fino a pochi anni or sono, sicuramente non basteranno a garantire ai nostri figli le stesse comodità di cui godiamo noi. L'uranio non è molto abbondante (per fortuna, per certi aspetti) e neppure particolarmente economico (negli ultimi anni il suo prezzo è aumentato molto più di quello del petrolio), ma per fortuna ne serve proprio poco. Dall'esperienza fatta con le centrali che usiamo quest'oggi, quelle a fissione nucleare, potremmo poi trarre le idee per sviluppare quelle a fusione, che sarebbero davvero la panacea definitiva alla nostra fame di energia (anche se per ora restano purtroppo il "Sacro Graal" dei fisici).

Ma il nucleare, lo sappiamo, genera inevitabilmente arcane paure o perlomeno sostanziali perplessità. Per avere vissuto abbastanza al loro fianco, posso comunque assicurarvi che gli ingegneri nucleari sono davvero dei maniaci della sicurezza e che le centrali nucleari, specialmente quelle di nuova generazione, sono davvero dei capolavori di tecnologia, dotate si sistemi di controllo di fronte a cui buona parte degli impianti energetici a petrolio o carbone impallidiscono: quindi, non pensiate di arruolarmi tanto facilmente nella schiera dei NIMBY, (*Not In My BackYard*, cioè non nel *mio* cortile) che sembra avere così tanti *aficionados* in Italia e altrove.

Tuttavia, un problema davvero serio c'è: quello delle scorie. Dove li mettiamo tutti quegli scarti radioattivi che rimangono dannatamente nocivi per lunghissimo tempo e che, badate bene, non comprendono solo il combustibile esausto, ma anche il contenitore stesso del combustibile e tutto ciò che oltre al combustibile vi era contenuto. Molti altri Paesi, dove forse si polemizza di meno e si ragiona di più, hanno in realtà approfondito da tempo la questione, delineando chiaramente quali possano essere dei siti idonei per lo stoccaggio sicuro dei rifiuti radioattivi. Ma per far questo, si deve tenere in debita considerazione anche il ruolo perverso che possono giocare proprio le nostre particelle colloidali, e per fortuna i tecnici di tutto il mondo lo stanno facendo.

La storia che vi voglio raccontare può essere sintetizzata in poche righe. C'è un luogo molto particolare negli Stati Uniti, il *Nevada Test Site*, dove negli anni bui della guerra fredda sono stati compiuti molti test nucleari (a fini tutt'altro che pacifici) che hanno generato una quantità elevatissima di polveri contenenti molti "radionuclidi", soprattutto di plutonio, cobalto e cesio. La zona, come del resto buona parte del Nevada, è del tutto desertica, ma può sorgere il dubbio che queste dannate polveri se ne vadano a spasso in qualche modo: in fondo, Las Vegas si trova a poco più di 100 km di distanza. Ma, una volta depositati, i radionuclidi hanno solo un modo di viaggiare, e cioè attraverso le acque sotterranee. Per fortuna, questi composti radioattivi sono del tutto insolubili in acqua, e un calcolo abbastanza semplice mostrava che avrebbero dovuto starsene lì nei paraggi per migliaia, se non milioni di anni. Immaginate allora la sorpresa di Annie Kersting e dei suoi colleghi geologi quando, nel 1999, scoprì che il plutonio radioattivo si era disperso non per pochi metri, come ci si aspettava, ma per oltre *un chilometro*! Che cosa era successo? Semplicemente, i radionuclidi avevano probabilmente… preso l'autobus, o per meglio dire il "colloidobus".

Cerchiamo di spiegarci meglio. Negli acquiferi, in realtà, viaggiano sospese un gran numero di particelle colloidali, soprattutto di minerali come le argille, che hanno generalmente una forma a piattina e quindi una grande superficie. Ora, anche se non possono essere trasportati direttamente dall'acqua, i radionuclidi possono saltare a cavallo delle particelle *attaccandosi alla loro super-*

ficie (cosa che amano molto fare) e sfruttarle così per fare l'auto-stop: con tutta quella superficie a disposizione, per i radionuclidi è davvero una pacchia! Grazie alla loro grande superficie, i colloidi quindi possono mediare il trasporto di sostanze che altrimenti sarebbero del tutto insolubili in acqua: come abbiamo già accennato e vedremo meglio in seguito, questa proprietà può essere per fortuna sfruttata per veicolare anche sostanze decisamente meno dannose e più utili come i farmaci.

È andata veramente così? Non tutti gli esperti sono d'accordo: in realtà le acque sotterranee scorrono spesso attraverso rocce porose con pori molto stretti: vedremo in seguito che queste rocce, pur lasciando passare l'acqua, dovrebbero filtrare efficacemente la maggior parte delle particelle, in particolare le argille (altrimenti, addio "chiare, dolci, fresche acque"!). Ma per le particelle più piccole, specialmente quelle di *lignosulfonati* derivati dalla lignina, ossia dalla polpa degli alberi, le cose potrebbero andare in modo molto diverso. In ogni caso, dopo le preoccupanti osservazioni compiute nel Nevada, scienziati e tecnici nucleari prestano molta attenzione al problema ogni qual volta devono individuare un sito di stoccaggio dei rifiuti radioattivi (che, per altro, non se ne stanno certo liberi, ma all'interno di massicci contenitori a tenuta stagna). E ciò, ancora una volta, testimonia la loro scrupolosità e la loro attenzione alla sicurezza. Fidatevi, per una volta: è gente seria.

2.4 Rock & Roll in sospensione

I colloidi sono quindi dispersioni di particelle in un fluido, che diremo un po' impropriamente "solvente", a sua volta costituito da molecole semplici. Chiediamoci allora se vi sia un qualche rapporto tra le particelle e le molecole che le circondano. Ora, le particelle colloidali sono piccole rispetto al nostro metro di misura, ma decisamente molto, molto grandi rispetto alle molecole. Potremmo allora supporre che le particelle si limitino a ignorare quest'ultime, un po' come noi ignoriamo di solito (a patto che non ci disturbino troppo) i moscerini. È davvero così? Tutt'altro: come vedremo, questi "moscerini molecolari", invisibili a ogni microscopio ordinario, sono davvero fastidiosi, al punto di lasciare un segno indelebile della loro esistenza sul modo in cui le particelle colloidali si muovono. Per dirla in breve, le molecole del solvente hanno sulle particelle l'effetto che qualche litrozzo di barbera aveva sui frequentatori dei vecchi "Trani a gogò" milanesi di cui cantava Giorgio Gaber. Cosa intendiamo dire? Facciamo un salto indietro nel tempo, fino al 1827, e andiamo a spiare il Dr. Robert Brown: non un fisico o un chimico, notate bene, ma piuttosto un avventuroso botanico scozzese che, dopo aver viaggiato in lungo e in largo per il mondo, sta osservando al microscopio dei grani di polline di *Clarkia pulchella*, una stretta parente delle primule e delle fucsie, sospesi in acqua. Il guaio è che questi dannati granelli non sembrano avere alcuna voglia di starsene fermi a farsi osservare: al contrario, sembrano affetti dal ballo di San Vito e si agitano freneticamente sotto gli occhi del povero Brown con un moto molto irregolare.

Che dire? A quei tempi, in fondo, poteva essere abbastanza facile liquidare la questione: la maggior parte dei naturalisti, in polemica con i fisici, credeva infatti che gli oggetti biologici possedessero una sorta di "spirito vitale" che li rendeva superiori agli oggetti inanimati, spirito di cui il *moto browniano*, come da ora in poi chiameremo il fenomeno osservato dal nostro Robert, poteva essere una diretta manifestazione[6]. Del resto, proprio i microscopisti avevano da tempo scoperto che *animalcula* come gli spermatozoi, pur essendo invisibili a occhio nudo, erano in grado di muoversi a loro piacimento. Ma Brown, che fisico non era, ma neanche stupido, si guardò bene dal saltare a pié pari a questa conclusione. E aveva ragione: perché non gli fu difficile osservare che anche granelli di umilissima e inanimatissima polvere mostravano esattamente lo stesso comportamento. Il moto browniano rimase comunque un mistero fino all'inizio del secolo scorso, quando un personaggio che certo conoscete bene, Albert Einstein, ne diede una piena e brillante spiegazione[7]. Ora, potreste pensare che questo risultato sia una quisquilia rispetto alle altre grandi idee del suddetto Albert. Ma vi sbagliereste, e di grosso.

---

[6] Nel XX secolo, i biologi si sono in buona parte ricreduti: certi filosofi, come Henri Bergson, decisamente meno.

[7] A dire il vero, la stessa cosa fece contemporaneamente un grande fisico polacco, Marian Ritter von Smolan Smoluchowski, che purtroppo però aveva un nome un po' troppo complicato per imporsi al grande pubblico e un aspetto che, come si direbbe oggi, non "bucava certo il video", almeno se paragonato al faccione linguacciuto di Einstein riportato su miriadi di *T-shirt*.

La spiegazione del moto browniano fornì in realtà una prova difficilmente confutabile della natura molecolare delle cose. In realtà, all'inizio del XX secolo, non tutti gli scienziati credevano all'esistenza di atomi e molecole. I chimici sì, ovviamente, anzi sapevano già come pasticciarci in modo egregio[8]. Molti fisici illustri erano tuttavia dell'opinione che non ci fosse bisogno di questi invisibili oggettini per spiegare come funziona il mondo: insomma, si attenevano in qualche modo al principio dell'"occhio non vede, cuore non duole". Il modello di Einstein, che spiegava così bene il moto browniano, non solo presupponeva *necessariamente* l'esistenza delle molecole, ma permetteva anche di *contare* quante ce ne fossero in un certo volume, e il risultato coincideva con quello che usavano con successo i chimici per prevedere e quantificare le reazioni tra questi ipotetici costituenti della materia: da questo momento in poi, la concezione "atomistica" della realtà diviene definitivamente la base di tutta la scienza moderna. Non era quindi cosa da poco: tant'è vero che Svante Arrhenius, presidente del Comitato Nobel, nel presentare Einstein come vincitore del premio per la fisica del 1921[9] ricorda per prima cosa proprio il suo contributo alla spiegazione del moto browniano.

Dunque, su che cosa si basava la spiegazione di Einstein? Fondamentalmente, su due assunzioni:

1. i corpi sono fatti di atomi o molecole (e questo l'abbiamo già detto);

2. ciascuna molecola possiede un'energia cinetica, detta *energia termica*, che è proporzionale alla temperatura del corpo (e questo cercheremo di spiegarlo ora).

Se avete qualche vaga memoria scolastica, ricorderete che a un corpo che si muove si associa una energia, detta cinetica, pari alla metà del prodotto della massa del corpo per il quadrato della sua velocità. Perché questa quantità debba essere proporzionale alla massa dovrebbe esservi chiaro: a parità di velocità, preferiste

---

[8] Pensate solo che già da oltre quarant'anni Alfred Nobel, allo scopo di finanziare l'omonimo Premio per la Pace, aveva inventato la dinamite: e per farlo, ci vuole una discreta familiarità con la chimica, se ci si tiene alla pelle.

[9] Che, come qualcuno di voi saprà, *non* vinse per teoria della relatività, bensì per la spiegazione dell' "effetto fotoelettrico", molto meno noto ai filosofi, ma fondamentale sia per la fisica teorica che per il futuro di bazzecole come l'energia solare o la fotografia.

essere investiti da un motorino o da un TIR? Il fatto che la si scelga proporzionale non alla velocità, ma al suo *quadrato*, ha a che vedere col fatto che un urto contro un muro a 80 km/h non ha un effetto semplicemente doppio di un urto a 40 km/h, ma approssimativamente *quadruplo* (non provateci, comunque).

La seconda assunzione ci dice quindi che cosa è in realtà quella quantità che misuriamo quando ci proviamo la febbre: *la temperatura è una misura dell'energia cinetica delle molecole*, ossia della velocità con cui si "agitano". Notate bene che non mi sto riferendo solo alle molecole di un gas, dove intuitivamente (o perché ce lo hanno detto) pensiamo che le molecole si muovano liberamente in tutte le direzioni, sbattendo continuamente l'una contro l'altra come palle da biliardo: a una data temperatura, anche le molecole di un liquido, o persino di un solido, hanno la *stessa* energia cinetica che in un gas. La differenza, per un liquido, è solo che qualcos'altro (vedremo cosa) gli impedisce di scappare dal bicchiere; in un solido, anche se ciascuna non può allontanarsi troppo da un posto preciso che le è stato assegnato, può comunque "vibrarci attorno", e anche una vibrazione è moto.

Per esprimere il fatto che l'energia termica è proporzionale alla temperatura, la scriveremo come $E = kT$, dove T è la temperatura misurata in gradi Kelvin, una scala di temperatura simile alla nostra usuale scala centigradi, ma nella quale la temperatura di "zero gradi" corrisponde all'agghiacciante valore di $-273{,}15\,°C$, mentre k è una costante di proporzionalità che incontreremo spesso, detta *costante di Boltzmann*[10]. In realtà, questo è solo un valore indicativo: ci sono molecole che hanno velocità maggiori e altre decisamente più lente, ma *in media* l'energia cinetica è circa uguale a kT, cosa che scriveremo[11] $\overline{E} \simeq kT$. Rispetto a quanto siamo abituati a osservare, l'energia termica di una singola molecola è davvero ridicola: basti dire che per sollevare me (che, devo ammet-

---

[10] Per ricordare meglio Ludwig Boltzmann, grande padre della fisica statistica, nei libri "seri" questa costante si indica di solito con k_B. Per chi ha un po' di familiarità con le unità di misura delle fisica, k_B è pari a circa $1{,}38 \times 10^{-23}$ J/K.

[11] Il simbolo $\simeq$ ("circa uguale") sta a indicare che, qui come in altre espressioni, butto via con *nonchalance* qualche piccolo fattore, come 0,7 o 1,5. Vi assicuro che non è solo pigrizia dell'autore, ma il tipico modo con cui i fisici scrivono un po' "a spanne" le formule, per cogliere il succo del problema senza tirarsi dietro troppi numerini noiosi (tanto poi li facciamo mettere agli ingegneri). Comunque, per i pignoli e i saputelli, $\overline{E} = 3/2kT$ (almeno per molecole monoatomiche), dove la E barrata sta per energia *media*.

terlo, non sono proprio un fuscello) da terra fino all'altezza di *un atomo* servirebbe tutta l'energia termica posseduta a temperatura ambiente da qualcosa come *trentamila miliardi* di molecole[12]. Ma la massa di una molecola è *ancora* più ridicola, cosicché, con un'energia cinetica pari a kT, la sua velocità "termica" è dell'ordine delle *centinaia* di metri al secondo. Insomma, il mondo molecolare è piuttosto irrequieto.

Un granello di polline, o più in generale una particella colloidale immersa in un solvente sarà quindi continuamente urtata da questi nanoproiettili sfreccianti, che gli trasferiranno parte della loro energia, cosicché in un tempo brevissimo anche l'energia cinetica *della particella* sarà pari a kT (non di più, perché altrimenti sarebbe la particella a restituirla alle molecole, né di meno, perché altrimenti continuerebbe ad assorbirne): il che vuole dire che, in qualche modo, la particella *deve* muoversi. Ma come? Ogni urto è una specie di "calcetto" (piccolo, ma pur sempre un calcetto) che la particella riceve, calcetti che arrivano da destra, sinistra, sopra, sotto, davanti, dietro, insomma da ogni parte: in media, su un periodo di tempo anche breve, tutte queste spintarelle si bilanciano, e quindi non c'è una direzione speciale lungo cui la particella debba muoversi. Ma ciò di cui si rese conto Einstein è che, istante per istante, ciò non può essere *esattamente* vero: ci saranno in realtà sempre piccoli sbilanciamenti casuali, che porteranno la particella a compiere un moto zigzagante estremamente irregolare, simile a quello di un tipo decisamente brillo.

Proviamo a vedere se quest'ultima analogia ci aiuta. Per esempio, pensiamo di aver bevuto un po' troppo e di uscire nella notte lungo la strada su cui si affaccia il pub che abbiamo visitato (e di cui abbiamo abbondantemente fruito): non ci ricordiamo bene se per tornare a casa si debba andare a destra o a sinistra, per cui facciamo un primo passo in una direzione a caso, diciamo a destra. Poi ci fermiamo a ripensare e come conseguenza decidiamo di tornare sui nostri passi, oppure di fare un altro passo nella stessa direzione, e così via. Dove ci troveremo, dopo aver fatto un certo numero

---

[12] Sembrano tante, ma se ricordate quanto abbiamo detto sul volume occupato da una molecola d'acqua, potete facilmente calcolare che tutte queste molecole starebbero comodamente in un cubetto che ha per lato un centesimo di millimetro! In ogni caso, per fare il confronto con quantità di energia di cui siamo abituati a sentir parlare (e a pagare), ci vorrebbero pur sempre tutte le molecole contenute in circa 27 litri d'acqua per avere un'energia termica complessiva pari a un chilowattora.

di passi? Cerchiamo di sfruttare l'intuizione: potremmo aspettar-ci, pur vagando qui e là, di non allontanarci molto dal punto di partenza.

Sicuri sicuri? Proviamo a farci dare una mano dal computer, chiedendogli di simulare per noi il moto di quello che dalle mie parti si dice un inguaribile "ciucheté". Per visualizzare meglio le cose, supponiamo che il pub (o, se preferite, l'osteria) si trovi in aperta campagna, e che il nostro ubriaco cerchi di avviarsi verso casa attraverso i campi: a ogni passo (tutti di uguale lunghezza), il computer sceglierà a caso la direzione[13]. Per sicurezza, proviamo con *due* ubriachi, a ciascuno dei quali faremo fare cento passi, tanto per vedere se, in qualche modo, i percorsi che seguiranno si assomiglino: ciò che dice il computer su cui sto scrivendo è mostrato in Fig. 2.1.

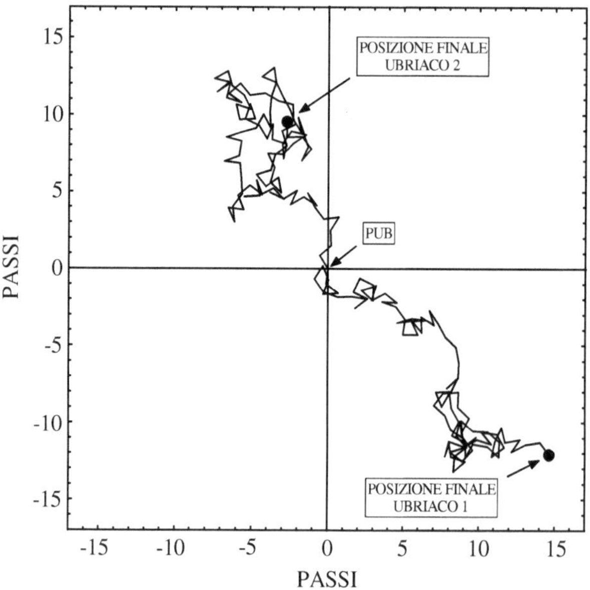

Fig. 2.1. Simulazione al computer di due *random walk* di cento passi ciascuno

---

[13] Se il pub fosse lungo una strada, e dovessimo solo decidere se andare a destra o a sinistra, basterebbe lanciare una moneta. Dato che ci muoviamo su di un piano, la scelta è un po' più complicata, ma i computer ci sanno fare!

Sorpresa! Non solo i due percorsi sono estremamente irregolari (tanto da venir detti in inglese *random walk*, "passeggiate casuali"), ma sembrano aver ben poco a che fare l'uno con l'altro. Per di più, il primo ubriaco non pare abbia alcuna voglia di tornare verso il pub (anche se si allontana, in entrambe le direzioni, di molto meno che cento passi) e anche il secondo è abbastanza restio. Che cosa succede? Potreste pensare che il mio computer ci abbia tirato un pacco e che questo risultato sia assurdo, ma posso assicurarvi che i singoli moti browniani delle particelle colloidali assomigliano *davvero* a quelli mostrati in figura.

Il fatto è che questi percorsi sono *così tanto* casuali che in realtà, per capire veramente qualcosa, dobbiamo necessariamente affidarci alla statistica, simulando il cammino di *tantissimi* ubriachi. Le "macchie" di punti nei tre pannelli della Fig. 2.2 rappresentano allora, su dei quadrati di lato 200 passi, le posizioni finali raggiunte da *mille* ubriachi, a cui ho fatto compiere un random walk rispettivamente di 100 (pannello A), 400 (pannello B) e 900 passi (pannello C). Notiamo in primo luogo come le macchie siano *effettivamente* centrate simmetricamente attorno al pub. Ciò significa che "statisticamente" avevamo ragione: *in media*, gli ubriachi rimangono intrappolati attorno al pub, anche se un numero via via decrescente di essi raggiunge distanze sempre maggiori rispetto all'origine.

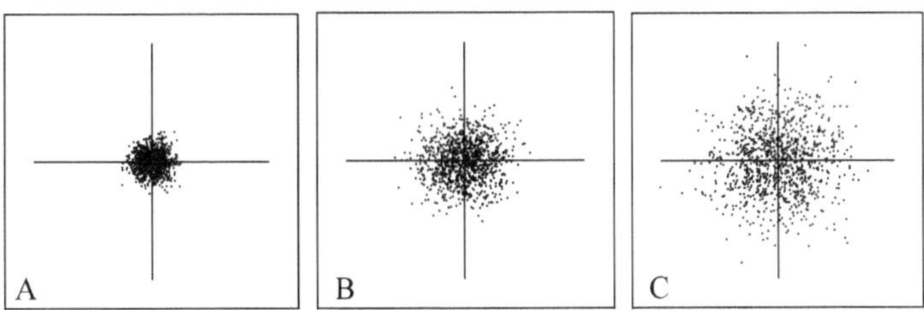

Fig. 2.2. Posizioni finali di 1.000 ubriachi dopo 100 (A), 400 (B) e 900 (C) passi

Ma c'è un secondo aspetto che salta all'occhio: anche se abbiamo quadruplicato il numero di passi, la macchia nel pannello B è approssimativamente grande solo *il doppio* di quella in A. Nello stesso modo, la macchia in C è solo tre volte più estesa che in A, per quanto gli ubriachi abbiano compiuto un numero di passi *no-*

ve volte maggiore. Non credo mi ci voglia molto a convincervi che, se avessi simulato dei random walk di 1.600 passi, avrei ottenuto una macchia quattro volte più estesa: ora, dato che 4 è la radice quadrata di 16, così come 3 lo è di 9 e 2 di 4, ne concludiamo che il raggio della macchia cresce solo come *la radice del numero di passi*. Se supponiamo che i nostri ubriachi compiano un passo ogni "tot", per esempio uno al secondo, ciò vuole anche dire che l'ampiezza della regione esplorata dai nostri ubriachi cresce come *la radice del tempo*.

Vale la pena di soffermarci un po' su questo risultato, per nulla banale. Supponiamo per esempio che dopo un'ora la nostra macchia abbia un raggio di 100 metri: quanto abbiamo trovato corrisponde a dire che dopo meno di 4 secondi la nostra macchia si estendeva già per 10 m, mentre perché possa raggiungere il raggio di 1 km dovremo aspettare più di 4 giorni! In altre parole, il moto browniano "parte come un siluro", per poi diventare sempre più lento: è facile mostrare che anche una lumaca che parta dal pub, per quanto piano possa andare, raggiungerà e supererà prima o poi anche il più intraprendente dei nostri ubriachi (a patto naturalmente che non sia a sua volta un po' brilla). La cosa si fa ancora più interessante se teniamo conto che quelle che ho chiamato "macchie" potrebbero *veramente* essere macchie. Se per esempio immergiamo una penna a stilo in un bicchiere d'acqua (ben ferma) e lasciamo uscire una piccola macchia di inchiostro (che, vedremo, è anch'esso un colloide), la sua dimensione crescerà solo come la radice del tempo. Analogamente, se lasciamo che un cubettino di zucchero si sciolga in un bicchiere di tè senza agitare, la regione in cui si verranno a trovare le molecole di zucchero cresce solo come $\sqrt{t}$: fenomeni come questi vengono detti in fisica *processi di diffusione*. E non è neppure detto che a diffondere siano delle particelle o delle molecole: nello stesso modo si comporta per esempio anche il calore, ossia il trasferimento di energia dai corpi caldi a quelli freddi, a patto che non sia trasportato a forza (e non per diffusione) come facciamo per esempio quando usiamo un fon.

Il moto browniano ci consente di farci un'idea di quanto possano essere "grandi" delle particelle perché possano in pratica essere dette colloidali. In astratto, non ci sono limiti alla dimensione che esse possono avere: anche delle biglie di vetro immerse in acqua, quelle con cui per intenderci giocavamo da bambini, assumono un'energia pari a *kT* ciascuna. Ma in realtà pensare a quest'ultime come a delle particelle colloidali ci fa storcere il naso per almeno due motivi. In primo luogo, perché sprofonderebbero come delle pere, andando tutte a finire sul fondo del contenitore sotto effetto del loro peso[14]: e tanti saluti al colloide! Se però fossero molto piccole, allora la velocità con cui scenderebbero sarebbe molto minore: tanto per darvi un'idea, se le biglie avessero un raggio di solo 1 µm, la loro *velocità di sedimentazione* (come si dice con un termine più elegante) sarebbe di circa 20 cm al giorno, abbastanza piccola da permettervi di studiarle fin tanto che se ne stanno sospese (poi basta magari una bella mescolata e siete di nuovo a cavallo).

Ma la cosa più sorprendente è che se fossero davvero molto, molto piccole non sprofonderebbero per niente! Cerchiamo di capire perché. Se avete qualche vaga memoria scolastica di fisica (altrimenti ve lo dico io), ricorderete che, oltre a quella cinetica, c'è un'altra forma importante di energia, quella *potenziale*. Non è importante che riportiate alla mente formule o definizioni astruse: basta tenere a mente che è un'energia che immagazzinate quando vi muovete contro una forza, e che quella forza può poi in qualche modo restituirvi sotto forma di energia di movimento, cioè di energia cinetica. Così, se lanciate da terra verso l'alto una pallina di massa m, dandogli una certa velocità iniziale e quindi una certa energia cinetica E, la pallina raggiungerà (se trascuriamo l'attrito con l'aria) un'altezza h tale che $mgh = E$, dove g è l'accelerazione di gravità: la quantità mgh è proprio l'energia potenziale che la pallina ha guadagnato muovendosi contro il peso che la tira giù: per far questo la pallina ha "speso" l'energia cinetica E che possedeva all'inizio. Naturalmente la pallina, una volta arrivata e fermatasi all'altezza h ricadrà giù, perdendo energia potenziale e riguadagnando energia cinetica, fino a che quest'ultima torna a essere pari a E quando la pallina tocca terra. Questo semplice esperimento, mostra che si può "convertire" energia cinetica in energia potenziale (e viceversa), così come si possono convertire euro in dollari (e viceversa). Se non ci sono attriti (che in realtà un po' ci sono sempre, così come la banca guadagna sempre qualcosa nel cambio delle valute), la *somma* di energia cinetica ed energia potenziale,

---

[14] O a galla, se fossero delle palline da ping-pong: quello che conta è in realtà il loro peso rispetto a quello dell'acqua "spostata" (qualcuno ricorda il principio di Archimede?).

ossia quella che si chiama *energia totale*, rimane sempre la stessa: è quello che si chiama "principio di conservazione dell'energia meccanica".

Bene, questo è tutto quanto ci serve, perché sappiamo anche che una particella colloidale possiede *sempre* un'energia cinetica kT: quindi, anche se sedimenta sotto l'effetto del proprio peso, non finirà necessariamente sul fondo del contenitore, ma potrà sempre sfruttarla per risalire a un'altezza $h = kT/mg$. Ora, se consideriamo di nuovo delle palline di vetro, ma questa volta con un raggio di un *centesimo* di micron, si può vedere che, anche aspettando un tempo infinito, potremo sempre trovare delle particelle che sono risalite fino a un'altezza[15] di almeno 10 cm. Pertanto, ci saranno sempre molte palline disperse nel solvente e, in ogni caso, per arrivare a questa situazione estrema, dovremmo aspettare davvero tantissimo, dato che la velocità di sedimentazione in questo caso sarebbe di circa 7 mm *all'anno*! In sostanza quindi, per concludere questa divagazione[16], possiamo dire che delle particelle colloidali sono tali se sedimentano "abbastanza piano" o se addirittura sono tanto piccole, in pratica, da non sedimentare mai[17]. Ovviamente però è una questione di punti di vista: sulla Stazione Spaziale, dove di peso non ce n'è proprio, anche i palloni da calcio sarebbero colloidi.

Abbiamo speso un bel po' di tempo a descrivere come si muovono le particelle colloidali, ma ne è valsa la pena perché, come vedremo, al moto browniano è soggetto tutto il mondo microscopico, compresi i micro-impianti chimici, i micro-motori, le micro-officine di riparazione di cui siamo fatti, che devono operare nel

---

[15] Un calcolo preciso mostra che il numero di palline che troveremo a quest'altezza è circa un terzo del numero di quelle sul fondo, e che quasi l'un per cento di particelle "risalirà" fino a un'altezza di mezzo metro!

[16] Che tanto inutile non è. Pensate per esempio che moltissime rocce si sono formate proprio per sedimentazione di particelle sul fondo marino: ai geologi, quindi, la sedimentazione dei colloidi interessa, eccome!

[17] Naturalmente, quel "abbastanza" dipende anche dalla *densità* delle particelle rispetto al solvente. Se per esempio leggete i risultati di una vostra analisi del sangue, vedrete che spesso viene riportata la velocità di sedimentazione degli eritrociti, ossia dei globuli rossi: questi sono sì delle piattine con un diametro di qualche micron, ma hanno una densità quasi uguale a quella dell'acqua: così, per farli sedimentare sotto il proprio peso ci vorrebbe un tempo ridicolmente lungo. Per non aspettare una vita, gli si dà allora una "botta di vita" con una centrifuga, simile a quella in cui mettiamo l'insalata per scolarla più in fretta (o gli astronauti per abituarli a quanto proveranno durante il lancio).

bel mezzo di una folla di molecole che si agitano freneticamente e li sballottano qua e là: non ci sono davvero lavori tranquilli nel mondo microscopico.

2.5   Osmosi, il respiro dei colloidi

Una ben nota conseguenza del fatto che le molecole possiedono un'energia termica è che un gas *preme* sulle pareti del recipiente in cui è contenuto (per esempio la camera d'aria di una bicicletta): tale pressione non è nient'altro che la spinta totale che le molecole esercitano per effetto degli urti contro le pareti stesse, divisa per la superficie del contenitore (ossia, come diremo, la forza esercitata dalle molecole *per unità di superficie*). Se il gas è non troppo "denso", la pressione P è semplicemente uguale alla concentrazione c di molecole (misurata per esempio in molecole per cm^3) moltiplicata, ancora una volta, proprio per kT, ossia $P = ckT$.

Abbiamo però visto nel paragrafo precedente che anche una particella browniana ha la *stessa* energia cinetica delle molecole del solvente: c'è allora qualcosa di analogo alla pressione in un gas che possiamo attribuire *alle sole particelle*? Be', questa quantità non solo esiste, ma è anche un concetto di estrema importanza per capire il comportamento non solo di un colloide ma anche di molti altri sistemi, sia semplici (come una soluzione di sale in acqua) che molto complessi (come un neurone, ossia una cellula del nostro cervello). Questa grandezza fisica viene detta *pressione osmotica*, dal greco *ōsmós*, che significa proprio "spinta": proprio per ricordarne le origini elleniche, la indicheremo con una "pi" maiuscola greca, ossia con Π.

Che cosa è in realtà la pressione osmotica e, soprattutto, quali effetti visibili ha? Nel caso di un gas, la pressione nasce dal fatto che le pareti respingono le molecole, che a loro volta spingono la parete[18]: le pareti cioè *confinano* il gas. Se dobbiamo allora trovare una specie di pressione che riguardi specificamente le particelle colloidali, e non anche il solvente, dobbiamo cercare delle pareti che confinino *solo* le particelle, mentre lascino passare liberamente le molecole di solvente come le pareti dei castelli scozzesi la-

---

[18] Ancora qualche ricordo di scuola: questo è il famigerato "principio di azione e reazione" di Newton, che più prosaicamente potete ricordare come principio dell'"occhio per occhio, dente per dente".

sciano passare i fantasmi. Non c'è bisogno di andare così lontano: molte pellicole biologiche, come la vescica o le pareti intestinali degli animali (come quella, per intenderci, che avvolge un buon cotechino) hanno proprio questa magica proprietà e hanno proprio la caratteristica di essere quelle che chiameremo *membrane osmotiche*, più comunemente dette "membrane da dialisi". In sostanza, queste membrane hanno dei fori microscopici sufficientemente larghi da far passare senza problema le molecole di solvente, ma troppo piccoli per permettere il passaggio delle particelle colloidali.

Ovviamente, fisici, chimici e biologi riescono oggi a far di meglio senza dover sbudellare troppi animali: creando delle strutture che impareremo a chiamare "reti polimeriche", si possono infatti fabbricare membrane con buchi del "calibro" che preferiamo, per fermare tutte e solo quelle particelle che non vogliamo fare passare. Spesso queste membrane sono dei tubi abbastanza elastici, un po' come un palloncino gonfiabile, il che ci aiuterà nell'esperimento che segue. Prendiamo un contenitore e riempiamolo con il solo solvente (senza particelle). Poi facciamo un sacchetto con il tubo da dialisi, riempiendolo con una soluzione di particelle e chiudendo ambo le estremità con un filo ben stretto: insomma, facciamo un "cotechino colloidale". Ora immergiamo il cotechino nel contenitore: che cosa succederà? Quello che si osserva è che *del solvente passa dal contenitore al sacchetto*, rigonfiandolo progressivamente: l'effetto è tanto più evidente quanto più le particelle sono piccole e concentrate. Ora, il fatto che il cotechino si rigonfi come un palloncino ci dice che, al suo interno, *la pressione è aumentata*: anzi, se l'abbiamo riempito troppo, senza lasciare neppure una bolla d'aria, il sacchetto può addirittura scoppiare. La sospensione colloidale quindi, in qualche modo, "inspira" solvente. Dopo un po' (un bel po') di tempo, il processo di rigonfiamento cessa: la pressione osmotica Π viene definita proprio come l'*eccesso di pressione* che c'è nel sacchetto rispetto all'esterno in queste condizioni. E quanto vale? Be', se il colloide non è troppo concentrato, si trova che $\Pi = ckT$, proprio come per la pressione di un gas, ma dove questa volta c è la concentrazione *di particelle* nel sacchetto (questa è detta *legge di van 't Hoff*). Da dove nasce questo eccesso di pressione? Sarebbe bello pensare che sia proprio dovuto al "bombardamento" della membrana osmotica da parte delle particelle colloidali. In realtà (anche se molti miei colleghi faticano a crederlo) è proprio così, ma il modo in cui ciò avviene è molto indiretto[19].

È comunque importante osservare che l'aumento di pressione nasce solo dal fatto che la sospensione viene in qualche modo "confinata". Non sempre è necessaria una membrana per confinare delle particelle: per esempio, abbiamo visto che i colloidi, chi più chi meno, sedimentano, ossia la forza peso tende a confinarli sul fondo del contenitore. Quindi la pressione osmotica sul fondo (dove la sospensione è più concentrata) dev'essere maggiore che in cima: è proprio misurando il "profilo" di concentrazione di colloidi sedimentati che Jean Baptiste Perrin riuscì a verificare il modello di Einstein per il il moto browniano e quindi a provare in definitiva l'esistenza degli atomi, guadagnandosi così il Nobel per la fisica nel 1926.

Il fenomeno del rigonfiamento osmotico non è tuttavia limitato alle sospensioni colloidali: le membrane biologiche sono infatti impermeabili anche a molecole semplici come i sali o gli zuccheri[20], e la pressione osmotica di una soluzione di piccole molecole (proprio perché sono piccole, e quindi *tante*) può essere davvero mostruosa. Per esempio, la pressione osmotica di una soluzione di sale in acqua adatta per preparare una buona pastasciutta (poco meno di una decina di grammi per litro) è pari a quasi *dieci atmosfere*, ossia alla pressione che dovreste sostenere immergendovi sott'acqua a una profondità di 100 metri! Questo fatto ha importanti conseguenze biologiche. Per esempio, per preparare un'iniezione indovenosa o una fleboclisi si usa della "soluzione fisiologica", che null'altro è se non una soluzione di sale a poco meno dell'1% (più o meno come l'acqua per la pasta): come mai *non potete* usare semplice acqua distillata? Be', perché questa soluzione *deve* avere una pressione osmotica uguale a quella del sangue umano (cioè deve essere *isotonica*). Come sapete il sangue contiene i globuli rossi, o eritrociti, che sono delle piccole cellule a forma

---

[19] Per i più curiosi, il processo avviene più o meno in questo modo. La membrana respinge le particelle, applicando quindi a esse una forza: ma abbiamo visto che le particelle continuano a scambiare energia con le molecole di solvente, trasferendo quindi a quest'ultime tale spinta attraverso gli urti. Quando un fluido è soggetto a una forza esterna, la sua pressione deve aumentare, e ciò può avvenire solo se delle molecole di solvente passano dal contenitore all'interno della sospensione.

[20] Qui, tuttavia, non è solo una questione di larghezza dei fori: i motivi per cui queste sostanze non possono passare dalla membrana sono un po' più complicati.

di dischetti schiacciati al centro. La membrana che riveste queste cellule, che impareremo a conoscere, non lascia passare arbitrariamente i sali. Se allora provate ad aggiungere dell'acqua distillata a una goccia di sangue e osservate al microscopio che cosa succede, vedrete che i globuli rossi si rigonfiano rapidamente per poi scoppiare come palloncini: è lo stesso fenomeno che avveniva per il nostro cotechino, ma straordinariamente amplificato (e tragico per i poveri globuli rossi).

Anche senza avere a disposizione un microscopio, possiamo fare un esperimento semplice e molto meno cruento facendo uso di un paio di uova. Un uovo di gallina non è altro che una (grossa) cellula, e ha una membrana esterna, detta *amnios* (sì, è proprio un sacco amniotico), che impedisce ad agenti esterni di penetrare al suo interno a piacere. Di solito non ce ne accorgiamo, perché è nascosta dal guscio: ma il guscio è calcareo, e il calcare si scioglie se immerso in un liquido acido come l'aceto o, più rapidamente, in un comune liquido anticalcare. Nella foto in alto della Tavola 1 potete vedere due uova di uguali dimensioni che ho immerso nell'anticalcare. Dopo qualche ora, i gusci sono completamente dissolti e le uova divengono oggetti molli, tenuti insieme solo dalle membrane esterne. Quindi ho immerso una delle due uova in una bacinella colma di acqua di rubinetto, mentre la seconda in una soluzione molto concentrata di sale da cucina. Nella figura centrale, potete vedere il risultato che si ottiene dopo una notte di immersione nei due liquidi: l'uovo immerso nella soluzione fortemente salina (a sinistra nella foto) si è leggermente sgonfiato, mentre quello immerso in acqua dolce si è fortemente rigonfiato, fino a raggiungere una dimensione molto maggiore di quella di partenza. Anche l'apparenza esterna è diversa: mentre l'amnios del primo appare biancastro, quello del secondo, teso come un palloncino, appare traslucido e lascia chiaramente intravvedere l'interno.

A questo punto dovreste avere capito che cosa è successo. L'uovo contiene molte sostanze come le proteine che, per il bene del pulcino, non devono poter uscire dall'amnios: quindi, mentre nel caso dell'uovo immerso in acqua dolce quest'ultima entra per osmosi, diluendone il contenuto, nel caso dei quello posto nella soluzione salina la concentrazione esterna di sale è tale da favorire l'*uscita* di parte dell'acqua, anche se questo porta a concentrare le proteine e gli altri costituenti dell'uovo. Che cosa sia rimasto all'interno del resto si vede bene aprendo a questo punto le membrane (Tavola 1, foto in basso)[21]: mentre il tuorlo e l'albume del primo uovo rimangono liquidi e diluiti, il contenuto dell'uovo a cui abbiamo sottratto acqua si è fortemente rattrappito a formare una gelatina semisolida. Un altro esempio domestico è quello del modo con cui normalmente si elimina l'"acqua amara" dalle melanzane tagliandole a fette, coprendole di sale e magari pressandole per aumentare l'adesione. Qui abbiamo a che fare con una specie di dialisi doppia: da un lato, parte dell'acqua esce dalle fette per osmosi; dall'altro, c'è uno scambio osmotico tra il sodio, che entra nella membrana, e il potassio (responsabile in buona parte del sapore amaro) che ne esce.

Per quanto abbiamo visto, dunque, il solvente passa spontaneamente attraverso una membrana da dialisi per andare a *diluire* una sospensione colloidale o una soluzione salina. In certi casi, tuttavia, sarebbe comodo al contrario estrarre il solvente stesso attraverso la membrana, cioè farlo muovere in senso opposto: per esempio, farebbe davvero comodo usare una membrana osmotica per tirar fuori acqua potabile dall'acqua marina, ricca di sali. Il fatto che però l'osmosi lavori in direzione opposta, ci fa intuire che ciò non può avvenire *spontaneamente*: per farlo bisogna pagare qualcosa, e la moneta in fisica è sempre energia. Per esempio, è possibile estrarre acqua pura da una soluzione salina proprio applicando *pressione* (maggiore di quella osmotica) alla soluzione, che forza il solvente attraverso la membrana, mentre i sali e altre eventuali "schifezze" vengono trattenute (ovviamente questo richiede di fare del lavoro, quindi di spendere energia): è questo il principio dell'*osmosi inversa*[22], che tra l'altro è anche alla base di molti sistemi per la filtrazione delle acque domestiche così tanto pubblicizzati di questi tempi[23]. A questo punto bisogna però rendere giustizia alle membrane biologiche, che sono tutt'altro che i semplici sacchetti da dialisi di cui abbiamo fin ora parlato. Al con-

---

[21] Quella dell'uovo "palloncino" effettivamente esplode, lanciando schizzi per tutta la cucina e provocando le ire delle mogli presenti.

[22] Dal punto di vista tecnico, il sistema è un po' più complicato: normalmente la pressione viene applicata *tangenzialmente* alla membrana, il che garantisce un'efficienza molto maggiore.

[23] A torto o a ragione: personalmente non trovo alcuna ragione igienica o salutistica per non bere acqua di rubinetto, che in questo Paese, nella maggior parte dei casi, è ottima. Sicuramente, quest'ultima è molto più "sana" di quella che si ottiene da un impianto di purificazione al quale non venga fatta una regolare e scrupolosa manutenzione!

trario le membrane cellulari, di cui parleremo diffusamente nell'ultimo capitolo, sono delle vere e proprie maestre dell'osmosi diretta o inversa, dato che riescono a far passare in modo perfettamente *controllato* ciò che desiderano quando e come lo vogliono: senza di ciò io non sarei qui a scrivere (e voi a leggere) questo libro, dato che i nostri cervelli funzionano proprio grazie a questa stupenda abilità manipolatrice delle cellule nervose.

2.6 Lego colloidale: come crearsi un mondo "su misura"

C'è una specie di scienziati perennemente insoddisfatti: quella dei fisici teorici della materia, che chiameremo per semplicità "teomatti". La ragione di tale insoddisfazione è che ritengono che Dio o chi per Lui abbia creato un mondo davvero troppo complicato e che, se fossero stati nei Suoi panni, avrebbero saputo fare decisamente di meglio. A dire il vero, i teomatti sono proprio bravi a crearsi mondi ideali e a capire *davvero* come funzionano. Mondi fatti di palle da biliardo, di bastoncini rigidi, di piattine tutte uguali: ma soprattutto mondi fatti di cose che si "ignorano" l'un l'altra, o che, se in qualche modo interagiscono con quelle che i fisici chiamano forze, lo fanno in maniera molto semplice, come per esempio potrebbero fare delle palle collegate con delle molle. Insomma, per parafrasare una celebre battuta, il mondo ideale per un teomatto non è soltanto quello in cui tutte le mucche sono sferiche, ma anche dove queste mucche, almeno in prima battuta, tra di loro non "se la filano" per niente (niente tori nei dintorni, perlomeno).

Purtroppo, il mondo reale è molto diverso, non solo perché è fatto di molecole, atomi e, sotto sotto, schizofreniche particelle elementari ("un po' onde e un po' particelle", come dice la famigerata e arcana meccanica quantistica) che sono molto più complicate di sfere o bastoncini, ma per di più perché tra atomi e molecole agiscono forze *molto* complicate: capire come funziona un mondo fatto di *queste* cose fa venire, a dir poco, una cefalea cronica. D'accordo, direte voi, però il mondo vero è questo, ed è *questo* che dovete cercare di capire: altrimenti che cosa vi paghiamo a fare? Ciò nonostante, molti miei colleghi continuano imperterriti a dedicarsi a mondi di sfere e bastoncini e, a mio modo di vedere, hanno pienamente ragione. Perché molti concetti importanti, per esempio che differenza ci sia tra un solido e un liquido, o tra l'ordine e il disordine, possono essere afferrati molto meglio proprio studiando questi mondi ideali.

Naturalmente, dato che questi mondi stavano solo nella loro testa, fino a pochi decenni or sono questi miei colleghi vivevano in una specie di splendida solitudine. Poi sono arrivati i computer, con la loro sempre crescente capacità di simulare mondi virtuali, anche quelli che i teomatti sognavano. Ciò potrebbe forse bastare per i miei figli o i loro amici, che sono praticamente una periferica del PC, ma a una vecchia (oddio… diciamo matura) generazione come la mia piace pur sempre vedere, annusare, toccare qualcosa di sostanziale (e questo vale ovviamente *per ogni tipo* di materiale…). Grazie al cielo, i colloidi possono spesso soddisfare nel concreto i desideri dei teomatti più impuniti. Sfruttando un trucco diabolico, possiamo infatti in buona misura stabilire *noi* le forze che agiscono tra particelle colloidali, trasformandole così in mattoncini di un "Lego mesoscopico" con cui costruire i mondi ideali che vogliamo. Ora, direte voi, questo è del tutto assurdo, dato che anche le particelle colloidali sono pur sempre aggregati molto grandi e complessi di molecole, magari immersi in un liquido tutt'altro che semplice come l'acqua. Rispetto a materiali come, che so, un cristallo di sale, o addirittura il vetro di una finestra, le cose non possono che essere più complicate! Ma vi sbagliate, perché il trucco diabolico consiste proprio nel manipolare un po' il solvente (di solito aggiungendo qualche additivo) per poi dimenticarcene del tutto e occuparci *solo* delle particelle e delle forze che agiscono *tra di loro*: vediamo di preciso come.

Cominciamo a dire che, rispetto a quanto disponibile nel mondo molecolare, le particelle colloidali possono avere forme molto più semplici. È vero che i colloidi naturali, come le argille che scorrono negli acquiferi o le particelle di polvere sospese nell'aria, sono fatti di particelle di forma irregolare e soprattutto con dimensioni molto diverse l'uno dall'altro, ma negli ultimi decenni i chimici hanno imparato a sintetizzare, cioè a farsi da sé, particelle con dimensioni, forme e proprietà materiali molto ben controllate. Così, non è difficile sintetizzare sferette molto precise e tutte approssimativamente uguali, con diametri che possono scendere fino a pochi nanometri, fatte di vetro, metalli e soprattutto materiali plastici: proprio come le mucche ideali dei teomatti. Con i bastoncini e i dischetti ci si riesce un po' meno bene, perlomeno se vogliamo farli tutti della stessa lunghezza o dello stesso diametro, ma per molti scopi quanto si ottiene è sufficiente. Qualche chimico o fisico creativo è poi riuscito a ottenere forme più elaborate, come cubetti, ovetti, piramidine, manubri da ginnasta: un paradiso per i teomatti!

Ma la forma, come dicevamo, non basta. Vediamo allora quali *forze* possono agire tra particelle colloidali. Già il termine "colloide" potrebbe insospettirci, ma non dobbiamo farci fuorviare. Il chimico scozzese Thomas Graham, che coniò questa espressione per distinguere queste soluzioni da quelle che passavano liberamente attraverso una membrana (che chiamava buffamente "cristalloidi"), lo fece solo perché i primi colloidi artificiali erano proprio ottenuti dalle colle o da gelatine appiccicose. In realtà, tuttavia, Graham un po' ci aveva azzeccato: molte particelle colloidali sono di per sé tipi piuttosto "appiccicosi", ossia tenderebbero spontaneamente ad aggregare tra loro. Perché? È molto semplice: tutto si riassume nel motto della medicina omeopatica *similia similibus curantur*, i simili si curano con i simili (forse l'unico caso in cui un concetto omeopatico funziona). Ma qual è la malattia dei colloidi? Proprio la loro proprietà specialissima di esporre al mondo esterno (in questo caso al solvente) una grande superficie. Vedremo nei prossimi capitoli che costruire una superficie di separazione tra due materiali diversi *costa energia*: in fondo, per un pezzetto di vetro o di metallo non c'è vicino migliore di un *altro* pezzo di vetro o di metallo, piuttosto che qualche cosa come le molecole del solvente, che ti sono magari simpatiche ma, senza voler fare del razzismo, sono pur sempre un'altra cosa[24]… Per ridurre le spese (cioè la superficie di contatto), la cura più semplice per una particella colloidale è quindi unirsi a un'altra particella, poi a un'altra, e così via fino a diventare un blocco unico.

Quello che ho cercato di riassumere con parole semplici (e molto imprecise) corrisponde, nella fisica seria, all'esistenza di quelle che si chiamano forze di *van der Waals* o di *dispersione*, un concetto che in realtà va veramente al cuore della fisica[25] e soprattutto

---

[24] Per certe particelle speciali e particolarmente socievoli nei confronti del solvente che incontreremo presto, non è sempre così.

[25] Proprio quell'astrusa teoria che è la meccanica quantistica mostra che le forze di dispersione nascono magicamente dalle "fluttuazioni spontanee del vuoto": un vuoto che dunque, per la fisica moderna, proprio vuoto non è (in fondo, è la vendetta di Aristotele).

gioca un ruolo fondamentale nella vita di tutti i giorni: tanto per dare un esempio, senza le forze di dispersione non esisterebbero le grandi piramidi, perché quello che chiamiamo attrito (e che contribuisce non poco a tenere insieme le cose) ha con esse un legame strettissimo. La cosa importante è che queste forze sono *attrattive*, cioè tendono a far appiccicare le cose, e che raggiungono la loro massima intensità tra due oggetti fatti dello *stesso* materiale. Volete averne una prova? Andate da un vetraio (ce ne sono purtroppo ancora pochi) e guardate come sono immagazzinate le lastre di vetro: tra di esse, chiunque sia accorto, interpone un foglio di carta. Perché? Be', provate a toglierlo, a unire ben bene due lastre pulite, e poi a *staccarle*, se siete capaci: vi accorgerete che le forze di van der Waals esistono, eccome![26] Quando allora due particelle colloidali, sballottate qua e là dal moto browniano, si avvicinano abbastanza, le forze di van der Waals le fanno appiccicare (o come diremo, *coagulare*). Dove "abbastanza" sta in realtà per "molto", perché di fatto questa forza attrattiva si sente solo fino a distanze molto piccole, diciamo di qualche nanometro[27]; ma, nel loro moto casuale, prima o poi due particelle si incontreranno, specialmente se la concentrazione di particelle è abbastanza alta, e la frittata è fatta.

Come mai allora *esistono* le sospensioni colloidali? La ragione è che oltre alle forze di dispersione esistono spesso *altre* forze, questa volta *repulsive*, che tendono a tenere lontane tra di loro le particelle, *stabilizzando* in questo modo il colloide. Queste forze nascono dal fatto che la superficie delle particelle colloidali è in molti casi (per ragioni chimiche su cui non indagheremo) *carica* elettricamente. Per esempio, le particelle di vetro hanno normalmente una carica negativa sulla superficie, mentre certi colloidi minerali hanno carica positiva. Non spaventatevi se non ricordate pressoché nulla sulle forze elettriche (o, per meglio dire, *elettrostatiche*). Basta solo tenere a mente che:

---

[26] Senza scomodare un vetraio, anche i vetrini da microscopio vengono di buona norma separati da una carta velina (cosa che purtroppo *non* hanno ancora imparato a fare i miei studenti).

[27] A piccolissima distanza però diventano veramente intense: anzi, "a contatto" diventerebbero *infinite*, se le particelle fossero sfere perfette. La perfezione in natura non esiste ma, effettivamente, due particelle fatte di un materiale plastico abbastanza "soffice" si *deformano* considerevolmente quando aderiscono, il che testimonia la grande intensità delle forze di dispersione.

1. cariche dello *stesso* segno (positivo o negativo) si respingono, mentre cariche di segno *diverso* si attraggono;

2. le cariche vanno sempre a due a due come le ciliegie: se c'è in giro un "tot" di carica positiva, c'è anche lo *stesso* "tot" di carica negativa (in altri termini, globalmente una soluzione è sempre *elettricamente neutra*).

La seconda considerazione, in particolare, ci dice che se abbiamo delle particelle colloidali con, per esempio, 101 cariche negative attaccate alla superficie, da qualche parte dev'essere finita anche una quantità uguale di carica positiva. Questa carica opposta è costituita da piccoli atomi carichi (cioè degli ioni, che in questo caso sono detti *controioni*) che se ne vanno in giro liberi per la soluzione. La prima considerazione ci dice però che i controioni liberi del tutto non possono essere: in fondo, lì vicino ci sono 101 cariche negative che li attraggono, ed essi, proprio come i piccoli Dalmata della Disney, non aspettano altro per andare alla carica! Così, attorno alla particella si forma una "nuvoletta" di cariche positive che gli si agitano attorno, nuvoletta che può estendersi anche per qualche decina o centinaia di nanometri. Quante sono? Non vi stupirà troppo sapere che, in totale, queste cariche positive sono ancora *esattamente* 101, tante quante le cariche legate alla superficie[28]. Che cosa succede allora se due particelle di questo tipo si avvicinano? Be', *prima* che le le due particelle siano così vicine da sentire l'attrazione fatale delle forze di van der Waals, le due nuvolette che le accompagnano si interpenetrano. Ma le nuvolette hanno la stessa carica, e quindi si *respingono*: come conseguenza particelle e nuvolette associate sono spinte via l'una dell'altra, come se tra di loro ci fosse una molla. In sostanza, le nuvolette di controioni tengono a distanza le due particelle, cosicché (sedimentazione a parte) un colloide di particelle cariche può starsene bel bello per anni in una boccetta, senza coagulare e precipitare sul fondo sotto forma di deprimente polverina.

Tutto questo funziona bene nell'acqua, ma non sicuramente in un *olio*. L'acqua infatti è quello che si chiama un liquido *polare*, dove è possibile che esistano cariche libere, come per esempio gli

---

[28] In questo modo, le cariche positive "schermano" esattamente quelle negative e un altro controione, che da lontano vede l'insieme "particella + nuvoletta" come globalmente neutro, non ha nessuna ragione di avvicinarsi.

ioni che forma un sale quando si scioglie. L'olio no: in un olio, o in generale in quello che si chiama un liquido *non* polare, non c'è modo di separare una carica positiva da una negativa (avete mai provato a scioglierci del sale?). Così, in un liquido non polare, la stabilizzazione per effetto di carica non funziona. E questo è un peccato, sia perché per molte applicazioni fa davvero comodo sospendere particelle colloidali in un olio, sia in quanto le forze elettriche tra colloidi carichi di cui abbiamo parlato non sono proprio facili da studiare: i nostri teomatti preferirebbero qualcosa di *molto* più semplice e ciò, come vedremo, è più facile da ottenersi in un solvente non polare. Ma come facciamo allora a battere le forze di dispersione e a impedire la coagulazione delle particelle? Il segreto è quello di appiccicare su di esse dei "peluzzi", costituiti da molecole a forma di catene abbastanza lunghe, ma sempre piccole rispetto alle dimensioni della particella. Ne parleremo diffusamente in seguito, ma per ora ci basti dire che, quando due particelle si avvicinano troppo, le "foreste di peli" che le ricoprono non hanno alcuna voglia di interpenetrarsi: in questo modo, ancora una volta, i peli tengono le particelle a distanza sufficiente perché le forze di van der Waals siano troppo deboli per farle appiccicare.

Caricare le particelle, o ricoprirle di peli, non è tuttavia l'unico modo per stabilizzare un colloide: ci sono particelle speciali, che incontreremo nei prossimi capitoli, che se ne stanno tranquille in sospensione anche se *non* sono cariche e senza bisogno di appiccicargli un bel niente. La ragione di fondo è che amano follemente circondarsi di solvente. La cosa sembra piuttosto strana: che cosa succede se per esempio prendiamo un cubetto di sale o lo zucchero, sostanze che amano moltissimo l'acqua, e li immergiamo in un bicchiere colmo del suddetto liquido? Semplicemente, si sciolgono: ossia gli atomi o le molecole che li costituiscono si spargono pian piano (ricordiamo, per diffusione) uniformemente nell'acqua. Perché queste particelle speciali *non* si sciolgono? Possono esserci due motivi principali: o perché le "particelle" sono in realtà lunghe catene di molecole fortemente legate tra loro, che si raggomitolano in soluzione a formare una pallina colloidale (questo sarà il caso dei polimeri, di cui parleremo nel prossimo capitolo), o in quanto le molecole di cui sono costituite, pur essendo originariamente separate, sono *costrette* per la loro natura molto speciale a formare una particella, e questo sarà il caso delle molecole di tensioattivo di cui parleremo un po' più in là. In entrambi i casi, la particella si avvolge attorno uno straterello di molecole di solvente da cui non vuole separarsi, un po' come Linus con la sua coperta. Manco a dirlo, questa volta è proprio quest'amata copertina che tiene a distanza sufficiente le particelle, quanto basta per impedire la funesta azione delle forze di dispersione.

Per quanto riguarda la stabilità di un colloide, abbiamo quindi già visto all'opera quelle tecniche di manipolazione del solvente che avevamo preannunciato. Le forze di van der Waals possono essere per esempio modificate cambiando il solvente e rendendolo più o meno amato dalle particelle, additivi che si appiccicano sulle particelle possono renderle più stabili, e lo stesso risultato si ottiene in presenza di cariche. Proprio da quest'ultimo esempio partiremo per mostrare che si può in realtà fare molto di più, aggiungendo *altre* cariche per "accordare" finemente le forze tra particelle così come si accorda una chitarra.

2.7 Sofficità senza limiti: gli aggregati colloidali

Nel discutere come si comporti un colloide carico, sono stato molto vago su come sia davvero fatta la nuvoletta di controioni che circonda una particella e in particolare su quanto sia grande questa regione, ossia fino a che distanza dalla superficie della particella si estenda. Ciò dipende in maniera essenziale dal *tipo* di acqua che usiamo per preparare la soluzione, il che si capisce immediatamente con un semplice esperimento: se aggiungiamo a una sospensione di particelle cariche della comune acqua di rubinetto, osserviamo che le particelle precipitano immediatamente sotto forma di una polverina che si deposita sul fondo del recipiente. Questo *non* avviene se aggiungiamo invece acqua distillata: anzi, la sospensione diviene ancora più stabile. Ora, sappiamo che la differenza tra l'acqua distillata e quella potabile è che quest'ultima contiene dei sali, soprattutto di calcio, sodio, magnesio, ferro e spesso cloro, in quantità totale, riassunta sommariamente in quello che si chiama "residuo fisso", molto variabile, ma che in generale non dovrebbe superare un paio di grammi per litro.

Dunque l'aggiunta di sali mette in crisi la stabilità del colloide: cerchiamo di capire dapprima il perché qualitativamente. In assenza di sale, la nuvoletta che circonda una particella che sta nuotando in un lago d'acqua molto dolce si vede d'improvviso davanti una seconda nuvoletta con la stessa carica, e lì non può proprio entrare. Ma se aggiungiamo alla sospensione del comune sale da cucina, che contiene soprattutto cloruro di sodio, composto da un atomo di sodio e da uno di cloro (ossia NaCl, come credo sappiate), le cose cambiano notevolmente. Come abbiamo detto, i sali in acqua si separano in ioni carichi, per esempio NaCl si separa in ioni positivi di sodio Na^+ e ioni negativi di cloro Cl^-, anche se ne mettiamo poco, diciamo un grammo per litro, ci ritroviamo con tantissimi ioni in soluzione: approssimativamente dieci milioni di ioni Na^+ e altrettanti ioni Cl^- per *micron* cubo! A questo punto, la nostra particella nuota già nel mezzo di una *caterva* di ioni: che differenza volete che facciano i pochi ioni in più che trova attorno a un altra particella?

In modo più quantitativo, la teoria mostra che, aggiungendo sale, sia l'estensione delle nuvolette (che si chiama propriamente *lunghezza di Debye–Hückel*) che *l'intensità* della forza repulsiva con cui queste possono respingere un'altra particella diminuiscono sensibilmente: pertanto la forza diviene più debole e agisce a minore distanza. Per esempio, se in presenza di mezzo milligrammo per litro di NaCl la lunghezza di Debye–Hückel è di circa 0,1 μm, questa scende a poco più di 2 nm aggiungendo 1 g/l di sale[29]: contemporaneamente, la forza repulsiva è scesa di *migliaia* di volte. Potete raffigurarvi meglio la situazione in questo modo. Pensate alla repulsione generata dall'incontro delle due nuvolette come a una collinetta che una particella deve scalare per avvicinarsi a un'altra: se ce la fa, dall'altra parte precipita nel pozzo senza fondo delle forze di van der Waals e si appiccica a essa. Ma per scalare una collina ci vuole energia: sappiamo che in media la nostra particella possiede un'energia pari a kT e quindi, se l'energia necessaria a raggiungere la cima è molto maggiore, la particella non ce la farà mai. Ora, se cominciamo ad aggiungere sale, la collinetta si stringe e, soprattutto, si *abbassa*. Supponiamo che adesso l'energia necessaria per la scalata sia diventata pari a soli 2 o 3 kT: questo valore è ancora superiore all'energia termica *media* delle particelle, ma qualche particella più "dotata" potrà ora avere, come abbiamo detto, energia sufficiente per superare la collina e quindi unirsi a un

---

[29] Più rigorosamente, si può vedere che la lunghezza di Debye–Hückel è inversamente proporzionale alla radice quadrata della concentrazione di sale.

altra. Aggiungendo ulteriore sale, la collina pian piano scompare e il progresso di aggregazione delle particelle diventa sempre più impetuoso: non appena due particelle si vedono, si appiccicano, e ciò avviene tanto più spesso quanto più il colloide è concentrato.

Mettiamoci allora proprio nelle condizioni in cui abbiamo aggiunto sale a sufficienza da distruggere completamente le repulsioni elettrostatiche e cerchiamo di capire meglio che cosa succede: dopo che due particelle si sono attaccate, ne arriverà con maggiore probabilità una terza, visto che adesso l'ostacolo contro cui incoccia è più grande, e così via, fino a formare un "grumo" sempre più grande. Come sono fatti questi aggregati? Be', hanno davvero una struttura molto speciale, che ha a che vedere con alcune delle pensate più originali dei matematici. Anche se sono difficili da rappresentare su un foglio (ovviamente sono oggetti che stanno nello spazio), assomigliano abbastanza a quello che ho cercato di disegnare nella Fig. 2.3. La prima cosa che salta agli occhi è che non sono oggetti compatti, ma terribilmente pieni di buchi! Come mai? Per capirlo, cerchiamo di capire che cosa succederà alla pallina in alto a destra, che si avvicina con il suo zigzagante moto browniano all'aggregato. C'è un sacco di spazio da riempire all'interno, ma la pallina non ci arriverà praticamente *mai*, perché prima di entrare in un buco, sarà estremamente probabile che tocchi una delle particelle che si trovano all'esterno, in uno dei "braccini" che si pro-

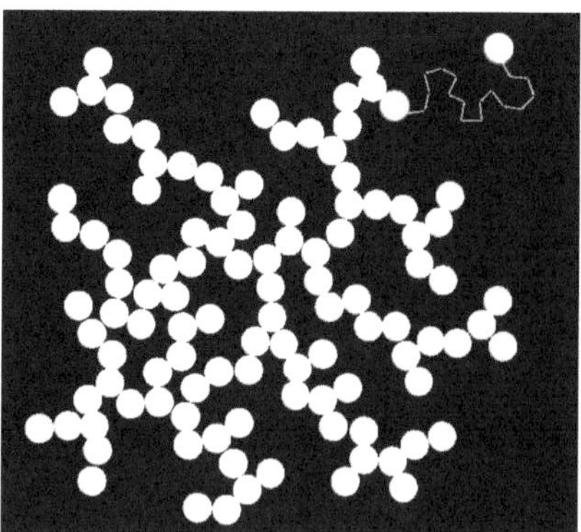

Fig. 2.3. Rappresentazione schematica di un aggregato colloidale (notate la particella in alto a destra, che si sta proprio appiccicando a un braccino)

tendono in fuori. E quando la tocca, ricordate, si appiccica e non si muove più. Capite che questo poi è una specie di processo a valanga: più particelle si attaccano sui braccini, più questi si diramano in fuori, più è difficile che una nuova particella che arriva penetri nell'aggregato. Lo schizzo in figura rende solo in piccola parte l'idea di quanto succede: dovremmo per esempio tenere conto che non solo delle particelle isolate si attaccano a un aggregato già formato, ma che anche *due* aggregati possono incontrarsi e unirsi (generando ancora più buchi). Quello che si ottiene (e che si può per esempio simulare al computer) è davvero uno degli oggetti più vuoti che si possano immaginare.

Per capire quanto è "traforato" un aggregato colloidale, dobbiamo fare una breve escursione in un mondo matematico astratto, uno di quelli che solo i matematici sanno concepire. Siamo abituati a pensare che gli oggetti che ci troviamo sotto gli occhi siano "tridimensionali", ma che cosa intendiamo veramente con questo termine? Be', direte, ogni cosa, per esempio il mobile che volete piazzare nel soggiorno, ha una lunghezza, un'altezza e una profondità. Vero, ma nei primi decenni del secolo scorso un grande matematico tedesco, Felix Hausdorff, ha pensato di guardare le cose in un modo un po' diverso. Prendiamo per esempio tre palline fatte dello stesso materiale, dove la seconda pallina ha un raggio doppio della prima, e la terza doppio della seconda. Credo non abbiate difficoltà ad accettare il fatto che la seconda pallina peserà otto volte più della prima, e la terza otto volte più della seconda, ossia sessantaquattro volte più della prima[30]. Allora, guardiamo un po' le due sequenze di valori per i raggi e i pesi, e cerchiamo una relazione tra di esse:

> Raggio (rispetto alla prima pallina): 1, 2, 4
> Peso (rispetto alla prima pallina): 1, 8, 64

Non è difficile vederlo: i numeri della seconda serie sono i *cubi* di quelli della prima. In altri termini il peso (e quindi la quantità di materia) cresce come il raggio alla terza potenza. Ma "tre" è proprio il numero di dimensioni del nostro spazio: Hausdorff ebbe allora l'apparentemente banale, ma in realtà geniale idea di dire che un oggetto ha tre dimensioni se, misurando quanta materia si trova in

---

[30] Se però avete accettato questa mia affermazione senza avere il *minimo* dubbio, non siete veramente portati per la scienza sperimentale: non vi ho detto che tutte e tre le palline sono *piene*… Comunque ve lo dico adesso.

una sfera di raggio R posta al suo interno, questa cresce come R^3. Le cose normali hanno ovviamente questa proprietà, ma la cosa strabiliante è che ci sono oggetti che, anche se immersi nello spazio tridimensionale, con questa definizione hanno *meno* di tre dimensioni. Gli aggregati colloidali che si formano nel modo che abbiamo descritto sono proprio di questo tipo. Ricordiamo innanzitutto che un numero può essere anche elevato a una potenza non intera: così, per esempio si può scrivere $\sqrt{5} = 5^{1/2}$, oppure $7^{2/3}$ significa che dobbiamo fare il quadrato di 7 e prenderne la radice cubica. Con questi due esempi non dovrebbe esservi difficile capire cosa significhi scrivere $x^{a/b}$, o in generale x^c, dove c può anche essere un numero non intero. Bene, se facciamo costruire un aggregato colloidale al computer (cosa non troppo difficile), poi disegniamo una sfera al suo interno, e infine calcoliamo come cambia il numero N di palline (e quindi la quantità di materia) contenute nella sfera con il raggio di quest'ultima, otteniamo che N cresce all'incirca come $R^{1,7}$: quindi non solo la dimensione di questi è molto minore di tre (addirittura è minore di quella di una *superficie*, che ha due dimensioni), ma addirittura non è neppure un numero *intero*! Questi strani oggetti vengono detti *frattali* e l'esponente a cui si deve elevare R (nel nostro caso 1,7) è detto dimensione frattale.

Passati praticamente sotto silenzio per quasi mezzo secolo, i frattali sono stati riscoperti da Benoît Mandelbrot (che coniò proprio il termine "frattale") alla fine degli anni '60, e a partire da allora ritrovati dai fisici nella forma di un numero incredibile di cose, da quella dei fiocchi di neve a quella delle coste, dei fulmini, dei bacini fluviali, persino dei broccoli. In realtà, senza accorgercene, abbiamo *già* incontrato un esempio di frattale. Consideriamo infatti la traiettoria, ossia la complessa linea, che una particella compie nel corso del suo moto browniano. Come abbiamo visto, il raggio della regione esplorata cresce come la radice del numero N di passi. Rovesciando questa relazione, possiamo scrivere che il numero di passi contenuti in una sfera di raggio R è proporzionale a R^2: è come dire che la traiettoria della particella è una linea così frastagliata da costituire un oggetto frattale di dimensione 2.

In sostanza, affermare che gli aggregati sono frattali è un modo molto più preciso di dire che sono veramente pieni di buchi: anzi, è facile vedere che più un aggregato frattale diviene grande, più è vuoto. Prendiamo infatti due aggregati, dove il secondo ha approssimativamente una dimensione doppia del primo.

Il secondo aggregato conterrà $2^{1,7} \simeq 3,25$ volte più particelle del primo (provate con la calcolatrice per crederci): ma il suo volume è *otto* volte maggiore, e quindi la sua densità (cioè il numero di particelle per unità di volume) sarà quasi 2,5 volte *minore*. Più crescono, più gli aggregati diventano dunque oggetti tenui, leggeri, fatti quasi di nulla: ossia con pochissima roba occupiamo un sacco di spazio. Questi grossi oggetti sono comunque ingombranti e ciò ha un sensibile effetto sulle proprietà del solvente in cui sono immersi. In particolare, lo rendono molto più *viscoso*[31], ossia il fluido fa più fatica a scorrere, il che rende gli aggregati particolarmente utili in molte applicazioni tecnologiche, soprattutto come *addensanti*. È per esempio abbastanza probabile che aggregati di particelle di silice (biossido di silicio, SiO_2, il componente principale di quello che chiamiamo comunemente "vetro") siano presenti nel dentifricio che usate tutti i giorni: tra l'altro lo rendono, oltre che più pastoso, più abrasivo (e infatti abbondano nei dentifrici "sbiancanti")[32].

La silice precipitata (prodotta in modo diverso, ma sotto forma di aggregati simili a quelli che abbiamo descritto) è utilizzata anche come additivo in innumerevoli altre situazioni, e non solo come addensante: per esempio per impedire che materiali granulari come il sale da cucina, particolarmente igroscopico, raggrumino, o per ridurre la formazione di schiume (parleremo anche di queste). Non vorrei spaventarvi troppo, ma la tentazione di aggiungere un po' di silice precipitata a un alimento per renderlo più cremoso è piuttosto forte, e comunque ritenuta del tutto innocua in molti Paesi[33]. Se vi siete spaventati per *questo*, ritenetevi fortunati al confronto di centinaia di migliaia di lavoratori del settori minerario, delle costruzioni, delle ceramiche, ovviamente del vetro che, respirando particelle di silice, non se la sono passata davvero bene a causa di un effetto collaterale, niente affatto piacevole, che si chiama silicosi. Per fortuna, molti cibi ci pensano da soli

---

[31] E non "vischioso", come diceva il mio papà (che non conosceva la fluidodinamica, ma era comunque meraviglioso per tante altre cose), termine che comunque, anche se impreciso, rende bene l'idea.

[32] Se pensate di cavarvela dicendo addio al dentifricio e sostituendolo con certe gomme da masticare molto pubblicizzate, vi sbagliate: in queste di silice ce n'è davvero *tanta*.

[33] Sicuramente è ampiamente utilizzata nell'alimentazione animale, dove è ufficialmente nota come additivo E551b.

a sfruttare l'aggregazione colloidale per assumere quella caratteristiche di cremosità che li rendono tanto piacevoli al palato. Un esempio per tutti è quello dello yogurt, che altro non è che il risultato dell'aggregazione provocata da batteri (buoni) di un colloide molto speciale, il latte, di cui parleremo quando ci occuperemo di emulsioni[34].

Torniamo ai nostri aggregati: che cosa succede se lasciamo che questi crescano sempre di più e facciamo in modo che non sedimentino troppo rapidamente, magari utilizzando particelle con una densità simile a quella del solvente? Be', in breve tempo questi aggregati si uniranno a formare *un solo* enorme aggregato, che riempie *tutto il contenitore*. Abbiamo così ottenuto un oggetto molto speciale: un *gel*, o per meglio dire un *idrogel*, ossia un materiale che si comporta come un solido (se provate a capovolgere con cautela il contenitore, il gel non si rovescia sul pavimento), ma che, in termini di quantità di particelle solide presenti, è fatto quasi di niente (è anch'esso una struttura frattale). Questi materiali, che impareremo a conoscere bene in futuro, hanno un grandissimo numero di applicazioni proprio perché, anche se di sostanza ce n'è poca, la loro superficie è *enorme*. A dire il vero, come vedremo, i gel ottenuti per aggregazione colloidale sono molto fragili: i punti di contatto tra le particelle sono pochi, le forze di van der Waals fanno quello che possono, e ciò che ne risulta è davvero un materiale "soffice". Nel prossimo paragrafo, però, incontreremo dei loro parenti molto speciali, che sono tutt'altro che soffici: anzi, sono l'archetipo della durezza.

2.8 Quando la carica unisce: i cementi

Ho speso un bel po' di tempo a cercare di spiegarvi perché la presenza di cariche sulle particelle stabilizzi un colloide, al punto che per farlo precipitare bisogna aggiungere sale per "ammazzare" le repulsioni. Sempre vero? No, talvolta succede il contrario e particelle con cariche uguali *si attirano* con forza. Non preoccupatevi, non vi ho raccontato bugie: ho solo peccato di omissione. Tutto ciò che vi ho detto è vero se quelle piccole cose di segno opposto che le particelle rilasciano in soluzione, i controioni, si portano

---

[34] D'altronde, la radice della parola turca *yoğurt* è la stessa di quella dell'aggettivo "denso".

dietro ciascuna *una sola* carica, o come diremo se i controioni sono *monovalenti*, per esempio dei semplici ioni Na^+ o Cl^-. Ma che cosa succede quando gli ioni sono *bi*valenti (o addirittura *tri*valenti), cioè se hanno due o più cariche ciascuno? Qui anche i nostri teomatti brancolano un po' nel buio: mentre nel primo caso abbiamo una teoria che funziona abbastanza bene e giustifica rigorosamente quanto abbiamo detto sulla stabilità, ora il problema si fa decisamente più complicato.

C'è tuttavia almeno un caso estremamente importante che ci mostra chiaramente come le cose possano andare in modo *molto* diverso. Quella che sto per raccontarvi è la storia di un materiale, a prima vista tutt'altro che soffice, che ha segnato profondamente la storia dell'umanità e soprattutto ha contribuito alla fioritura di un impero di cui noi tutti siamo figli. Facciamo un salto indietro nel tempo. Abbiamo detto che l'esistenza dell'attrito, legato alle forze di dispersione, è una benedizione per poter costruire qualcosa: provate a immaginare come i nostri lontani antenati avrebbero potuto costruire i giganteschi monumenti megalitici se avessero avuto a disposizione solo pietre che scivolavano l'una sull'altra come se tra di loro ci fosse olio o un cuscinetto d'aria. Di fatto, sapere incastrare opportunamente pietre lavorate con maestria o costruire mattoni di forma e consistenza adeguata è stato ciò che ha permesso di costruire le grandi piramidi o le *ziqqurat* mesopotamiche. Ma gli uomini, che proprio stupidi non sono (o almeno non erano), capirono presto che forse valeva la pena di dare una mano all'attrito, dapprima interponendo tra pietre e mattoni della semplice argilla, poi malte ottenute mescolando sapientemente calce e gesso. Questi "leganti" erano tuttavia piuttosto deboli e, soprattutto, facilmente disciolti dall'acqua: così, se qualcosa di quei tempi è rimasto in piedi, lo dobbiamo soprattutto all'attrito.

Finché arrivarono i Romani, e soprattutto una magica sostanza, costituita da pomici e ceneri vulcaniche, presente in abbondanza nella regione dei Campi Flegrei attorno a Pozzuoli: la *pozzolana*, appunto. I Romani non ci misero molto a capire che quella sostanza, mescolata alla calce, dava origine a un materiale che poteva far presa e indurire anche se immerso in acqua: anzi, aveva proprio *bisogno* dell'acqua per diventare tale. Era così nato l'*opus caementicium*, una tecnica edilizia che avrebbe rivoluzionato l'architettura e reso possibile la realizzazione di opere come il Pantheon o i grandi acquedotti, che utilizzava come malta legante l'antenato di quello che oggi chiamiamo cemento, o più precisamente *cemento idraulico*[35]. Poi venne il Medioevo, durante il quale, insieme a tante altre cose, la magica formula dei Romani venne completamente dimenticata e si tornò a far uso di tecniche che sarebbero sembrate preistoriche agli Egizi. Un certo risveglio ebbe luogo solo con l'Umanesimo, grazie alla riscoperta del *De Architectura* di Vitruvio, e così le calci idrauliche rifecero pian piano capolino nelle costruzioni. Ma fu solo all'inizio del XIX secolo che, grazie anche allo sviluppo di forni ad alta temperatura, avvenne la rivoluzione che portò un fornaciaio inglese, Joseph Aspidin, a realizzare il *cemento Portland*, che è alla base della maggior parte dei moderni leganti del calcestruzzo. Non basterebbe ovviamente un libro intero a descrivere come si produce, quali proprietà abbia, quante siano le diverse formulazioni e applicazioni del cemento moderno. Tuttavia, piuttosto singolarmente, benché calcestruzzi sempre più sofisticati avessero già invaso il pianeta, benché grandi grattacieli di cemento armato svettassero già su Manhattan, nessuno fino alla fine del secolo scorso aveva un'idea chiara del *perché* il cemento funzionasse così bene. E ciò perché non solo la chimica, ma anche la *fisica* di questo stupendo materiale è estremamente complessa.

Che cosa c'entrano il cemento e il calcestruzzo con i colloidi? Be', l'acqua (almeno all'inizio) c'è, ci *deve* essere. E poi ci sono le particelle: a parte i grossi grani di sabbia e ghiaia che costituiscono la matrice di quel conglomerato che è il calcestruzzo, il cemento che lo tiene insieme è costituito prevalentemente da particelle con un diametro variabile tra le decine e le centinaia di micron, composte soprattutto (ma non esclusivamente) da minerali di silicio, calcio e ossigeno, i silicati di calcio. All'inizio il cemento è dunque una sospensione molto concentrata, contenente oltre il 40% di particelle. Sono tuttavia particelle molto più piccole, che hanno origine *successivamente* alla dissoluzione parziale e successiva riprecipitazione dei silicati di calcio prodotta dalla calce, a dare origine alla grande forza adesiva del cemento. Queste particelle sono delle

---

[35] In realtà, sembra che anche prima dei Romani ci siano stati tentativi di usare "calci idrauliche", soprattutto da parte dei Greci che, guarda caso, utilizzavano anch'essi ceneri vulcaniche estratte dalla stupenda isola di Santorini. Ma, anche se ai Greci va attribuita la priorità negli avanzamenti in tanti campi della conoscenza, debitamente copiati poi dai nostri antichi conterranei, qui non c'è proprio competizione!

"piattine" con uno spessore attorno ai 5 nm e un diametro di poche decine di nanometri, costituite da calcio silicato idrato (in breve detto CSH) che, oltre ad aderire ai grani originari, formano rapidamente un gel simile a quelli che abbiamo incontrato nel paragrafo precedente, ma molto, molto più tenace.

Come mai? Non sono certo le forze di dispersione a tenerli insieme così tenacemente, non ce la farebbero mai: solo delle forze di tipo elettrico possono aspirare a questo ruolo. Tuttavia, poiché *sia* i grani di silicato di calcio *che* le particelle CSH sono carichi negativamente, come fanno ad attrarsi? La ragione sta nel fatto che i controioni sono prevalentemente degli ioni di calcio Ca^{++}, che sono *bi*valenti. Come vi ho detto, il motivo per cui dei controioni bivalenti possono indurre forze attrattive tra particelle comincia a essere chiaro solo da pochissimi anni, e capirlo richiede concetti davvero molto sofisticati come quello di "correlazione ione-ione", ma cercherò di darvi almeno una spiegazione intuitiva di quanto avviene. Raffiguratevi uno ione Ca^{++} come se avesse due braccini, ciascuno con una carica positiva. I controioni sono ovviamente attirati dalle particelle CSH, che hanno segno opposto, ma può capitare che l'una e l'altra di queste estremità siano attirate da due particelle *diverse*: in questo modo, il controione forma un "ponticello" che tende a tenere insieme le due particelle a distanza molto breve. È un modello estremamente rozzo, che fa pericolosamente e superficialmente appello all'intuizione (quasi sempre fallace, in questi problemi complessi), ma non del tutto alieno alla realtà. Su un piano più serio, nel giro di pochi anni si sono accumulate molte prove decisive a favore di un modello di coesione del cemento basato su forze colloidali di tipo fisico, e non su veri e propri legami chimici come molti pensavano in precedenza.

In realtà sistemi colloidali dove forze di questo tipo sono presenti esistevano già molto prima dell'invenzione del cemento: sono proprio quelle argille presenti, come abbiamo visto, anche negli acquiferi e usate come legante dagli antichi. In questo caso, anzi, le piattine colloidali (di tipo diverso) esistono già di natura, non si formano in un processo di precipitazione come per il cemento. Ma le differenze principali sono in primo luogo che la carica delle particelle è minore, e soprattutto che sono presenti anche moltissimi ioni monovalenti: il risultato è che l'adesione è molto minore e che la presenza dell'acqua è deleteria, perché esalta proprio le normali repulsioni elettriche tra le particelle.

2.9   Luce e colori colloidali

Se vi è capitato spesso di passeggiare (speriamo non altrettanto spesso di guidare) nella bassa padana in una giornata invernale, vi sarà senza dubbio familiare l'argomento da cui voglio partire per discutere le complesse relazioni tra colloidi e luce: la nebbia. Perché in quelle giornate, nelle quali non c'è alcuna nuvola in cielo, non si vede proprio niente: non dico il cielo ma, nei casi peggiori, neppure i vostri piedi. Ma da dove ha origine questo curioso (e pericoloso) fenomeno atmosferico?

Cominciamo col dire che anche la nebbia è in realtà una dispersione di particelle, e per l'esattezza goccioline d'acqua, dove il "solvente" non è un liquido, bensì l'aria: rappresenta cioè un esempio di quelle sospensioni dette *aerosol* di cui ci occuperemo molto presto. Bene, la nebbia non fa altro che portare al parossismo ciò che tutti i colloidi fanno: diffondere la luce. Tutte le particelle cioè, quando vengono investite dalla luce, ne prelevano un po' e, anziché lasciarla proseguire diritta, la sparpagliano in tutte le direzioni. Non lo fanno però in maniera "democratica": preferiscono molto di più diffondere luce blu che luce rossa. Cerchiamo di essere più precisi. Ogni tipo di luce, e più in generale di quella che si chiama radiazione elettromagnetica, che include anche "luci" che non si vedono come gli infrarossi, gli ultravioletti, i raggi X o gamma[36], ha una precisa *lunghezza d'onda*, che si indica di solito con la lettera greca λ (lambda). Raffiguratevela come la distanza tra due creste successive delle onde che vedete dalla spiaggia: qui a "oscillare" è qualcosa di più complicato dell'acqua, ma il concetto è lo stesso, anche se per la luce visibile queste onde sono molto corte, dato che λ varia da circa 0,4 µm per il blu-violetto a 0,7 µm per il rosso profondo. Dunque possiamo riformulare quanto appena detto affermando che le particelle diffondono maggiormente le lunghezze d'onda corte rispetto a quelle lunghe: più precisamente, una lunghezza d'onda doppia viene diffusa sedici (cioè 2^4) volte di meno.

---

[36] Questi ultimi, anche se non si vedono, meglio non guardarli troppo. Comunque, se ce ne sono in giro tanti, vuole probabilmente dire che state assistendo all'esplosione di una bomba atomica, e allora potrebbero essere l'ultimo (in ogni senso) dei vostri problemi.

A dire il vero, la diffusione della luce, per la quale useremo anche il termine inglese di *scattering*[37], non è una proprietà delle sole particelle. Anche le molecole di un gas lo fanno, per quanto in tono molto minore: è infatti lo scattering da parte dell'atmosfera che rende il cielo azzurro e il sole rosso al tramonto (questo è il colore che riesce a raggiungerci proprio perché il blu viene diffuso molto di più).

La cosa più importante è che, almeno quando le particelle sono piccole rispetto a λ, la quantità di luce che diffondono cresce spaventosamente con la loro dimensione: se il suo raggio raddoppia, una particella sferica diffonde *sessantaquattro* volte più luce! Quando le particelle diventano molto più grandi della lunghezza d'onda, la crescita con le dimensioni diviene meno rapida e succede anche un'altra cosa: anziché in tutte le direzioni, le particelle tendono a diffondere la luce soprattutto in avanti e, in misura minore, indietro, cioè in ogni caso nella direzione lungo cui viaggia la luce che le ha investite. Una terza proprietà fisica da cui dipende lo scattering, con cui avete sicuramente meno confidenza, è l'*indice di rifrazione*, sia delle particelle che del solvente. Senza scendere nei dettagli, vi dico solo che questa quantità è legata a quanto in fretta la luce si muove in un materiale (quanto più alto è l'indice di rifrazione, tanto più piano viaggia la luce) e che essa stabilisce quanto la luce viene deviata o *rifratta* quando incontra il materiale stesso (i magnifici giochi di luce dei brillanti sono dovuti proprio all'alto indice di rifrazione del diamante). Per quanto ci riguarda, è solo importante sapere che la diffusione di luce è tanto minore quanto più simili sono gli indici di rifrazione della particella e del solvente: in particolare, se particella e solvente hanno lo stesso indice di rifrazione (una condizione che si chiama di *index matching*), lo scattering si *annulla* e la particella diviene del tutto invisibile[38].

Vediamo allora qualche conseguenza di queste osservazioni sullo scattering da parte dei colloidi. A meno che non sia fatta di particelle speciali di cui parleremo tra poco, una sospensione di colloidi molto piccoli, per esempio con un diametro di qualche

---

[37] L'espressione italiana "diffusione di luce" è purtroppo un po' infelice, perché suggerisce una parentela con quei fenomeni di diffusione di particelle o di calore di cui abbiamo parlato prima, parentela che è solo apparente.

[38] Questa è sostanzialmente l'idea su cui si basa il famoso racconto (soggetto di più di un film) *L'uomo invisibile* di H. G. Wells.

nanometro, è lievemente azzurrina, esattamente per le ragioni per cui lo è il cielo, e lo è tanto più quanto più è concentrata. Se aumentiamo la dimensione delle particelle e la loro concentrazione però, tutte le lunghezze d'onda vengono diffuse sempre di più: la sospensione diviene bianca come la nebbia o come il latte. Riguardo a quest'ultimo, vi avevo suggerito nell'introduzione un piccolo esperimento. Nella Tavola 2B potete vedere il risultato che ho ottenuto senza particolare sforzo nella cucina di casa mia. Non dovrebbe esservi particolarmente difficile riprodurlo, purché:

1. usiate del latte *ben scremato*, in modo da evitare la presenza di gocce di grasso particolarmente grosse, che anche a forte diluizione lascerebbero una tonalità biancastra (vedremo in seguito che cosa siano sia queste "gocce" che rimangono anche quando il latte viene scremato);

2. utilizziate una torcia con una luce davvero *bianca*, come per esempio quella prodotta da un LED. Nel mio caso era il portachiavi a forma di porcellino di mia figlia, la luce emessa dalle cui due narici è visibile nel riflesso in Tavola 2A (che mostra un confronto nelle stesse condizioni con della semplice acqua di rubinetto, tanto per assicurarvi che non vi ho imbrogliato). Usando una normale torcia a lampadina, che emette una luce decisamente giallastra, il blu potete scordarvelo…

Il lieve alone blu in Tavola 2D ci mostra invece che, come sospettavamo, una piccola quantità di particelle di dimensioni non trascurabili è presente anche in una soluzione di comune sale fino da cucina (che non dovrebbe invece mostrare alcuna differenza dall'acqua pura). Ciò non significa che siano necessariamente presenti additivi come particelle di silice (ho controllato sulla confezione: additivi per evitare il raggrumarsi *sono* di fatto presenti, ma non sono particelle colloidali), potrebbero semplicemente essere residui della raffinazione: comunque qualcosina c'è, e non abbiamo bisogno di un laboratorio di analisi per scoprirlo.

Per quanto riguarda lo scattering da grandi particelle, le goccioline di nebbia, per esempio, che hanno diametri compresi tra qualche micron e qualche decina di micron, diffondono preferibilmente in avanti e *indietro*: questa è la ragione per cui usare i fari nella nebbia ha un effetto decisamente controproducente[39]. Un fastidioso effetto correlato è quello che avviene, se avete rotto il tergicristalli, quando i fari di un'auto che procede in direzione opposta investono il vostro parabrezza ricoperto di gocce di pioggia: le gocce sono poche, molto meno (e molto più grosse) di quelle della nebbia, ma rimandano in *avanti* (verso i vostri occhi) pressoché tutta la luce come fastidiose e brillanti stelline.

Tutto sommato, se i colloidi fossero solo bianchi o azzurrini, sarebbero cromaticamente piuttosto noiosi. In realtà, certi colloidi sono un tripudio di colore: perché colloidi sono buona parte dei colori che stanno sulla tavolozza di un artista, ossia i *pigmenti*. Molti dei colori che compaiano sugli affreschi o sulle tele del tardo Medioevo e del Rinascimento, dalla biacca all'ocra, dal verderame al magnifico blu oltremare, erano ottenuti macinando accuratamente dei minerali (delle "terre", appunto) e poi disperdendoli in un legante, generalmente tuorlo d'uovo per il fresco o la tempera, poi oli di lino, di noce di papavero con la rivoluzione pittorica iniziata soprattutto da Jan van Eyck nel quattrocento che portò al predominio della pittura a olio: quindi, a tutti gli effetti, i pigmenti sono sospensioni colloidali. In questo caso, il colore non deriva dallo scattering, ma dal fatto che le particelle *assorbono* soprattutto alcune lunghezze d'onda lasciando passare le altre, quelle che poi costituiscono il colore che vediamo: è un processo fisico molto diverso perché, mentre nello scattering la luce viene solo deviata, nell'assorbimento, che nei pigmenti è normalmente dovuto alla presenza di ioni di metalli quali per esempio rame, piombo, o cobalto, si *perde* energia luminosa, che viene trasformata in energia termica delle molecole (sicuramente anche voi, sotto il sole estivo, preferite vestirvi con colori chiari che di nero!).

D'altronde, senza dover passare dal colorificio, colloidi che assorbono luce li incontriamo tutti i giorni, anzi, generalmente molte volte in un giorno. Caffè e tè sono infatti anch'essi dispersioni colloidali: per rendervene conto, osservate per esempio l'anello che si forma sul fondo di una tazza di tè (meglio se verde), dovuto a particelle che aggregano e sedimentano, o la curiosa forma delle macchie di caffè su un vestito dove, per effetto della tensione su-

---

[39] Possono aiutare, ma poco, i fari fendinebbia, montati bassi perché vicino al terreno la nebbia è generalmente più debole, e spesso gialli, colore a cui i nostri occhi sono più sensibili, eliminando così il blu (il perché dovreste averlo capito).

perficiale di cui parleremo, le particelle si concentrano sul *bordo*. Tra l'altro, entrambe queste bevande mostrano interessanti effetti legati alla stabilità delle sospensioni: per esempio, il caffè macchiato contiene in genere particelle di dimensioni minori, perché alcune sostanze presenti nel latte riducono l'aggregazione, mentre il limone limita la formazione della pellicola superficiale che si forma sulla superficie del tè quando questo si raffredda (oltre a modificarne le proprietà ottiche).

Tornando ai pigmenti, sembrerebbe a prima vista che quello del colore sia quindi solo un problema chimico-fisico relativo ai materiali utilizzati e alle loro proprietà ottiche, mentre che questi siano sotto forma di particelle e dispersi in un legante sarebbero solo necessari accorgimenti tecnici. Nulla di più falso: la natura colloidale dei pigmenti ha conseguenze importanti sul colore, per almeno due motivi. Prima di tutto, la dimensione delle particelle *conta*. L'aveva già intuito Cennino Cennini, nel suo magnifico *Libro dell'Arte* scritto nei primi decenni del XV secolo, il quale sosteneva, a proposito della macinazione dei colori:

> E tanto le macina, quanto hai sofferenza di poter macinare, ché mai non possono essere troppo; ché quanto più le macini, più perfetta tinta vienne.

Tanto che, per il rosso cinabro:

> se il macinassi ogni dì persino a venti anni, sempre sarebbe migliore e più perfetto.

Un pigmento diviene più brillante quando viene macinato di più soprattutto perché, riducendo la dimensione delle particelle sospese, si riduce lo scattering a tutte le altre lunghezze d'onda, che opacizza il colore. Se viene davvero macinato tanto, come si può fare con le tecniche moderne, ecco poi rispuntare fuori il nostro blu colloidale: è il caso di talune tinte come il "Mussini Transparent White", che in realtà mostra una lieve sfumatura azzurrognola. Ma la resa cromatica di un pigmento dipende anche dall'indice di rifrazione del legante (ossia dal solvente) che si utilizza. Quando per esempio la tempera venne sostituita progressivamente dall'olio, che ha un indice di rifrazione molto più alto dell'acqua o del tuorlo d'uovo, ci si accorse che taluni pigmenti perdevano molto del loro splendore: per esempio il magnifico (e costosissimo) blu oltremare ottenuto dai lapislazuli diventava tristemente scuro, il rosso vermiglione non più coprente, il bianco calce quasi trasparente. Quando si vogliono ottenere delle superfici bianche particolarmente brillanti e riflettenti, l'indice di rifrazione delle particelle assume poi un'importanza del tutto speciale: così, utilizzando in olio pigmenti costituiti da ossido di titanio, che hanno un indice di rifrazione solo del 30% superiore a quello dell'ossido di zinco (uno dei bianchi tradizionali della pittura), la frazione di luce riflessa da una superficie dipinta aumenta da circa il 20% a oltre l'80%.

In realtà, quando si ha a che fare con particelle disperse, scattering e assorbimento appaiono come fenomeni intimamente connessi, ossia il colore di una sospensione può risultare molto diverso da quello che mostra un blocchetto macroscopico del materiale che costituisce le particelle, anche se questo viene immerso nello stesso solvente. La differenza può diventare clamorosa quando si ha a che fare con particelle *veramente* piccole, con un diametro non superiore a pochi nanometri, fatte di metalli puri come l'oro o l'argento. Naturalmente, particelle di questo tipo non possono essere ottenute per macinazione (anche perché macinare un metallo non è un'impresa semplice), ma possono essere fatte "crescere" *direttamente* da una soluzione di composti di questi metalli. Pioniere di queste tecniche fu Michael Faraday, probabilmente il più grande fisico sperimentale di tutti i tempi, il quale oltre a porre le basi per la comprensione unitaria dei fenomeni elettrici e magnetici (che tra l'altro permise a Maxwell proprio di spiegare che cosa sia la luce), si dilettò a tempo perso (per modo di dire!) con la sintesi di particelle colloidali di oro e altri metalli ottenute per precipitazione di un sale metallico. Nel produrre particelle d'oro, Faraday fu estremamente sorpreso di osservare come il colore della sospensione cambiasse dal giallino della soluzione salina, all'arancio, fino al rosso rubino mentre la reazione procedeva, ossia mentre le particelle crescevano di dimensione. Anzi, se poi le particelle venivano fatte aggregare aggiungendo un altro sale (Faraday non sapeva ancora perché, ma lo aveva intuito), potevano addirittura diventare blu. Oggi sappiamo che questi effetti sono dovuti al fatto che, nel caso dei metalli, non solo la purezza o la brillantezza, ma lo stesso *colore* della luce assorbita dipende fortemente dalle dimensioni delle particelle, quando queste sono piccole rispetto alla lunghezza d'onda[40]. Per esempio le particelle d'argento, crescendo, passano dal giallo, al marrone, al rosso, fino a divenire grigie e poi del tutto nere. Ovviamente, come in tutti i problemi di scattering, anche il solvente ha i suoi effetti: usando questo trucco, si può ottenere oro colloidale color malva, porpora, violetto, praticamente di qualunque sfumatura tra il rosso e il blu. La flessibilità nel controllare le proprietà ottiche di una sospensione variando la dimensione delle particelle o il tipo di solvente ha interessanti ricadute applicative. Ancor di più ne ha, nel settore delle cosiddette "nano-bio-tecnologie", la possibilità di dedurre al contrario la loro dimensione proprio *dal* colore della sospensione, come mezzo per esempio per seguire lo sviluppo di una reazione biochimica.

Proprietà ottiche a parte, aspetti tipicamente colloidali dei pigmenti sono ovviamente la loro *disperdibilità* e *stabilità* nel tempo. Spesso infatti, un pigmento è costituito da particelle che *non* amano l'acqua, oppure l'olio, cosa che rende estremamente difficile dispenderle in questi solventi senza che, come abbiamo visto, aggreghino rapidamente per effetto delle forze di van der Waals. Per poterlo fare, è necessario introdurre degli additivi che modifichino la superficie delle particelle e la loro interazione col solvente. Nel caso delle tempere rinascimentali, il tuorlo d'uovo, oltre che essere un ottimo legante con la superficie pittorica, conteneva dei componenti (in qualche modo simili, come vedremo, ai saponi) che garantivano proprio questa funzione: oggi, la formulazione dei pigmenti industriali è indissolubilmente legata alla chimica-fisica dei colloidi e delle superfici.

Ho scelto la pittura come spunto per mettere in luce i rapporti tra pigmenti e colloidi, ma naturalmente tutto quanto abbiamo detto si applica alle vernici o agli smalti che la società industriale applica su migliaia di superfici di tipo diverso, dalle pareti domestiche alla carrozzeria delle autovetture. Pensate solo a quali problemi di stabilità colloidale può porre la produzione di una vernice idrorepellente, che deve contenere particelle che "odiano" intensamente l'acqua, ma che in un solvente acquoso *devono* essere sospese per poter essere stese sulla superficie. E poi ci sono gli inchiostri, che fin dalle prime ricette a base di particelle di carbone

---

[40] Questo perché l'assorbimento è dovuto alla produzione di una specie di "oscillazione collettiva" (detta *plasmone*) degli elettroni liberi nel metallo che costituisce le particelle, la cui frequenza dipende dalla dimensione delle particelle stesse.

(fuliggine), oppure ottenute precipitando sali di ferro con il tannino contenuto nelle galle delle querce, sono delle dispersioni colloidali in cui le particelle sono mantenute in sospensione aggiungendo per esempio gomma arabica, un polimero che, aderendo alla loro superficie, le stabilizza.

Spesso, in particolare nelle applicazioni di stampa, oggi è importante spruzzare un inchiostro attraverso un ugello con grandissima rapidità e precisione senza che quest'ultimo si intasi, cosa che può creare seri problemi. Vedremo successivamente come la presenza di particelle o di altri grossi oggetti come i polimeri o gli aggregati di tensioattivi modifichi profondamente il modo in cui scorre un liquido: questi effetti sono anzi essenziali perché materiali come le vernici funzionino a dovere. Qui voglio solo far cenno a un problema collegato a quello del flusso in un ugello che ha notevole importanza applicativa. Supponete di avere una siringa piena di una sospensione colloidale, e di inserire tra il corpo della siringa e l'ago un filtro costituito da una membrana con dei pori piccoli rispetto alla dimensione delle particelle (i biologi ne usano a profusione). Se ora premete sullo stantuffo, potreste aspettarvi che, mentre le particelle rimangono nella siringa, il solvente esca liberamente. E invece no: a meno che le particelle siano veramente molto diluite, in men che non si dica il filtro è bloccato e non esce più nulla. Ora, in fondo questo non è troppo strano: le particelle, che non possono uscire, si accumulano nei pressi della membrana creando uno strato molto denso che intasa il filtro[41]. Ma ciò che è veramente sorprendente è che spesso la stessa cosa avviene, a meno che non premiate sullo stantuffo con estrema gentilezza, anche se utilizzate una membrana, che vi hanno garantito avere dei pori dieci o venti volte *più larghi* del diametro delle particelle che volete filtrare! Il come e il perché le particelle, nell'affollarsi per sfuggire attraverso la membrana, si ostacolino a vicenda fino a intasare i pori (un po' come farebbe una folla in preda al panico uscendo da un locale in fiamme) è ancora poco chiaro, ma capite che, dal punto di vista pratico, sviluppare soluzioni ingegneristiche che limitino quest'effetto è di primaria importanza[42].

---

[41] Questa è la ragione per cui, se ricordate, nelle tecniche di osmosi inversa la pressione viene applicata *trasversalmente* alla membrana.

[42] Una delle conseguenze pratiche è che spesso i filtri da siringa sono "monouso": qualche cc di filtrato e poi dovete buttarli (e non costano poco).

2.10 *E-paper*: scrivere con le particelle

Pigmenti e inchiostri sono e continueranno a essere una della più importanti applicazioni tecnologiche dei sistemi colloidali ma, nell'Era di Internet, l'informazione viene sempre più spesso trasmessa per via elettronica, e acquisita tramite televisori, schermi di computer, palmari, telefoni cellulari. Basti dire che oggi, in tutto il mondo, viene prodotto più di un metro quadro di schermi a cristalli liquidi (LCD) ogni *secondo*. Sparirà la carta? Forse non del tutto, perché credo e spero che nessuno di noi voglia rinunciare a sfogliare, direi quasi ad annusare le pagine di un libro che ama. Ma per molte altre cose l'uso della carta è davvero uno spreco: non ha davvero senso, per esempio, che quantità spropositate di giornali finiscano ogni giorno al macero, dopo una rapida e parziale fruizione.

Tuttavia, sono molte le ragioni per cui siamo ancora tanto affezionati ai giornali: possono essere letti in qualunque condizione di illuminazione, dalla piena luce solare a quella di una candela, sono fatti di carta sottile, tanto da poter essere piegati e messi in tasca, e soprattutto non è necessario inserire alcuna spina o introdurre alcuna batteria per leggerli! Purtroppo, gli schermi televisivi o dei computer, sotto tutti questi aspetti, sono decisamente miserini. Tutte le attuali tecnologie per la visualizzazione richiedono innanzitutto una *fonte interna d'illuminazione*, sia quando sono sistemi "retro-illuminati" come gli schermi LCD, che quando sono gli elementi stessi che compongono l'immagine a emettere luce, come nel caso degli schermi a "LED organici" (OLED) che cominciate a vedere sul mercato (oggettivamente molto più efficienti e promettenti, sebbene ancora un po' cari). Tenere accese queste sorgenti luminose richiede ovviamente energia (con conseguente consumo delle batterie) e, per di più, lo schermo è in genere troppo poco brillante per essere letto in piena luce solare. Da questo punti di vista con gli OLED le cose andranno un po' meglio, ma non di molto: ciò che migliorerà sensibilmente è *l'angolo massimo* sotto cui possiamo leggere, che per gli schermi LCD è piuttosto limitato (mentre non lo è per la carta).

Come sarebbe bello se, al contrario, potessimo proprio *sfruttare* quello che la Natura ci ha regalato, utilizzando uno schermo che si basa sulla *riflessione* della luce solare, come da sempre fa la carta del giornale! Uno schermo di questo tipo farebbe a meno della fonte d'illuminazione interna e sarebbe tanto più brillante quanto più è *luminoso* l'ambiente: questa sì che sarebbe davvero un'applicazione geniale dell'energia solare! Se poi lo schermo consumasse energia solo quando deve "rinfrescarsi", cioè per *cambiare* i caratteri e non per *mantenerli*, e fosse anche sottile e flessibile, potremmo quasi gridare al miracolo. Fino a pochissimi anni or sono tutto ciò sembrava effettivamente solo un sogno per scrittori di fantascienza, ma le cose stanno cambiando rapidamente: e, ancora una volta, grazie ai colloidi.

A dire il vero, i primi tentativi di realizzare una carta elettronica, o per meglio dire un inchiostro elettronico (*e-ink*), risalgono alla fine degli anni '70 del secolo scorso, ma per realizzare un materiale che fosse effettivamente pratico e di prezzo contenuto si è dovuto attendere fino alla fine del millennio, quando un gruppo di ricercatori del Massachusetts Institute of Technology (MIT) realizzò e, dopo avere opportunamente fondato un'azienda (la E-Ink, appunto) attraverso quello che si dice propriamente uno *spin-out*[43], commercializzò i primi schermi a *e-paper*. Come funzionano questi oggetti? Come ogni schermo, sono composti da "pixel", ciascuno dei quali contiene una piccola capsula con un diametro di un centinaio di micron, riempita con una sospensione colloidale in olio di due tipi di particelle: le prime di biossido di titanio (TiO_2), con un diametro di pochi micron, sono come abbiamo già visto altamente riflettenti per il loro alto indice di rifrazione; le seconde sono dello stesso materiale, ma colorate con un pigmento nero. Il trucco diabolico escogitato dai ricercatori del MIT sta però nell'aver utilizzato un pigmento che, aderendo alle particelle, le carica di segno positivo, mentre le particelle originarie di TiO_2 hanno segno *opposto*: in questo modo, applicando tensione con degli elettrodi (trasparenti) tra la parte superiore (cioè verso chi legge) e quella inferiore del pixel, le particelle bianche di TiO_2 si muovono verso l'alto o verso o il basso a seconda di dove si trovi il polo positivo, mentre il contrario avviene per quelle nere (si veda la Fig. 2.4). Cosa molto interessante è che il solvente in cui sono sospese, un olio, non conduce corrente elettrica e quindi, una volta che un pixel bianco o nero è stato creato, *permane* nel suo stato senza bisogno di forni-

---

[43] La differenza con il più comune termine di *spin-off* non è trascurabile: mentre quest'ultimo è un'iniziativa dell'istituzione di partenza, che ne rimane proprietaria, per fare uno *spin-out* i finanziamenti te li devi andare a cercare!

re energia[44]: il consumo avviene solo quando si cambia lo "stato" del pixel.

In versioni successive, introducendo un colorante nero direttamente nel solvente, è stato poi possibile limitarsi a utilizzare solo particelle di TiO_2 non modificate. Utilizzando questa tecnica sono stati realizzati, a partire dai primi anni di questo secolo, schermi con elevato contrasto e risoluzione (migliaia di pixel per cm^2) dello spessore di pochi decimi di millimetro, notevolmente flessibili (anche se non ancora quanto la carta) e soprattutto con un consumo ridicolo di energia. Questi cosiddetti *display elettroforetici*[45] sono alla base dei lettori di libri elettronici che cominciano a diffondersi, soprattutto negli USA: quando questo libro sarà pubblicato, potrete per esempio già acquistare in Italia un *e-book reader* prodotto dal maggior distributore di libri su Internet, su cui potrete leggere migliaia di testi. In Paesi come l'Olanda, si sta inoltre già sperimentando l'idea di sostituire i libri scolastici con questi nuovi mezzi, per alleggerire drasticamente i gravosi zainetti dei nostri ragazzi.

I display elettroforetici presentano ancora diversi svantaggi rispetto agli schermi LCD. In particolare, dato che muovere le grosse particelle colloidali non è facile come riallineare le molecole dei cristalli liquidi in uno schermo LCD, sono piuttosto lenti: "rinfrescare" una pagina richiede un tempo di circa un secondo. Inoltre, è chiaro che la visualizzazione in bianco e nero non soddisfa le esigenze del pubblico moderno, ormai abituato a una profusione di colori, facili da ottenere sulla carta ma molto meno su uno schermo. Per far ciò, negli schermi LCD (o anche nei sensori della vostra macchina fotografica digitale), ogni singolo pixel è in realtà costituito da (almeno) tre elementi, davanti a ciascuno dei quali vengono messi un filtro rosso, blu o verde[46] e che possono essere accesi o spenti indipendentemente l'uno dall'altro (l'analogo per

---

[44] In fisica, un comportamento con due "stati di equilibrio" di questo tipo si dice *bistabile*.

[45] L'elettroforesi è il trasporto di particelle colloidali per mezzo di un campo elettrico: la incontreremo di nuovo quando ci occuperemo di proteine.

[46] Ogni altro colore si ottiene "sommando" in modo opportuno questi tre colori base. Notate bene che questo metodo, che si dice di *sintesi additiva*, è molto diverso da quello sfruttato dagli inchiostri di stampa: qui il colore apparente è quello che rimane dopo aver "sottratto" ciò che i pigmenti assorbono (sintesi *sottrattiva*), e i colori primari sono il giallo, il magenta (una specie di fucsia) e il ciano (un azzurro-turchese).

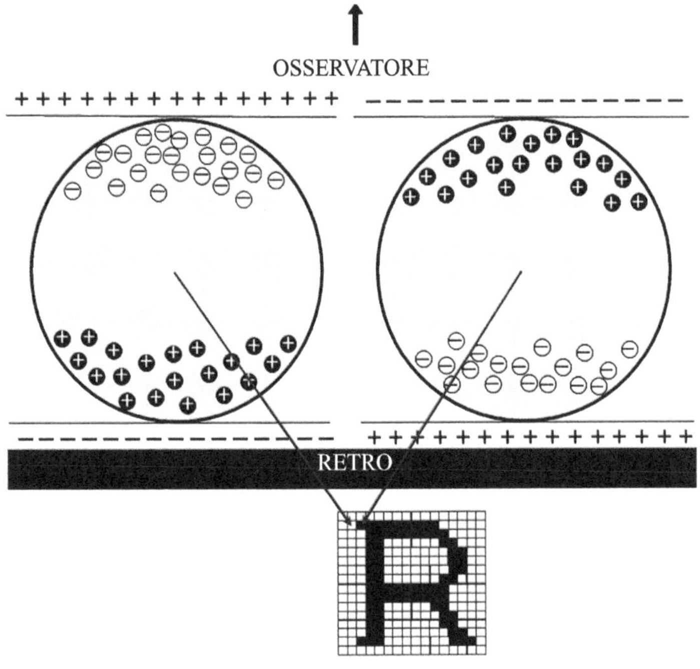

Fig. 2.4. Schema di funzionamento di un display a *e-paper*

gli schermi OLED è usare per ogni pixel tre emettitori di questi colori). Lo stesso schema può essere usato per gli schermi elettroforetici, ma in questo modo la luce solare che raggiunge ogni pixel colorato viene ridotta a un terzo dell'originale, e anche la brillantezza, caratteristica principale che rende la e-paper così attraente, viene sensibilmente penalizzata. In realtà negli ultimi anni si stanno sviluppando nuovi metodi per realizzare inchiostri elettronici, non più basati sul trasporto di colloidi, ma sul modificare per via elettrica le proprietà di "bagnabilità" di una superficie, che impareremo a conoscere nel Cap. 4. Queste tecnologie, anche se ancora nella loro infanzia, promettono sia di rendere gli schermi a *e-paper* molto più veloci, che di ottenere colori brillanti in modo molto diverso, simile a quello utilizzato per generarli sulla carta attraverso i pigmenti.

2.11 Colloidi volanti: gli aerosol

Chiudiamo questo capitolo spendendo qualche parola in più sulle dispersioni di particelle in un gas, ossia sugli aerosol: ne vale la pena, sia in quanto hanno anch'esse molte applicazioni tecnologiche, sia soprattutto perché hanno molto a che vedere con la nostra salute. Abbiamo già parlato della nebbia come caso estremo di goccioline sospese (e le nuvole, ovviamente, non sono da meno), ma in ogni condizione atmosferica l'aria che respiriamo è comunque *piena* di particelle. Basta guardare lateralmente un raggio di sole che penetra in una stanza buia da una feritoia: quel brillio di punti che si agitano non è altro che lo scattering dalle particelle sospese. Notate bene, questa intensa agitazione non è dovuta al moto browniano (che pure c'è), ma alla perenne presenza di microcorrenti d'aria che trascinano le particelle: solo grazie a esse queste ultime, che sono *molto* più dense dell'aria (e non sono poi così piccole), rimangono sospese e non sedimentano rapidamente tutte sul pavimento! Per dare un'idea di massima, l'atmosfera nelle grandi aree urbane può contenere tipicamente da qualche decina a qualche centinaio di microgrammi di aerosol per metro cubo, con una dimensione che va dai pochi decimi di micron in su, il che corrisponde a decine di milioni di particelle sospese per metro cubo d'aria che respiriamo.

Vi sono naturalmente cause naturali della presenza di aerosol nell'atmosfera, le principali delle quali sono, oltre al regolare sollevamento di sabbia dai deserti e di gocce d'acqua dagli oceani indotto dal vento o dal moto ondoso, le eruzioni vulcaniche e gli incendi forestali (che però nella maggior parte dei casi naturali non sono). Le particelle possono essere emesse direttamente o formarsi per processi di "condensazione" di gas sotto forma di goccioline liquide. Per esempio, le eruzioni vulcaniche producono grandi quantità di anidride solforosa (SO_2), che viene lanciata ad altezze stratosferiche: proprio nella stratosfera, ad altezze che vanno dai 10 ai 50 km, la SO_2 condensa sotto forma di goccioline di acido solforico, che sono la principale sorgente della formazione di nubi a queste quote. Le grandi eruzioni vulcaniche, come quella del Pinatubo nelle Filippine del 1991, possono di fatto aumentare di più di *cento volte* la concentrazione di SO_2 nella stratosfera, con sensibili effetti sul clima dell'intero pianeta che possono protrarsi per lungo tempo. Nelle regioni polari, la superficie delle goccioline presenti nelle nubi stratosferiche è poi il sito su cui hanno luogo le reazioni chimiche responsabili della riduzione della quantità di ozono (il famoso "buco") dovuta ai composti del cloro prodotti dall'uomo come i freon, che venivano largamente usati fino agli anni '90 nella refrigerazione e in moltissimi altri impieghi industriali[47].

Particelle che si formano "alla sorgente" come polveri, sabbie, gocce d'acqua, prodotti della combustione, e anche "bioaerosol" come batteri, virus e residui organici, costituiscono invece i principali componenti degli aerosol della troposfera, cioè della zona di atmosfera che si estende fino a una decina di chilometri di quota. Nel complesso, in condizioni normali le emissioni naturali di aerosol nella troposfera sono dell'ordine di alcuni *miliardi* di tonnellate per anno, mentre quelle dovute alle attività umane sono tipicamente dieci volte inferiori: ma mentre con le prime (che tra l'altro sono costituite per il 90% da sale, polveri e sabbia) il pianeta è abituato da sempre a convivere, le seconde, sia per la loro tipologia che per la localizzazione soprattutto attorno alle aree urbane, creano decisamente qualche problema in più. Tristemente celebri sono rimasti episodi come quello del *killer smog*, che nel dicembre 1952, a causa della perversa sinergia tra il fenomeno dell'"inversione termica", che dà origine alla nebbia, e l'uso del carbone quale pressoché unico combustibile negli impianti di riscaldamento, provocò in pochi giorni oltre 4000 decessi a Londra e nei dintorni. Per chi come me (soprav)vive in una città come Milano, non c'è comunque bisogno di esempi di questo tipo per sapere che le emissioni di particolato nell'atmosfera sono uno dei più perniciosi effetti collaterali della società industriale. I principali componenti degli aerosol derivanti da fonti naturali e da attività umane sono mostrati in Tabella 2.1: l'ultima colonna è particolarmente significativa.

Nelle aree urbane, le particelle che costituiscono gli aerosol possono essere approssimativamente distinte in tre gruppi, che

---

[47] Questi composti, di per sé, sono chimicamente *inerti*. Ma è proprio questa la sfortuna: dato che non reagiscono con nulla, salgono senza problemi fino alla stratosfera, dove sono i raggi ultravioletti "duri" (quelli che non arrivano al suolo) a scinderli e a dare inizio, a quanto sembra, a una devastante "reazione a catena" che distrugge lo strato di ozono (senza il quale, io non sarei qui a scrivere e voi a leggere). Non tutti gli studiosi sono d'accordo con questo meccanismo: comunque, averli in gran parte eliminati non ha fatto certamente male.

	Oceani	Suolo	Vulcani	Incendi	Trasporti	Industria
Carbone			X	X	X	X
Silice		X	X		X	X
Sodio	X	X	X	X		X
Cloro	X	X	X	X		X
Calcio	X	X	X	X		X
Magnesio	X	X	X	X		X
Potassio	X	X	X	X		X
Alluminio		X	X		X	X
Ferro		X	X	X	X	X
Solfati	X	X	X	X	X	X
Nitrati				X		X

Tabella 2.1. Principali componenti degli aerosol naturali o derivanti dall'attività umana

differiscono sia per origine che per dimensioni. In primo luogo vi sono i cosiddetti "nuclei", derivanti direttamente dai processi di combustione (industriali, per il riscaldamento, ma oggi soprattutto dalle emissioni dei veicoli) o si generano per condensazione di gas in modo simile a quanto visto per le emissioni vulcaniche. Queste particelle hanno dimensioni molto piccole (inferiori a 0,1 μm) e raggiungono concentrazioni molto elevate per esempio attorno alle autostrade. Proprio perché sono così concentrati, tuttavia, i nuclei hanno una vita abbastanza breve e tendono a coagulare rapidamente per formare particelle di dimensioni maggiori che costituiscono la cosiddetta "frazione accumulata" degli aerosol urbani, formata da particelle con dimensioni comprese tra 0,1 e 2-3 μm. Queste ultime crescono molto più lentamente e sono abbastanza piccole da restare sospese per lunghi periodi, tanto da costituire la causa principale della riduzione di visibilità nelle grandi città. Per dare un'idea, qualche migliaio di particelle per cm^3 del diametro di mezzo micron riducono la visibilità a meno di un chilometro mentre, a causa della forte dipendenza dello scattering dalla dimensione, una concentrazione cento volte superiore di particelle da 0,1 μm non avrebbe effetti apprezzabili. Particelle a "grana grossa" di diametro superiore a qualche micron, derivanti oltre che da fonti naturali dalle attività edilizie e industriali o, nelle zone rurali, dalle attività agricole, tendono invece a depositarsi molto in fretta per sedimentazione. Una distribuzione

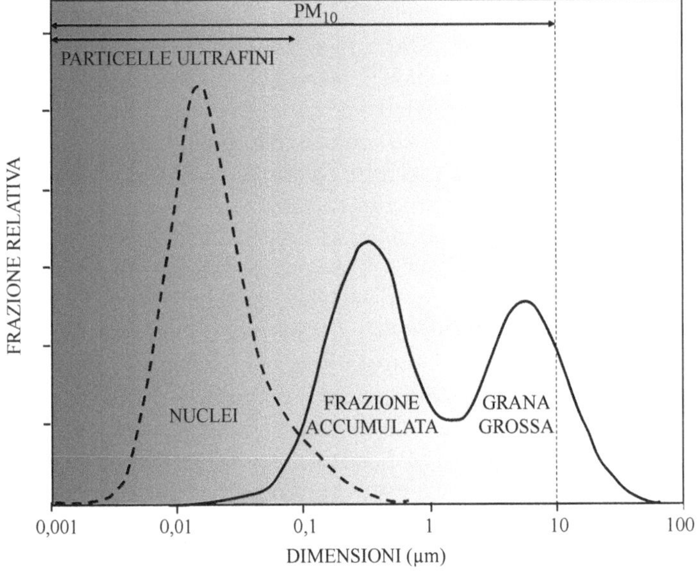

Fig. 2.5. Distribuzione approssimativa delle tre componenti principali degli aerosol urbani

approssimativa delle diverse componenti degli aerosol urbani è
mostrata in Fig. 2.5.

Dal punto di vista della salute, la dimensione delle particelle di
un aerosol è importante per determinare la capacità di raggiungere diverse regioni dell'apparato respiratorio, e di conseguenza
la loro possibile nocività. Mentre le particelle più grosse, con dimensioni approssimativamente superiori a 5 µm, si fermano nelle
cavità orali e nasali o nella laringe, da cui vengono eliminate con
relativa facilità, quelle con dimensioni comprese tra circa 5 e 1 µm
penetrano sempre più a fondo nelle regioni bronchiali e, per quanto il muco che bagna le pareti dei bronchi ne favorisca la progressiva eliminazione, possono causare difficoltà respiratorie, fenomeni
asmatici e, alla lunga, bronchiti croniche. Le particelle con dimensioni inferiore a circa un micron sono probabilmente molto più
dannose, perché raggiungono gli alveoli polmonari, i sacchettini
in cui avviene lo scambio dell'ossigeno con il sistema circolatorio,
che nel loro insieme hanno una superficie interna paragonabile a

quella di un *campo da tennis*: qui rimangono intrappolate, anche perché non vi è lo stesso "lavaggio" da parte del muco che opera nelle vie bronchiali superiori[48]. Non abbiamo ancora un modello dettagliato dei processi attraverso cui le particelle vengono trattenute (simili comunque al filtraggio di colloidi di cui abbiamo parlato), né tanto meno idee del tutto chiare sui meccanismi attraverso cui possono originare patologie o scatenare reazioni immunitarie, ma studi compiuti dell'Organizzazione Mondiale della Sanità suggeriscono che queste polveri sottili possano essere responsabili di almeno lo 0,5% dei decessi nelle grandi città.

Ma non è finita qui, perché particelle *ancora* più piccole (diciamo attorno ai 100 nm), dette particelle ultrafini, possono passare dagli alveoli *al sangue*, entrando direttamente in circolazione nel corpo: notate che queste sono le tipiche dimensioni del particolato, detto DPM, emesso dai moderni motori diesel, fortemente sospettato di avere effetti cancerogeni. Come dicevo, c'è ancora molto da capire sugli effetti delle polveri sottili sulla salute, ma ciò che dovrebbe esservi ormai chiaro è che la semplice denominazione "PM_{10}", che raccoglie insieme tutte le particelle con dimensione inferiore a 10 μm stabilendone le concentrazione limite accettabile dal punto di vista legislativo, è del tutto insufficiente: ben diverso (e per ora più oscuro) può essere l'effetto delle particelle ultrafini rispetto a quelle con un diametro di 5-10 μm[49].

Prima di lasciare l'argomento poco simpatico delle polveri sottili, voglio far notare come queste possano perlomeno essere in certe condizioni alla base di fenomeni ottici curiosi e magari anche esteticamente piacevoli. All'origine di tramonti o nubi dove verdi, gialli, rossi e violetti si mescolano in una fantasmagoria cromatica, sono spesso aerosol di particelle che possono dare origine a infinite sfumature cromatiche[50]: di fatto, una ciminiera, una raffineria, o gli edifici di Pechino fanno spesso da sfondo a questi splendidi paesaggi. Personalmente, comunque, mi accontento anche dei

---

[48] Come vedremo, queste sono anche (e non a caso) le dimensioni tipiche dei virus.

[49] Da un punto di vista più piacevole per la nostra salute, opportuni aerosol possono anche essere, come certamente sapete, utilizzati per *veicolare* dei farmaci: anche in questo caso, lo studio della dimensione delle goccioline prodotte da un nebulizzatore è importante per stabilire in quale regione del sistema respiratorio verranno probabilmente depositate.

[50] Da questo punto di vista, le emissioni vulcaniche, che come abbiamo detto scagliano particolato fino alla stratosfera, la fanno sicuramente da padrone.

colori più tradizionali che mi offrono luoghi di favola *pollution-free* come Santorini, e i miei bronchi me ne sono riconoscenti.

Le tonalità cromatiche degli aerosol possono essere dovuti all'assorbimento di particolari lunghezze d'onda da parte di composti presenti: per esempio, sono soprattutto i composti dell'azoto a intensificare il "rosso tramonto" o a dare origine a sfumature gialle e brune. Ma, anche in assenza di assorbimento, i colori possono avere origine, ancora una volta, semplicemente dallo *scattering* di luce. Vediamo in che modo. Come abbiamo detto, per particelle non assorbenti l'intensità della luce diffusa cresce sensibilmente al diminuire della lunghezza d'onda della luce, ma questo è vero solo se le particelle sono *piccole* rispetto a λ[51]. Per particelle più grandi le cose sono molto più complicate: in particolare, se le dimensioni delle particelle sono proprio dell'ordine delle lunghezze d'onda visibili, diciamo tra qualche decimo e qualche micron, può addirittura capitare che lo scattering aumenti al *crescere* della lunghezza d'onda, ossia che il rosso sia diffuso più del blu.

Ciò può dare origine a fenomeni davvero curiosi. C'è un modo di dire inglese, *once in a blue moon*, che corrisponde approssimativamente alla nostra espressione (un po' infelice nei confronti delle gerarchie ecclesiastiche) "una volta ogni morte di vescovo". Se originariamente ciò stava a indicare una luna piena in più rispetto alle dodici che si presentano regolarmente ogni anno, cosa che avviene circa ogni due anni e mezzo, nel linguaggio corrente questa espressione sta per "qualcosa di molto raro". In condizioni molto speciali, tuttavia, può capitare di vedere *letteralmente* una luna blu (anche se non necessariamente piena), in particolare dopo eruzioni vulcaniche o grandi incendi forestali: per esempio, dopo la gigantesca esplosione del vulcano Krakatoa in Indonesia nel 1883, pare che sia stato possibile vedere spesso la luna tingersi di blu (ma anche di verdastro) per quasi due anni. Ciò nasce dal fatto che questi eventi possono iniettare nell'atmosfera tonnellate di particelle con dimensioni e indice di rifrazione tali da dare luogo all'inversione dell'andamento dallo scattering con λ. Tuttavia, proprio perché l'effetto è così sensibile alle dimensioni, è anche necessario che le particelle presenti in questi aerosol siano abbastanza simili

---

[51] E se il loro indice di rifrazione non è molto elevato: la lunghezza d'onda si deve confrontare in realtà con il prodotto del raggio delle particelle per la differenza tra il loro indice di rifrazione e quello del mezzo in cui sono sospese

tra loro: è per questo che vedere una luna blu è davvero difficile, forse più che vedere il mitico "raggio verde" al tramonto.

Senza andare a cercare lune blu, c'è tuttavia uno stupendo fenomeno atmosferico che ha ancora a che vedere con gli aerosol e che credo sia capitato a tutti di ammirare dopo un temporale, guardando una cascata, o semplicemente osservando gli spruzzi d'acqua lanciati da un irrigatore. In tutte queste (ma anche in altre) condizioni vi sono un gran numero di goccioline d'acqua sospese, gocce sufficientemente grandi da non aver bisogno della complicata teoria dello scattering per spiegarne il comportamento ottico: è sufficiente far uso delle semplici leggi della riflessione e della rifrazione della luce che magari qualcuno di voi ricorda dai tempi della scuola. I raggi di luce che investono una goccia vengono in parte riflessi all'indietro, ma in parte anche rifratti, penetrando così nella goccia per poi venire di nuovo in parte riflessi all'indietro dalla superficie posteriore e, dopo un'ulteriore rifrazione, uscire anch'essi all'indietro. L'effetto curioso di questo "ping-pong" di riflessioni e rifrazioni è che, alla fine, buona parte della luce viene riflessa, ma non in tutte le direzioni, bensì *solo* in un ristretto cono che forma un angolo di 40-42° con la direzione del raggio incidente. Dato che l'indice di rifrazione dell'acqua dipende dalla lunghezza d'onda, l'angolo di uscita è lievemente maggiore per il blu che non per il verde, e per il verde che non per il giallo o il rosso.

Il risultato è quello che chiamiamo *arcobaleno*: l'effetto complessivo è infatti quello di vedere, quando dopo un temporale guardiamo le nubi che ancora si addensano all'orizzonte, un arco centrato in direzione esattamente *opposta* al sole (il cosiddetto *punto antisolare*, che quindi si trova sempre *sotto* l'orizzonte), e che ha un raggio corrispondente a un'ampiezza di 40-42° sulla volta celeste (più o meno un paio di spanne tenute a distanza di un braccio). Naturalmente quindi, a meno di non trovarsi sulla cima di una montagna o a bordo di un aereo, è possibile osservare l'arcobaleno solo se il sole si trova a un'altezza inferiore a 42°, perché in caso contrario l'arco è completamente al di sotto dell'orizzonte: per questo gli arcobaleni si osservano generalmente al tramonto. Chi ha il senso dell'osservazione, avrà poi notato che in taluni casi si può osservare un arcobaleno *doppio*, dove il secondo arco, più esterno, ha i colori *invertiti* rispetto all'arcobaleno usuale: quest'arco secondario è dovuto ai raggi che subiscono una *doppia* riflessione prima di uscire dalle gocce[52]. L'arcobaleno è solo l'esempio più spettacolare di molti fenomeni atmosferici quali il "gloria", gli "aloni" o le "aureole" dovuti a gocce d'acqua o cristalli di ghiaccio sospesi, che vi consiglio vivamente di scoprire. Per noi è venuta tuttavia l'ora di abbandonare momentaneamente le semplici particelle colloidali, solide o liquide che siano, e di dedicarci ad altri sistemi, anch'essi in qualche modo colloidali, ma decisamente diversi e più complessi.

---

[52] Se siete davvero buoni osservatori, avrete anche notato che tra i due archi il cielo è sensibilmente più scuro: quest'effetto, dovuto al fatto che la riflessione è minima proprio per questi angoli, è detto "banda di Alessandro", dal nome del filosofo greco di Afrodisia che lo descrisse per primo.

Capitolo 3

Libertà in catene

I polimeri, italiani in miniatura: un po' disordinati, ma molto flessibili – Rubber sole: breve storia dei scarp de' tennis, dall'albero che piange alle sneakers – Catene per tutti i gusti: dal telefono della nonna alla microfluidica, dalle colichette dei neonati alle navi spaziali – Mi allungo, mi piego, ma non mi spezzo: le sorprendenti proprietà meccaniche delle gomme e delle plastiche – La danza del serpente: gomitoli, reti e melasse polimeriche – Elastici per caso: scherzi dell'entropia e segreti dei Supereroi – Panta rei: anche le montagne scorrono di fronte a Dio – L'incubo di Indiana Jones: reologia dei rettili – Polimeri alla carica: i polielettroliti.

Poche cose possono lasciare con il fiato sospeso gli organizzatori di un congresso scientifico più del momento di apertura: anche se ce l'avete messa proprio tutta nel curare ogni dettaglio, capiterà quasi sempre che qualche presentazione sia redatta in una versione di un noto programma del tutto incompatibile con quella installata sul PC della conferenza (naturalmente, lo speaker è arrivato solo con una chiavetta USB e senza il proprio computer), che anche se ciò non avviene la lampadina del proiettore si bruci entro i primi tre minuti, o che più semplicemente qualche partecipante si ritrovi senza stanza d'albergo o con le valigie in moto browniano tra gli aeroporti del pianeta. Così qualche anno or sono, nell'aprire un congresso che avevo organizzato nella splendida cornice di Varenna, mi premurai di giocare d'anticipo e di tranquillizzare i miei colleghi ricordando loro che, per quanto riguarda l'organizzazione, noi italiani siamo un po' come i polimeri: piuttosto disordinati, ma molto, molto flessibili. Nel resto di questo capitolo non farò altro che cercare di chiarire a voi (ai miei colleghi non ce n'era ovviamente bisogno) il significato di questa frase.

3.1 In fila indiana

Imballaggi, sacchetti e contenitori per alimenti, tessuti sintetici, occhiali da sole e collant, mobili, materassi e tubature, videocassette, vinili e DVD, colle, sigillanti e vernici, interruttori, cavi elettrici e fibre ottiche, copertoni, paraurti e cruscotto dell'auto che guidate, tastiera, *mouse* e schermo del computer che sto usando… e chi più ne ha più ne metta. Dai giocattoli dei vostri bambini alle sonde spaziali, il mondo così come oggi lo concepiamo non potrebbe di fatto esistere senza il contributo essenziale di quelle che chiamiamo materie plastiche. Per dare un'idea, solo gli americani (che a dire il vero, proprio attenti ai consumi non sono) "divorano" ogni anno più di trenta miliardi di tonnellate di questi materiali dalle applicazioni infinite, dal costo contenuto e soprattutto dalla durata pressoché illimitata[1]. Non più di un secolo or sono, tutte queste cose non esistevano: in altri termini, i nostri bisnonni non potrebbero riconoscere di che cosa siano fatti buona parte degli oggetti che abbiamo sotto gli occhi ogni giorno.

Ancora più sorprendente è che, almeno nei casi più comuni, tutte queste sostanze non sono che variazioni sul tema di una stessa idea: quella di realizzare "catene molecolari", che chiamiamo polimeri, costituite da una lunga sequenza di anelli chimicamente identici detti *monomeri*. A differenza delle particelle di cui abbiamo parlato nel Cap. 2, un polimero è dunque una singola molecola, ma davvero enorme, al punto di essere costituita anche da decine o centinaia di migliaia di atomi ed essere perciò detta *macromolecola*. Anche se le proprietà di interesse per le applicazio-

---

[1] Purtroppo, proprio quest'ultimo aspetto può anche farci sospettare che, proprio a causa di questi materiali, il mondo così come oggi lo concepiamo potrebbe non durare in eterno: per convincervene, pensate che oltre sessanta milioni di bottiglie di plastica finiscono *ogni giorno* nelle discariche o negli inceneritori degli Stati Uniti.

ni sono determinate dalla specifica natura chimica dei monomeri, molte delle proprietà fisiche che rendono i polimeri così diversi dalle molecole semplici sono del tutto generali, e derivano solo dal fatto che queste macromolecole siano così lunghe e flessibili. Flessibilità e libertà di movimento sono davvero le parole chiave di questo capitolo, perché proprio da esse nasce il comportamento multiforme dei polimeri, che li rende materiali unici e in qualche modo insostituibili: per una volta tanto, libertà e catene vanno d'accordo.

Per capire come sia possibile ottenere questi oggetti miracolosi, dobbiamo soffermarci sulle proprietà chimiche di un elemento straordinario, il carbonio, così multiforme e "creativo" da averci spinto a inventare una branca della scienza interamente dedicata ai suoi innumerevoli composti, la chimica organica. Già preso da solo, il carbonio mostra tutta la sua irrequieta fantasia: probabilmente sapete già che la carbonella su cui cuocete le salsicce, la mina della matita che usate per scrivere, lo splendido diamante che adorna il vostro anello di fidanzamento (o quello di vostra moglie) non sono altro che diverse forme di carbonio che, come vedete, si lega molto bene anche a se stesso. Ma la fantasia del carbonio si scatena in pieno quando può legarsi ad *altri* atomi, cosa che avviene con la grande maggioranza degli elementi chimici presenti in natura, anche se con qualche preferenza per azoto, ossigeno, cloro, fluoro, fosforo, zolfo, silicio e, soprattutto, idrogeno: di fatto, il numero di composti organici sintetizzati *ogni anno* supera il totale dei composti inorganici presenti in natura. Cosa ancora più importante, per quanto gli esseri viventi siano fatti anche di molecole che non lo contengono (basti pensare all'acqua!), è davvero impossibile pensare che strutture complesse come quelle viventi possano svilupparsi in un mondo senza carbonio[2]. L'ultima parte di questo libro sarà interamente dedicata alle complesse macromolecole organiche che costituiscono la vita così come la conosciamo.

Ogni atomo di carbonio è solito legarsi a quattro altri atomi (ossia il carbonio è, come si dice, *tetravalente*): qualcuno di questi può

---

[2] Qualche scrittore di fantascienza ha ipotizzato forme di vita basate sul silicio, un elemento in qualche modo parente del carbonio: ma, per quanto ne sappiamo, è davvero solo fantascienza.

però essere a sua volta un atomo di carbonio, ed è proprio in questo caso che possono aver origine le catene ripetitive di cui vogliamo parlare. Per vedere come, consideriamo per esempio due semplici composti organici, l'etano (C_2H_6) e l'etilene (C_2H_4). Le formule chimiche "brute" non ci dicono molto: entrambi i composti contengono due atomi di carbonio e, per il resto, solo atomi di idrogeno; sono cioè, come si dice in chimica, degli *idrocarburi*. Indicando però in modo un po' più esplicito come gli atomi sono legati tra di loro:

$$\text{ETANO}: \quad \begin{array}{ccc} & H & H \\ & | & | \\ H - & C - C & - H \\ & | & | \\ & H & H \end{array} \qquad \text{ETILENE}: \quad \begin{array}{ccc} H & & H \\ | & & | \\ C & = & C \\ | & & | \\ H & & H \end{array}$$

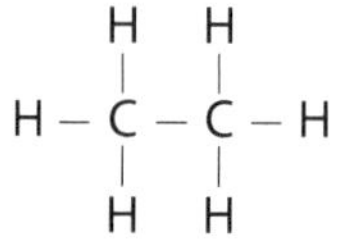

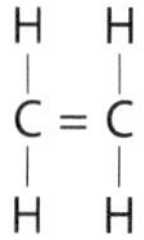

ci accorgiamo di un'importante differenza, perché nel caso dell'etilene il legame tra i due carboni è *doppio*. Se riusciamo a rompere uno dei due legami, *ciascuno* dei due atomi si trova ad avere a disposizione un "braccino" libero, con cui legarsi a un atomo di carbonio differente, e se ciò avviene potremmo trovarci di fronte a una situazione come questa:

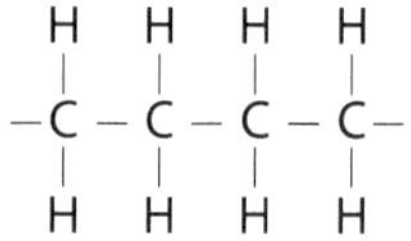

$$\begin{array}{cccc} H & H & H & H \\ | & | & | & | \\ -C - & C - & C - & C- \\ | & | & | & | \\ H & H & H & H \end{array}$$

che potremmo anche scrivere per semplicità $[-(CH_2)_4-]$, dove due molecole di etilene si sono unite a formare un composto a quattro atomi di carbonio. Ciò non avviene spontaneamente, perché il doppio legame, pur non essendo la migliore condizione possibile per i due carboni, è piuttosto stabile, ma utilizzando opportunamente certi composti chimici detti catalizzatori[3] che

---

[3] Spesso una reazione chimica non avviene spontaneamente, perché tra il punto di partenza e quello di arrivo, anche se quest'ultimo è, in termini di energia, più "a valle" di quello iniziale (ossia se dal punto di vista energetico la reazione è complessivamente in discesa), c'é di mezzo una "collinetta" che le molecole, con la piccola energia termica (ricordate?) che hanno a disposizione, non riescono a superare. Bene, pensate a un catalizzatore semplicemente come a una ruspa che scava un tunnel attraverso la collinetta, collegando direttamente lo stato di arrivo con quello di partenza.

consentono di dare il via alla reazione, questa diventa in qualche modo a catena: perché le cose non possono finire qui, dato che a questo punto gli atomi di carbonio agli estremi hanno *ancora* due braccini liberi. In pratica, il processo può andare avanti all'infinito, o almeno fino a quando i braccini alle due estremità non si legano, come nell'etano, con due atomi d'idrogeno che fungono da terminali. In questo modo, abbiamo ottenuto una molecole a catena del tipo $CH_3 - (CH_2 - CH_2)_n - CH_3$ dove, a parte i gruppi terminali CH_3, il numero n di gruppi etilene può essere davvero molto grande. Questa fila indiana di etileni si chiama, per l'appunto, **polietilene**, il polimero più semplice di cui sono fatti per esempio i comuni sacchetti di plastica, e a esso si riferisce la sigla PE che normalmente trovate indicata sui sacchetti stessi[4]. La conseguenza più immediata del fatto di essere costituita da tantissime unità ripetitive è che una macromolecola come il polietilene ha un enorme peso molecolare, che è (per dirla un po' approssimativamente) il suo peso totale misurato rispetto a quello dell'atomo più semplice, l'atomo di idrogeno (così per esempio, dato che un atomo di ossigeno pesa come 16 atomi di idrogeno, il peso molecolare dell'acqua, H_2O, è pari a $2 \times 1 + 16 = 18$). Poiché su questa scala il carbonio "pesa" 12, il peso molecolare di un monomero di polietilene è allora solo pari a 28, ma dato che il numero di monomeri che costituiscono la catena può essere di decine di migliaia, non è difficile ottenere catene con un peso molecolare di diversi milioni.

Al di là della formula chimica, è per noi particolarmente importante analizzare quale sia la "conformazione" del polietilene, ossia come si organizzino nello spazio i monomeri. La forma perfettamente ordinata è quella di una *catena a zigzag*, dove quindi la catena risulta diritta come in Fig. 3.1 A. Tuttavia, come vedremo, la macromolecola assume questa struttura (e non in modo perfetto) solo quando si trova allo stato cristallino, mentre nella condizione che ci interesserà di più, quella in cui il polimero è in soluzione, l'andamento a zigzag risulta spesso interrotto da difetti (vedi Fig. 3.1 B) che rendono la catena estremamente contorta. Prima di occuparci di ciò e di qualche altro aspetto del comportamento

---

[4] Da fisico poco competente ho semplificato decisamente le cose: in realtà, le caratteristiche del prodotto finale (per esempio la sua lunghezza e regolarità, o il fatto che sia una catena lineare piuttosto che "ramificata") dipendono dal modo in cui avviene la polimerizzazione e soprattutto dal tipo di catalizzatore utilizzato.

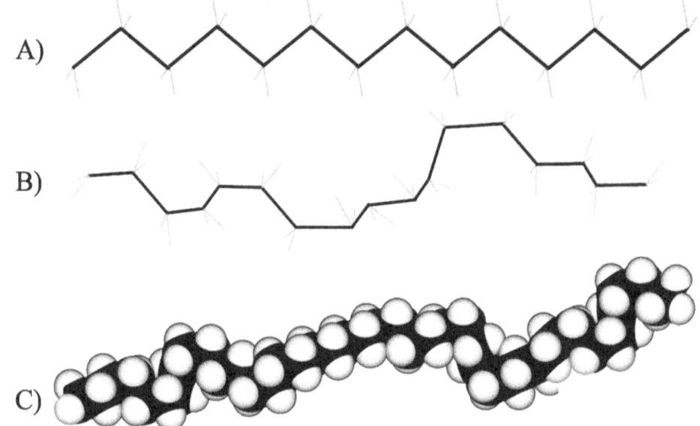

Fig. 3.1. Visione schematica di una (breve) catena di polietilene ordinata (A) o in presenza di "difetti conformazionali" (B). In (C) è mostrata un'immagine un po' più realistica, con gli atomi di carbonio in nero e quelli d'idrogeno in grigio chiaro

delle macromolecole, voglio però raccontarvi brevemente la storia curiosa di un polimero naturale che ha cambiato irreversibimente il mondo in cui viviamo.

3.2 Farsi le scarpe (anche a vicenda)

La passione con cui gli uomini corrono dietro a un pallone non ha età. Così, quando gli europei sbarcarono sulle coste di Haiti durante il secondo viaggio di Colombo nel Nuovo Mondo, portarono con sé qualche palla di corda per dilettarsi un po'. Con meraviglia, scoprirono però che gli indigeni possedevano già palle molto migliori, fatte di un materiale mai visto prima e che rimbalzavano magnificamente: per la prima volta, gli occidentali avevano messo gli occhi sulla gomma. Maya e Aztechi consideravano la gomma un materiale sacro, al punto di usare queste sfere in un gioco rituale, simile a una pallacanestro giocata con i piedi, dove la punizione per i perdenti era decisamente un po' severa, consistendo in genere nella decapitazione[5].

---

[5] Non essendo ancora stata stipulata la convenzione di Ginevra, a cui comunque gli Aztechi avrebbero difficilmente aderito, i giocatori erano di solito prigionieri di guerra.

La gomma era tuttavia già usata per scopi meno cruenti in Amazzonia, dove popolazioni locali come gli Tsachali la estraevano sotto forma di un "lattice" appiccicoso incidendo la corteccia di un albero, la *Hevea brasiliensis*, oggi noto proprio come albero della gomma, ma da loro chiamato *cahuchu*, o "legno che piange". Gli Tsachali usavano il materiale che oggi chiamiamo caucciù per molti scopi, come impermeabilizzare le canoe, creare manufatti riscaldandolo all'interno stampi fatti di legno o persino, a quanto si dice, per farsi delle calzature artigianali, ottenute semplicemente immergendovi i piedi e lasciandolo asciugare un po': non erano molto durevoli e probabilmente avevano un odore poco gradevole, ma erano certamente a norma dal punto di vista ortopedico, e sicuramente era meglio andarsene in giro per la foresta con queste scarpe fai-da-te che a piedi nudi.

Decine di piante diverse, tra cui la *Castilla elastica* (quella usata per l'appunto dagli Aztechi), la guttaperca, il guayule, un tipo di ficus (detto appunto "del caucciù") e persino un fiore comune come il dente di leone, secernono succhi lattiginosi e appiccicaticci, ma l'albero della gomma ne produce davvero in grande quantità e di ottima qualità. Il lattice è in realtà una di quelle sostanze che chiameremo *emulsioni*, in cui un polimero naturale, il **poliisoprene**, è disperso stabilmente in acqua, per mezzo di molecole molto speciali dette fosfolipidi, che poi incontreremo, sotto forma di goccioline di dimensioni variabili da pochi nanometri a qualche micron[6]. L'evaporazione dell'acqua o la deposizione su una superficie provoca una coagulazione del lattice, del tutto simile a quella che abbiamo visto per i colloidi, solo che in questo caso le palline si fondono insieme a formare un'unica massa di polimero che si comporta come un *elastomero*, ossia un materiale con un'elasticità molto maggiore di quelle dei solidi ordinari.

---

[6] Per chi proprio non può fare a meno di formule chimiche (che cercherò di evitare accuratamente in seguito), il monomero del polisoprene:

$$-\,C=CH-CH_2-CH_2-$$
$$|$$
$$CH_3$$

non è molto più complesso di quello del polietilene, se non per il fatto di presentare un *doppio* legame tra due carboni, che vedremo avere un'importanza fondamentale per la formulazione della gomma.

La gomma divenne tuttavia davvero nota in Europa solo oltre due secoli dopo, grazie alla descrizione di Charles-Marie de Condamine che, partito nel 1735 per l'Ecuador allo scopo di misurare la lunghezza di un grado di longitudine, rimase così colpito delle proprietà del caucciù da farsene fare dagli Tsachali una borsa per i suoi strumenti. Il suo impiego stentò tuttavia a decollare, soprattutto perché, anche in assenza di evaporazione, il lattice va incontro a una progressiva coagulazione spontanea, e quindi i fusti inviati dal Nuovo Mondo arrivavano regolarmente in Europa come una pasta densa e inutilizzabile. Il primo utilizzo pratico della gomma si deve all'intuizione del grande chimico inglese Joseph Priestley[7] che nel 1770 si accorse che questa, sfregata sulla carta, faceva ciò che ogni buona gomma deve fare, ossia *cancellava*[8]. L'idea vincente per sfruttare una proprietà fondamentale della gomma, la sua impermeabilità, fu però quella di sciogliere il lattice in un opportuno solvente, dapprima la trementina (che fu usata per esempio dai fratelli Montgolfier per i loro aerostati) e poi soprattutto la nafta, che fece la fortuna di Charles Macintosh, il quale nel 1823 la utilizzò per realizzare un primo tipo di impermeabile che ancora oggi porta il suo nome.

Nei primi anni del XIX secolo ebbe inizio, soprattutto in America, una vera e propria febbre della gomma, con la nascita di compagnie che cercavano di produrre a partire dal lattice guanti, stivali, guarnizioni e altri articoli tecnici. Purtroppo, i risultati furono tutt'altro che incoraggianti. La gomma naturale. infatti, si irrigidisce notevolmente al freddo e al contrario rammollisce rapidamente a temperature anche non troppo elevate: come risultato, i primi stivali di tela gommata si scioglievano appiccicandosi alla pelle in estate, mentre andavano letteralmente in pezzi durante i rigidi inverni americani. Oltretutto, gli articoli di gomma dopo breve tempo cominciavano ad avere un odore nauseabondo dato che, in assenza di additivi antibatterici opportuni, il lattice naturale, oltre a coagulare, va incontro progressivamente anche a un poco piacevole processo di putrefazione. Il miraggio della gomma portò di conseguenza solo a rapidi e disastrosi fallimenti commerciali.

---

[7] Noto soprattutto come scopritore dell'ossigeno, anche se in ciò era stato in realtà preceduto da un farmacista svedese, Karl Wilhelm Scheele, che tuttavia pubblicò in ritardo i suoi studi.

[8] Questa tra l'altro è l'origine del vocabolo inglese per gomma, *rubber*, che deriva proprio da *to rub*, sfregare.

Di fallimenti sapeva qualcosa Charles Goodyear, sulla cui testa pendevano già i debiti accumulati dall'azienda del padre che, inventore a sua volta, aveva cercato per primo di diffondere negli USA i bottoni in madreperla. Il testardo Charles, nonostante avesse constatato di persona quale misera fine stesse facendo la neonata industria della gomma, credeva tuttavia tenacemente nelle possibilità di questo materiale: anzi, per suo stesso dire si sentiva "chiamato da Dio" a darle un futuro. Così, tornato a Philadelphia e imprigionato per debiti, cominciò proprio in prigione la sua strenua lotta per ottenere la gomma "ideale" che tra entusiasmi, successi parziali, fallimenti e ulteriori arresti durò per oltre cinque anni, riducendolo progressivamente in miseria e senza uno straccio di amico che si sognasse di finanziarlo ulteriormente. Ma nel 1839 accadde uno degli incidenti più celebri della storia della tecnologia: mentre Goodyear cercava di sperimentare un nuovo metodo di miglioramento della gomma attraverso il trattamento con zolfo, un pezzo di questa cadde inavvertitamente sulla stufa dove la moglie stava cucinando, diventando immediatamente una gomma solida e resistente al calore, molto più simile a quella a cui siamo abituati che al caucciù naturale. Zolfo e calore insieme avevano compiuto il miracolo, dando origine al processo di *vulcanizzazione*, che in seguito cercheremo di capire e che segnò una svolta definitiva nella storia della gomma[9]. Come ulteriore vantaggio, la gomma vulcanizzata è poi un materiale *termoindurente*, ossia indurisce irreversibilmente se riscaldato: quindi, una volta preparato nella forma voluta, la mantiene resistendo al calore e anche al gelo molto meglio del caucciù. In breve tempo, essa invase quindi il mercato attraverso innumerevoli applicazioni, la più azzardata ma anche, con il senno di poi, la più geniale delle quali, fu certamente quella dei fratelli Michelin, che parteciparono alla Parigi-Bordeaux-Parigi con un'autovettura dotata di quegli strani tubi di gomma che fino ad allora (e del resto da poco tempo) si mettevano solo attorno ai cerchioni delle biciclette.

Dato che il monopolio della produzione di lattice restava comunque nelle mani del Brasile, questo stupefacente boom della

---

[9] Non in quella di Goodyear, tuttavia, il quale lasciò che a sfruttare i suoi risultati, non brevettati, fossero altri (soprattutto Macintosh): molto meno abile come investitore che come inventore, finì con duecentomila dollari di debito e una famiglia in rovina, ma comunque con l'orgoglio (chi si contenta gode) di aver adempiuto alla sua missione.

gomma sembrava preludere a una rapida crescita economica, se non a un vero e proprio "rinascimento amazzonico": migliaia di immigranti si riversarono in città del nord come Belém e Manaus, che si riempirono di banche e sedi di compagnie, ma anche di telefoni, luci artificiali, locali e teatri. Tuttavia nel 1876, gli inglesi, trafugando illegalmente semi dell'albero della gomma dall'Amazzonia e piantandoli nei magnifici Kew Gardens di Londra, riuscirono a… far le scarpe ai brasiliani, sviluppando varietà più resistenti che furono inviate e seminate massicciamente nelle colonie asiatiche, in particolare in Malesia, a Singapore e a Ceylon, dove crebbero in modo rigoglioso. Mentre nella foresta amazzonica si doveva spesso camminare per chilometri per passare da un albero della gomma all'altro, questi venivano piantati nel sudest asiatico a pochi metri di distanza l'uno dall'altro: come risultato, in breve tempo il Brasile si trovò ad affrontare una crisi economica di proporzioni gigantesche.

Allo scoppio del primo conflitto mondiale, gli inglesi tagliarono fuori la Germania dal mercato della gomma, ora passato nelle loro mani, proprio nel momento in cui ne aveva un disperato bisogno (pensate solo alle maschere antigas). Ma i tedeschi non avevano alcuna intenzione di farsi fare le scarpe come i brasiliani e, grazie alla loro ormai potente industria chimica, si impegnarono in uno sforzo colossale per sviluppare un'alternativa sintetica al caucciù. Il risultato, la cosiddetta *gomma nitrica*, costituita da un monomero simile all'isoprene ottenuto a partire da calce e carbone, non aveva certamente le caratteristiche della gomma naturale, ma permise perlomeno alla Germania di tener duro e soprattutto di sviluppare nuovi metodi di sintesi chimica. Una delle ragioni per cui era molto difficile sintetizzare gomme artificiali è che in realtà nessuno sapeva ancora che cosa fossero, o addirittura *che esistessero* i polimeri. Fu Hermann Staudinger che, proprio cercando di capire che cosa fosse la gomma, ipotizzò per la prima volta nel 1920 l'esistenza di quelle che chiamò macromolecole: per questa sua geniale e fondamentale intuizione, gli fu (direi, ovviamente) attribuito il premio Nobel nel 1953[10].

---

[10] Seppur tedesco, Staudinger, che si trovava in Svizzera durante la prima guerra, firmò insieme ad Einstein un documento di condanna delle azioni aggressive della Germania. I suoi compatrioti non glielo perdonarono mai: tornato in patria, venne trattato nel dopoguerra come un povero idiota farneticante. A giudicare dallo sviluppo che gli elastomeri ebbero nel periodo nazista, nonostante i chimici tedeschi

Un passo decisivo verso la gomma sintetica si deve a Julius Nieuwland, sacerdote belga emigrato nell'Indiana, ma anche chimico di prim'ordine, che, sperimentando in segreto durante la guerra (da cattolico coscienzioso, Nieuwland non voleva che i suoi studi venissero utilizzati per scopi bellici) ottenne per la prima volta un monomero adatto allo scopo. Insieme a Wallace Carothers della DuPont, poi inventore del Nylon, Nieuwland ottenne così il *Neoprene*, un elastomero con proprietà addirittura superiori a quelle della gomma naturale. Nel frattempo, la Germania, traendo insegnamento dalla precedente lezione, compiva sforzi da leone per raggiungere lo stesso obiettivo. Così, fu dapprima sintetizzato il **polibutadiene**, un elastomero con elevata resistenza meccanica particolarmente adatto a fabbricare pneumatici, ma a quei tempi piuttosto costoso, e successivamente polimeri ottenuti da *due* monomeri (ossia quelli che chiameremo presto *copolimeri*), butadiene e stirene, più economici ma ugualmente di buona qualità[11].

All'inizio del 1942, furono questa volta i giapponesi a fare le scarpe agli Alleati, occupando rapidamente la Malesia e le Indie Olandesi. Con ciò, oltre il 95% della produzione mondiale di gomma era nelle mani dell'Asse, il che, se pensate che solo un carro armato Sherman conteneva oltre mezza tonnellata di gomma (per non parlare delle navi, degli aerei, o degli pneumatici dei veicoli) e che la produzione di gomma artificiale raggiungeva a malapena le 8.000 tonnellate l'anno (non più dell'1% di quanto necessario), lasciava più o meno un anno di tempo agli USA prima della resa per esaurimento del materiale bellico. La risposta fu la più straordinaria raccolta differenziata della storia: innumerevoli articoli di gomma (la cui vendita venne immediatamente vietata, se non per impieghi assolutamente indispensabili) vennero ceduti dai cittadini americani a migliaia di depositi sparsi per tutta la nazione, assicurando in questo modo alle truppe un adeguato rifornimento

---

non avessero capito che cosa fossero, viene da chiedersi cosa sarebbe successo se Staudinger avesse avuto il giusto riconoscimento. Forse, tutto sommato, è stato meglio così…

[11] Sempre per gli amanti della chimica, il monomero del polibutadiene:

$$-CH = CH - CH_2 - CH_2-$$

è molto simile a quello della gomma naturale e contiene anch'esso un doppio legame.

fino alla fine del 1942. Inoltre, l'enorme sforzo di sviluppo di nuovi elastomeri sintetici portò gli USA ai vertici della chimica dei polimeri, dando origine anche a grandi sviluppi teorici: buona parte di quel poco che vi racconterò sulle proprietà dei polimeri in soluzione si deve al lavoro di Paul Flory, Nobel per la chimica nel 1964, che, prima alla DuPont e successivamente alla Cornell University (dove lavorava sotto la direzione di Peter Debye, grande scienziato olandese, anch'egli Nobel nel 1936), fondò di fatto la moderna scienza delle macromolecole.

Il secondo dopoguerra ha visto una vera e propria esplosione della chimica dei polimeri, resa possibile soprattutto dall'ideazione di nuovi metodi di sintesi che hanno ampliato a dismisura le possibilità di ottenere macromolecole con proprietà impensabili nell'anteguerra. Anche per quanto riguarda gli elastomeri, molte nuove gomme sintetiche hanno progressivamente sostituito quella naturale in impieghi sempre più avanzati. Ma al di là delle tecnologie avanzate, in un mondo dove il mercato è ormai globale e caratterizzato da una competizione senza precedenti, le grandi aziende continuano ancora a cercare di farsi l'un l'altra le scarpe con la gomma. La "madre di tutte le battaglie" si combatte ovviamente sul terreno dei prodotti di largo consumo, il cosiddetto *consumer market*. Per esempio, dato che la generazione dei miei figli non mette piede in altre calzature che non siano quelle che a Milano chiamavamo *scarp de' tennis*, i grandi produttori si combattono all'arma bianca per imporre modelli nuovi o riciclati di queste versioni post-moderne delle scarpe degli Tsachali. Visti i prezzi, o meglio il rapporto tra prezzo e costo alla produzione, non mi è tuttavia chiaro se, piuttosto che a vicenda, le scarpe non le facciano ancora una volta a noi.

3.3 Catene per tutti i gusti

Abbiamo visto come l'esigenza di ottenere gomme sintetiche di qualità paragonabile o superiore a quella naturale abbia dato il via a una vera e propria "caccia alle macromolecole" che, oltre che verso la produzione di elastomeri, si è poi rivolta anche alla realizzazione di materiali *plastici*, di ben più ampio interesse. A partire dall'inizio del XX secolo, quando fu ottenuto il primo polimero completamente sintetico, la **bakelite** (usata per produrre buona parte di ciò che di plastico esisteva nei primi decenni del '900, come per esempio i vecchi apparecchi telefonici), ma soprattutto dopo l'ultimo conflitto mondiale, il numero di polimeri sintetizzati è di fatto cresciuto vertiginosamente e, data l'ampia gamma di diverse proprietà di questi composti, quella dei polimeri è divenuta a tutti gli effetti una scienza a sé stante, tanto che oggi libri interi sono dedicati a *un solo* polimero. Dato che il nostro scopo è solo quello di comprendere alcuni aspetti fisici generali delle macromolecole, non mi soffermerò sulle proprietà *chimiche* delle diverse classi di polimeri (anche perché se lo facessi mi sentirei un dilettante allo sbaraglio), né tantomeno sulla loro struttura, il che vuol dire che non vi riempirò la testa di formule chimiche astruse e, per i nostri scopi, del tutto inutili. Tuttavia, almeno perché possiate in futuro riconoscere le sigle che li contraddistinguono, voglio comunque presentarvi un *potpourri* dei polimeri di cui sono composti molti oggetti che incontriamo nella vita di ogni giorno.

Cominciamo proprio dalle bottiglie di plastica, diventate purtroppo parte integrante di molti incantevoli paesaggi naturali, che sono pressoché sempre realizzate in PET, acronimo per il pauroso nome di **polietilene tereftalato** (chiaramente parente in qualche modo del polietilene). Il PET, come il PE, ha il vantaggio di essere un polimero *termoplastico*, ossia di poter essere fuso e modellato allo stato liquido, a differenza di polimeri termoindurenti come la bakelite e, abbiamo visto, il poliisoprene vulcanizzato. Il PET può essere riciclato con semplicità a basso costo (sempre che i rifiuti vengano raccolti in modo differenziato): almeno questo, da un punto di vista ambientale, è un vantaggio. Un'altra applicazione fondamentale del PET, che in realtà assorbe quasi i due terzi della sua produzione, può essere facilmente intuita tenendo conto del fatto che è conosciuto anche e soprattutto come **poliestere** (per quanto sia solo uno dei tanti poliesteri, che sono una larga classe di polimeri): come tale, è la fibra sintetiche più diffusa per la realizzazione di capi di vestiario. Oltre a ciò, viene impiegato nella fabbricazione di nastri magnetici (anche per le vecchie audiocassette, ormai quasi in pensione) e, per la sua leggerezza, di vele. Un derivato del PET, il **Mylar**, può essere metallizzato evaporando su un film del polimero un sottile strato di alluminio: in questa forma, dato che è particolarmente biocompatibile e impermeabile ai gas, si presta insieme al polietilene a realizzare contenitori per cibi di materiale pieghevole[12], ma viene anche impiegato come isolante elettrico e persino nelle tute spaziali.

Per tornare in cucina, quand'ero piccolo piatti e stoviglie di plastica erano fatti soprattutto di **resina melamminica**, un polimero che, essendo termoindurente, presentava il vantaggio di poter essere sagomato con facilità in uno stampo. Lo stesso polimero costituisce quella che chiamiamo *fòrmica*, il laminato plastico per mobili da cucina che tutti credo conosciate. Le resine melamminiche hanno tuttavia il difetto di graffiarsi facilmente e di non essere adatte all'impiego nei forni a microonde. Oggi piatti, posate e bottiglie di plastica sono realizzati soprattutto in **polistirene** (o polistirolo, PS) un altro polimero termoplastico che ha anche innumerevoli altri impieghi industriali, dalla fabbricazione di giocattoli alle applicazioni biomedicali. Inoltre, come certamente sapete, sotto la forma "espansa" (cioè come una "schiuma", che può essere ancora considerata un colloide, ma dove questa volta le particelle sono bolle d'aria e il solvente una matrice solida di polimero) il PS costituisce per la sua leggerezza il più comune materiale di riempimento per gli imballaggi; per di più, essendo costituito soprattutto da aria che conduce molto poco il calore, è un ottimo isolante termico. Non è però particolarmente adatto (soprattutto nella forma espansa) per l'uso nei forni a microonde, come del resto non lo sono buona parte delle plastiche: per queste applicazioni si utilizzano infatti polimeri termoplastici specifici come il **polisolfone** (PSU), anche se oggi la ricerca si sta spostando verso l'impiego di polimeri "rinforzati" con fibre di vetro o di carbonio.

Altri due fondamentali polimeri termoplastici sono il **polipropilene** (PP) e il **polivinilcloruro** (PVC), rispettivamente il secondo e terzo polimero in termini di produzione globale dopo il polietilene e così diffusi da poter solo dare un accenno alle loro innumerevoli applicazioni. Per la sua robustezza e resistenza ai solventi, il PP viene utilizzato per produrre mobili in plastica, tappeti sintetici, funi, imballaggi, nastri adesivi, materiali per cartotecnica, componenti per le automobili, altoparlanti, contenitori per alimenti di buona qualità, persino banconote di plastica utilizzate da qualche anno in alcuni Paesi. Il PVC è il polimero più diffuso per componenti biomedicali come contenitori per il sangue o le urine, cate-

---

[12] Se osservate il laminato di cui sono fatti questi contenitori, la faccia esterna opaca è di PE, mentre quella interna più lucida è di Mylar.

teri, maschere per inalatori, guanti da chirurgia, bypass cardiaci, e nel settore dell'edilizia, per produrre per esempio tubature, isolanti elettrici o telai di finestre e tapparelle. Oltre a ciò viene utilizzato anche per fabbricare giocattoli, flaconi di detergenti e cosmetici, confezioni di alimenti come quelle per le uova. Quando viene opportunamente trattato (o spesso, come si suol dire, "caricato" incorporando altri materiali) diviene poi il polimero più adatto per la fabbricazione di prodotti quali guanti e stivali (è la cosiddetta "finta pelle"), parti di automobili come i paraurti o le cinghie di trasmissione, barriere acustiche, nastri isolanti e adesivi migliori (ma più costosi) di quelli in polipropilene.

Per quanto ormai fotocamere e cineprese forniscano immagini digitali raccolte da sensori elettronici, credo che buona parte dei lettori ricordi ancora le vecchie pellicole, che erano composte di **acetato di cellulosa** (CA), un derivato dalla cellulosa che costituisce il componente essenziale della polpa degli alberi e anche della carta (come il poliisoprene, la cellulosa è un esempio di *biopolimero*, ossia dei tanti polimeri presenti naturalmente negli esseri viventi che incontreremo nell'ultimo capitolo)[13]. Parenti stretti del CA, anch'essi derivati dalla cellulosa, sono il **Rayon**, noto anche come *viscosa*, una delle prime fibre sintetiche che fu tra i protagonisti del grande sviluppo industriale italiano in tempi più felici di quelli in cui viviamo, e il **cellophane**, sui cui usi credo di non dovermi dilungare.

Sotto il complicato nome di **polimetilmetacrilato** (PMMA) si nasconde un polimero sicuramente più noto con i nomi commerciali di Plexiglass™ o Perspex™, che presenta magnifiche proprietà ottiche, perché è addirittura più trasparente del vetro. Rispetto a quest'ultimo è poi infrangibile e molto più leggero, e pertanto lo sostituisce nella fabbricazione di superfici trasparenti di sicurezza. Tende però a graffiarsi con una certa facilità, per cui risulta poco adatto alla fabbricazione di lenti: a questo scopo è più adatto il **policarbonato** (PC), un polimero trasparente che presenta caratteristiche meccaniche di gran lunga superiori e un'elevata resistenza agli agenti chimici e alla temperatura ("rammollisce" solo per temperature superiori a 150-200 °C, anche se non resiste all'acqua bol-

---

[13] L'acetato di cellulosa sostituì in realtà un altro polimero dal nome ben più noto, la **celluloide** (nitrato di cellulosa), che aveva il grande difetto di essere facilmente infiammabile (qualcuno ricorderà la tragica esperienza di Alfredo, interpretato da Philippe Noiret, nel magnifico film *Nuovo cinema Paradiso* di Tornatore).

lente) usato, oltre che per la fabbricazione di occhiali da sole, anche per realizzare DVD, riproduttori MP3, computer portatili di alta qualità e valigie particolarmente leggere e resistenti.

Quando però si voglia ottenere una trasparenza davvero estrema, come quella necessaria a fabbricare le fibre ottiche, ormai di gran lunga il supporto più efficiente per trasmettere segnali, il vetro può essere sostituito efficacemente anche da sostanze come i **siliconi** (SI), o polisilossani, che, per una volta tanto, non sono polimeri del carbonio ma del *silicio* unito all'ossigeno (assomigliando in questo al vetro che, ricordiamo, è principalmente composto da SiO_2). Credo sappiate comunque che l'impiego dei siliconi è molto più vasto, soprattutto come adesivi, sigillanti, nella produzione di giocattoli particolarmente morbidi e come additivi nei prodotti cosmetici. Proprio quest'ultima applicazione ci fa capire che i siliconi sono particolarmente biocompatibili e pertanto ampiamente usati nel settore biomedicale per realizzare per esempio protesi (non solo quelle a cui staranno già pensando molti lettori). Un particolare silicone, il PDMS, sta avendo un notevole impatto nello sviluppo della ricerca scientifica, perché costituisce un materiale essenziale per la *microfluidica*, una tecnologia che permette di realizzare quelli che si chiamano *lab-on-a-chip*, veri e propri laboratori di analisi chimica o biomedica che occupano lo spazio di un francobollo, costruiti con i metodi sviluppati per i circuiti elettronici. Curiosamente però lo stesso polimero, miscelato con particelle di silice colloidale, costituisce il simeticone, un medicinale che le giovani mamme probabilmente conoscono perché usato per placare le colichette dei neonati (almeno nel caso dei miei, senza successo). Un ultimo impiego fondamentale dei siliconi è nella produzione di elastomeri con proprietà spesso superiori a quelle delle gomme ordinarie.

Quando più che l'elasticità è fondamentale la robustezza meccanica, salgono in cattedra polimeri eccezionali come le **poliammidi** (PA), tra cui vale la pena di ricordare il **Nylon**, un'altra fibra sintetica che, al seguito delle truppe di liberazione americane in Italia, ha fatto la felicità di tante donne (e probabilmente anche di qualche soldato alleato), ma che è ben noto anche ai velisti, dato che permette di realizzare vele particolarmente robuste come gli *spinnaker*. Parenti stretti sono le **aramidi**, presenti nella produzione di caschi per motociclisti, di corde per vela e alpinismo e di molti tessuti sportivi di elevata qualità, che raggiungono prestazioni davvero spettacolari con polimeri quali il **Kevlar**, così resistente da essere il componente principale dei giubbotti antiproiettile.

Tutti i polimeri che abbiamo esaminato finora contengono soprattutto carbonio (o silicio) e idrogeno. Se gli idrogeni vengono totalmente o in buona parte sostituiti con degli atomi di fluoro, anch'esso monovalente, che formano legami particolarmente forti con il carbonio, si ottengono dei polimeri con proprietà davvero speciali, detti *fluoropolimeri*. Per esempio, se sostituiamo gli idrogeni del polietilene, otteniamo il **politetrafluoroetilene** (PFTE), che probabilmente vi è noto con il nome commerciale di Teflon^{TM} e la cui formula chimica è $CH_3(CH_2 - CH_2)_n CH_3$. La storia del PFTE è davvero particolare: fu scoperto per caso nel 1938 da Roy Plunkett, un chimico della Kinetic Chemicals (una sussidiaria del colosso DuPont) come una sostanza bianca che si depositava nelle bombole di gas fluorurato utilizzato per la produrre dei nuovi refrigeranti (quei *clorofluorocarburi* oggi banditi dal mercato per via dei loro probabili effetti sullo strato di ozono) e che sembrava frustrare ogni tentativo di essere disciolta. Le caratteristiche chimiche del PTFE hanno dell'incredibile, dato che resiste perfettamente a pressoché *tutti* i solventi. Grazie e questa straordinaria proprietà, è un materiale ideale per tutte quelle applicazioni che richiedano un'elevatissima resistenza chimica, come per esempio quelle aerospaziali: senza il PTFE, non saremmo forse arrivati sulla Luna, né esisterebbe lo Space Shuttle[14]. Oggi le applicazioni del PTFE come materiale che non si corrode sono estesissime, e vanno dalla componentistica per aerei, alla produzione di guarnizioni, cavi speciali e tessuti tecnici[15]. Inoltre, proprio per la sua incapacità di formare legami chimici con altre sostanze (verso le quali anche le forze di van der Waals sono debolissime), il PTFE non si attacca proprio a nulla, e il suo attrito con qualunque altro materiale è così debole da avergli fatto meritare un posto nel Guiness dei primati: quantitativamente, è come far scivolare ghiaccio bagnato su ghiaccio bagnato (per questa ragione, il PTFE è un ottimo *lubrifi-*

---

[14] Una delle prime applicazioni del PTFE fu del resto all'interno del Progetto Manhattan, che portò alla realizzazione delle prime bombe atomiche, soprattutto come materiale per contenere l'esafluoruro di uranio, materiale estremamente tossico.

[15] Il ben noto Goretex^{TM} utilizza un film di PFTE, "stirato" in maniera tale da divenire poroso: in questo modo fornisce un elemento essenziale per realizzare tessuti del tutto impermeabili all'acqua, ma traspiranti.

cante). L'unico modo di far aderire il PTFE a qualcosa è quello di intrappolarne delle piccolissime particelle sulla superficie microscopicamente "frastagliata" di un materiale come l'alluminio, depositando un film a partire da una dispersione colloidale, che è la forma sotto cui il PTFE viene prodotto. Questo metodo fu scoperto nel 1954 da Marc Grégoire, un ingegnere francese che, appassionato di pesca, pensò di utilizzarlo per ricoprire mulinelli e paranchi. Ma fu sua moglie ad avere l'idea giusta, ossia quella di ricoprire piuttosto una *padella* di alluminio, rendendola così antiaderente: cosa che ha fatto la felicità di molte massaie, e ovviamente quella dei Grégoire. Per ritornare poi alle gomme, i **fluoroelastomeri**, con proprietà di resistenza chimica paragonabili a quelle del PTFE, sono oggi determinanti per realizzare molti componenti di razzi e veicoli spaziali: una guarnizione di più in Viton, uno dei principali elastomeri fluorurati, avrebbe probabilmente evitato il disastro dello Shuttle *Challenger*.

Con tutte queste sigle, credo che a questo punto stiate già rischiando una poliemicrania: purtroppo, non abbiamo ancora finito. Vi ho detto che i polimeri sono lunghe sequenze di monomeri *uguali* attaccati l'uno all'altro, ma in realtà ho mentito: come abbiamo visto parlando delle gomme sintetiche, non c'è infatti nessuna ragione perché *tutti* i monomeri siano uguali ed è possibile sintetizzare catene, che diremo *copolimeri*, costituite da due o anche più tipi di monomeri che presentano una certa "affinità" tra loro. Per semplificare le idee, consideriamo un copolimero che contenga solo due tipi di monomero, A e B, supponendo che A possa attaccarsi con egual passione a B come a se stesso e viceversa. Anche in questo caso, ci sono diversi modi per costruire una catena "mista". Per esempio potremmo decidere di costruire una catena ben ordinata di questo tipo:

$$A - B - A - B - A - B - A - B - A - B - A - B \ldots$$

oppure di quest'altro tipo:

$$A - A - A - B - A - A - A - B - A - A - A - B - \ldots$$

che contiene meno B (solo un terzo di A), ma altrettanto ordinata. Tutto ciò potrebbe essere troppo complicato da sintetizzare (e in genere lo è) e potrebbe darsi che i monomeri B siano disposti all'interno della catena in modo del tutto disordinato:

$$A - B - A - A - B - B - A - A - A - B - A - B - \ldots$$

ottenendo quello che si chiama un copolimero *random*. C'è un ultimo modo molto speciale di ordinare i due monomeri:

$$A - A - A - A - A - A - B - B - B - B - B - B - \ldots$$

ossia costruendo quello che si chiama un *copolimero a blocchi*, ma di questo ci occuperemo successivamente.

La Natura è davvero maestra nel produrre copolimeri, perché le macchine biologiche funzionano solo grazie alla presenza di polimeri speciali, le proteine, costruite a partire una *ventina* di monomeri diversi disposti, come vedremo, con una sequenza ben specifica per ogni diversa proteina. A imparare dalla Natura non si sbaglia mai: queste catene miste aggiungono infatti molte ulteriori possibilità di impiego. Per esempio, dalla miscelazione di quelle che si chiamano resine epossidiche con un "indurente" costituito da una poliammina[16] si ottengono dei copolimeri, detti **colle epossidiche**, dalle straordinarie capacità di tenuta, al punto di essere gli adesivi universalmente utilizzati nella costruzione di auto, biciclette, barche e sci, e persino per attaccare le ali di un caccia alla fusoliera. Oppure, copolimeri dell'acrilonitrile con svariati altri monomeri danno origine a quelle che vengono dette **fibre acriliche**, utilizzate per realizzare per esempio calzini e maglioni in fibra sintetica o tende da campeggio. Infine, l'aggiunta di un comonomero può essere utile per facilitare la lavorazione di una materia plastica. Per esempio il PFTE, pur avendo straordinarie proprietà tra cui la resistenza ad alta temperatura (anzi, proprio per questo), risulta impossibile da lavorare sotto forma di polimero fuso, ossia come pasta liquida. Ciò impedisce di usare tecniche comuni nella produzione dei materiali polimerici come l'estrusione, in cui tubi e profilati vengono sagomati spingendo il fuso per mezzo di una vite senza fine attraverso un condotto che gli conferisce la forma e le dimensioni desiderate. L'aggiunta di piccole quantità di comonomeri (anch'essi fluorurati) porta alla formazione di copolimeri come il **PFA** che, pur conservando pressoché del

---

[16] Per non disgustarvi troppo, relego in questa nota le denominazioni delle poliammine più comuni, la cui origine dovrebbe essere evidente: putrescina, cadaverina, spermidina…

tutto la resistenza chimica del PTFE, possono essere lavorati per estrusione.

3.4 Le plastiche, solidi problematici ma molto adattabili

Cerchiamo di capire, a partire dal lungo elenco dei tipi di macromolecole e delle loro applicazioni che abbiamo appena fatto, perché i polimeri siano dei materiali così particolari. La domanda davvero cruciale è come mai delle catene così lunghe possano formare un materiale "solido", almeno per come normalmente lo intendiamo. Per i fisici, la differenza principale tra i liquidi e i *veri* solidi non è tanto il fatto che questi ultimi mantengono la propria forma, senza aver bisogno di un contenitore che gli impedisca di scorrere: anzi, in questo libro incontreremo materiali che sono a tutti gli effetti solidi anche se possono essere versati da un bicchiere, o liquidi che al contrario scorrono solo in tempi biblici. Ciò che davvero caratterizza un solido è il fatto che gli atomi o le molecole siano organizzati sotto forma di un *cristallo*, ossia in una struttura che si ripete regolarmente nello spazio, un po' come le piastrelle del vostro pavimento sono un "motivo" che si ripete regolarmente sul piano: per esempio, nel sale comune gli ioni Na^+ e Cl^- sono posti in maniera regolare sui vertici e al centro delle facce di cubetti regolari. È la presenza di quest'ordine spaziale a rendere il solido una fase della materia totalmente diversa da un liquido, e a dire il vero non è ancora del tutto compreso che cosa spinga atomi e molecole disposti a caso in un liquido a ordinarsi spontaneamente in una struttura cristallina, dato che nulla nella struttura di un liquido prossimo alla solidificazione lo fa presagire.

Per le catene polimeriche, ordinarsi in un cristallo è un problema decisamente più complesso che per una molecola semplice come il cloruro di sodio. Le cose vanno ancora abbastanza bene per un polimero semplice come il polietilene. Come abbiamo detto, per questa macromolecola la struttura più semplice ed energeticamente più conveniente è quella di una catena lineare a zigzag, dove tutti gli atomi di carbonio giacciono sullo stesso piano: catene così ordinate possono mettersi l'una accanto all'altra, disponendosi a formare strutture regolari con tutti gli assi delle catene nella stessa direzione. Questo è ciò che effettivamente capita per catene di idrocarburi $CH_3 - (CH_2 - CH_2)_n - CH_3$ molto corte, diciamo con al più una trentina di atomi di carbonio, che si dicono *paraffine* (i costituenti della comune cera). Ma per lunghe macromolecole come il polietilene, le cose non possono andare in questo modo: quei difetti di cui parlavamo, la cui presenza rende la catena non più "planare", non costano molto in termini di energia, ossia non costano molto *rispetto all'energia termica kT*, e pertanto a temperatura ambiente sono presenti in discreta quantità, interrompendo la regolarità della struttura a zigzag. Di conseguenza, solo una certa frazione dei gruppi CH_2 può ordinarsi in forma cristallina, mentre il resto rimane in forma disordinata. I solidi di polimeri come il polietilene sono quindi sempre *parzialmente* cristallini e possono essere pensati come piccoli cristalli, spesso a forma di lamella, immersi in una matrice di catene disordinate o, come si dice, di polimero *amorfo*.

Si potrebbe pensare che tutti i polimeri "lineari" come il polietilene si comportino in questo modo, formando catene piane che poi si organizzano in un cristallo, ma il caso generale è un po' diverso. Per esempio, nel PFTE gli atomi di fluoro sono decisamente più grossi di quelli di idrogeno e, in una configurazione piana a zigzag, si darebbero decisamente fastidio a vicenda: per evitare ciò, la catena deve in qualche modo torcersi formando un'*elica* con un certo "passo". Curiosamente, queste eliche riescono spesso a organizzarsi ancor meglio di una catena piana in un cristallo, e quindi polimeri come il PTFE possono avere una frazione cristallina maggiore che il PE. Lo stesso avviene per poliammidi come il Nylon, che possono quindi formare fibre estremamente rigide. In pratica, tuttavia, una certa frazione di amorfo è inevitabile e anche desiderata, dato che a una forte cristallinità corrisponde sì una notevole robustezza, ma anche, come vedremo, una certa fragilità.

Le cose vanno decisamente peggio per i polimeri, che sono la gran maggioranza, che presentino dei *gruppi laterali* rispetto all'ossatura principale degli atomi di carbonio, gruppi che spesso sono proprio le *unità funzionali* che forniscono al polimero le sue caratteristiche specifiche. Per esempio, il monomero del polipropilene:

$$-(CH_2 - \ CH\ )-$$
$$|$$
$$CH_3$$

differisce da quello del polietilene per avere attaccato a uno dei due carboni un gruppo CH_3, che è molto più ingombrante di un semplice idrogeno. Se il PP viene polimerizzato senza particolari precauzioni, questi gruppi giacciono a caso rispetto al piano su cui si trova la catena, ossia per esempio un po' sopra e un po' sotto:

$$-CH_2-\underset{\displaystyle CH_3}{CH}-CH_2-\overset{\displaystyle CH_3}{CH}-CH_2-\overset{\displaystyle CH_3}{CH}-CH_2-\underset{\displaystyle CH_3}{CH}-$$

e la formazione di una struttura cristallina è del tutto impossibile: si ottengono sì materiali solidi, ma *completamente amorfi*, di cui parleremo tra poco. Il fatto è che molte delle proprietà di robustezza meccanica di una materia plastica sono possibili solo grazie alla presenza di una frazione non trascurabile di cristallo: il polipropilene di cui abbiamo parlato, che si dice *atattico*, ha per esempio proprietà meccaniche piuttosto modeste. Per potere ottenere polimeri (parzialmente) cristallini è quindi necessario poter controllare la *tatticità* di un polimero, ossia proprio la disposizione spaziale dei monomeri lungo la macromolecola. Ciò è stato possibile solo a partire dalla seconda metà del secolo, grazie soprattutto al genio di Karl Ziegler, del Max Planck Institute, e a Giulio Natta, del Politecnico di Milano, entrambi Nobel nel 1963, che svilupparono nuovi catalizzatori che consentono di ottenere per esempio polimeri completamente *isotattici*, in cui i gruppi laterali sono disposti tutti da una stessa parte della catena:

$$-CH_2-\overset{\displaystyle CH_3}{CH}-CH_2-\overset{\displaystyle CH_3}{CH}-CH_2-\overset{\displaystyle CH_3}{CH}-CH_2-\overset{\displaystyle CH_3}{CH}-$$

o *sindiotattici*, in cui i gruppi si alternano con regolarità rispetto all'asse:

$$-CH_2-\underset{\displaystyle CH_3}{CH}-CH_2-\overset{\displaystyle CH_3}{CH}-CH_2-\underset{\displaystyle CH_3}{CH}-CH_2-\overset{\displaystyle H_3}{CH}-$$

Tornando ai polimeri amorfi, i materiali che essi formano, pur apparendo spesso come solidi, non hanno quindi una struttura cristallina, bensì sono del tutto disordinati, assomigliando quindi molto più ai liquidi che ai cristalli: in seguito, impareremo a chiamare questi "surrogati di solido" *vetri*, anche se apparentemente hanno poco in comune con il vetro di una finestra. Un chiaro indizio del fatto che un vetro non è un "vero" solido è che, mentre un cristallo *fonde* al di sopra di una ben precisa temperatura diventando un liquido, un vetro *rammollisce* progressivamente quando la temperatura supera un valore detto di *transizione vetrosa* (indicata con T_g), un po' come fa il burro quando lo scaldate in padella[17]. Vedremo tra poco che è proprio questa natura "vetrosa" a conferire ai polimeri quelle proprietà meccaniche particolari che giustificano il nome di plastiche per questi materiali. Quando la temperatura viene innalzata al di sopra di T_g un vetro semplice, per intenderci come quello di un bicchiere, diventa quindi progressivamente un liquido. Tuttavia, alcuni materiali polimerici non si comportano in questo modo: anche se la loro T_g è molto inferiore alla temperatura ambiente, non sembrano affatto liquidi, ma apparentemente stanno insieme come un solido, seppur mostrando proprietà del tutto insolite per i solidi ordinari, e in particolare una incredibile elasticità: sono proprio gli *elastomeri* di cui la gomma naturale è il capostipite, che abbiamo già incontrato e che impareremo a conoscere molto meglio in seguito.

Ma che cosa si intende esattamente con "plastico" ed "elastico"? Per capirlo, cerchiamo di schematizzare alcuni aspetti generali del comportamento meccanico di un materiale. Supponiamo di avere un filo metallico fissato a un capo, di tirarlo dall'altro capo con una forza F, per esempio appendendogli un peso, e di misurare quanto si allunga rispetto alla lunghezza iniziale, cioè la sua *deformazione* relativa, al crescere del "carico" che applichiamo. Naturalmente, tanto più grande è la sezione S del filo, tanto maggiore dovrà essere F per ottenere lo stesso allungamento: quindi è meglio rappresentare la deformazione al variare di quello che diremo lo *sforzo* applicato, dato da F divisa per la sezione del filo (spesso, per indicare uno sforzo, useremo il termine inglese di *stress*, più specifico e ormai comune anche nella nostra lingua[18]).

Una prima cosa piuttosto ovvia che possiamo notare in Fig. 3.2 è che a un certo punto il filo si rompe, ossia che c'è un valore massimo di carico che dipende dal materiale: se per spezzare un filo

---

[17] Anche i polimeri semicristallini, in realtà, contenendo sempre una frazione non trascurabile di catene amorfe, non mostrano in generale una temperatura di fusione ben definita, ma piuttosto un intervallo di temperature in cui fondono.

[18] Essere "sotto stress" significa proprio essere sottoposti a uno sforzo, in questo caso mentale o emotivo.

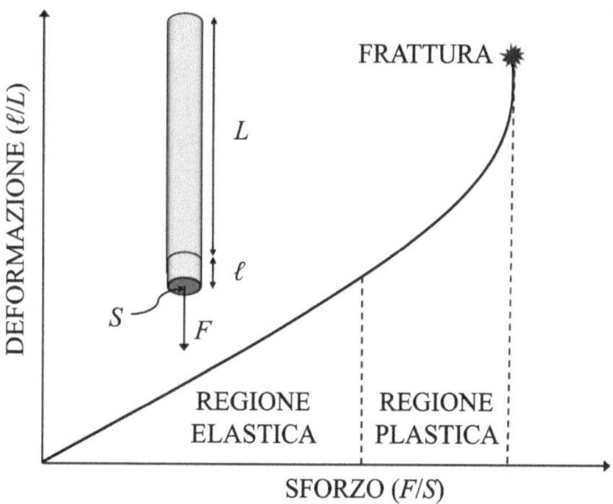

Fig. 3.2. Andamento della deformazione di un filo in funzione dello sforzo di trazione applicato

di rame con una sezione di $1\ mm^2$ basta appendergli un peso di una ventina di chili, nel caso di un metallo molto resistente come il tungsteno non basterebbero 150 kg. La maggior parte delle plastiche hanno ovviamente carichi di rottura inferiori ai metalli: per esempio un filo di Nylon con la stessa sezione reggerebbe al più 7-8 kg, mentre per un filo di gomma un paio di chili sarebbero fin troppo. Ma fibre speciali come le aramidi possono surclassare anche le leghe metalliche più robuste: un filo di Kevlar, per esempio, potrebbe reggere anche un carico di 300 kg.

Ciò che è più interessante, tuttavia, è che il comportamento del filo per carichi inferiori a quello di rottura presenta due regioni ben distinte. Il grafico ha dapprima un andamento rettilineo, ossia l'allungamento è *proporzionale allo stress* che applichiamo: questo è ciò che si dice un comportamento *elastico*, analogo a quello che ha una molla quando viene estesa o compressa: tanto meno pendente è la retta, tanto più il filo è rigido o, come si dice in termini tecnici, ha un elevato *modulo elastico* (o *modulo di Young*), dato proprio dal rapporto tra sforzo e deformazione. Tutti i materiali sono più o meno elastici, ma il modulo di Young può spaziare in un grande intervallo di valori. I polimeri plastici sono decisamente meno rigidi dei metalli, già di per sé materiali molto elastici: se attacchiamo un peso di 2 kg a un filo di acciaio, ancora con una sezione di 1 mm^2, questo si allunga solo di circa una parte per diecimila della sua lunghezza iniziale, ma se il filo è di nylon l'allungamento è dell'1-2%, ossia centinaia di volte superiore. In quanto a capacità di allungarsi, sono però gli elastomeri a farla ovviamente da padrone: nelle stesse condizioni, un filo di gomma *raddoppierebbe* perlomeno la sua lunghezza!

Cosa ancora più importante, quando il filo ha un comportamento elastico, una volta che si tolga la forza traente *ritorna alla sua lunghezza originaria*. Ciò non avviene più quando il filo supera quello che si chiama *punto di snervamento*, oltre il quale il comportamento diviene *plastico*, ossia la deformazione cresce rapidamente con lo stress e diviene *irreversibile*, rimanendo cioè in parte anche se si toglie il carico[19]. Non tutti i materiali presentano un comportamento plastico: anzi, molti di essi raggiungono il punto di rottura mostrando ancora un comportamento elastico, senza che si osservi una regione plastica degna di nota. Tra i solidi cristallini il comportamento plastico è proprio dei metalli, e per l'esattezza di quelli che si chiamano metalli *duttili*: duttilità e malleabilità, cioè la possibità di essere rispettivamente "tirati" sotto forma di fili o "battuti" sotto forma di lastre, sono proprio le caratteristiche che rendono i metalli così lavorabili, e quindi di così centrale importanza per la tecnologia[20].

È inoltre proprio la plasticità ad assicurare ai metalli una grande *tenacità*, che nella scienza dei materiali è una proprietà ben distinta dalla *durezza*: un materiale come il diamante può essere duro, perché ha un carico di rottura molto elevato, e allo stesso tempo *fragile*, perché è poco elastico e per nulla plastico, e quindi, non appena si deforma di un'inezia, si rompe. Un materiale tenace invece fa suo il motto "mi piego ma non mi spezzo", ossia sopporta carichi notevoli deformandosi considerevolmente prima di cede-

---

[19] Per quanto riguarda la regione plastica, l'andamento della deformazione con lo sforzo mostrato in figura è solo indicativo: molti materiali, come per esempio i cementi, possono avere un comportamento ben più complesso.

[20] Sembrerebbe paradossale che proprio i metalli, materiali cristallini per eccellenza, siano così plastici. In realtà, la loro plasticità deriva dalla presenza di particolari difetti detti *dislocazioni*, consistenti nel fatto che diversi piani cristallini sono "fuori registro" l'uno rispetto all'altro. Nei metalli (e solo nei metalli) questi difetti sono estremamente mobili, e il loro riposizionarsi e riorganizzarsi permette al materiale di evitare che uno stress eccessivo si concentri in una regione da cui si genererebbe una frattura.

re. Se ricordiamo che il prodotto di una forza applicata per uno spostamento è pari al lavoro fatto su un corpo, e pensiamo che una deformazione non è altro che uno spostamento delle parti di un corpo l'una relativamente all'altra, non è difficile comprendere come un materiale sia tenace quando riesce ad *accumulare molta energia* prima di rompersi.

Per un ingegnere la tenacità di un materiale è sicuramente molto più importante della sua durezza (provate solo a pensare alla costruzione di un edificio antisismico, dove queste due proprietà possono giocare un ruolo diametralmente opposto!) e quindi la plasticità una caratteristica molto spesso desiderabile. Quelle che chiamiamo comunemente "plastiche" ne hanno ovviamente in abbondanza, e hanno inoltre il vantaggio di essere molto più leggere e di costo inferiore ai metalli, una delle ragioni principali del successo dei polimeri. Ciò è vero sia per i polimeri amorfi che per quelli semicristallini, nei quali la presenza delle regioni ordinate ha come effetto principale quello di aumentare notevolmente la robustezza, avvicinando così le proprietà delle plastiche a quelle dei metalli, mentre sono in ogni caso le regioni amorfe ad assicurare la plasticita. In termini di capacità di allungarsi senza rompersi, materiali plastici come il polipropilene, il PET, o il Nylon possono estendersi per oltre il 100%, con carichi di rottura che possono arrivare a un terzo di quello del rame, mentre il polietilene usato per i sacchetti di plastica può raggiungere valori molto maggiori, seppure con un carico di rottura decisamente inferiore.

In un materiale che viene fatto solidificare in una forma specifica spesso *permangono* degli "sforzi interni": in altri termini, il materiale non è del tutto omogeneo ed è come se certe regioni fossero tirate o compresse più di altre in una certa direzione. Ciò è particolarmente vero per i materiali vetrosi come le plastiche, dove il raffreddamento non omogeneo del fuso dà proprio origine a queste disomogeneità. Per un polimero trasparente, la presenza di questi sforzi interni può essere visualizzata facilmente, perché essi modificano la *polarizzazione* della luce che li attraversa, ossia la direzione lungo cui vibra l'onda elettromagnetica. Nella Tavola 3 potete vedere che cosa succede se una cellettina rettangolare di plexiglass viene inserita tra due polarizzatori, dei componenti ottici che permettono proprio di rivelare cambiamenti della direzione di polarizzazione della luce. Questa tecnica, che si dice polarimetria, permette di individuare e quantificare le regioni "critiche" da cui hanno spesso origine le rotture di un pezzo meccanico.

Per ora, chiudiamo questa rapida panoramica sui materiali polimerici e sulle loro proprietà, anche se ritorneremo in seguito sugli elastomeri. Per capire l'origine fisica della loro straordinaria elasticità dobbiamo però partire dalle proprietà delle macromolecole in soluzione, ossia considerare come si organizzino le catene polimeriche quando vengono disperse in un solvente. Scopriremo così un'insospettata parentela tra di esse e le particelle colloidali che abbiamo incontrato nello scorso capitolo.

3.5 La danza del serpente

Questa è la danza del serpente
che viene giù dal monte
per ritrovare la sua coda
che aveva perso un dì...

Credo che molte mamme e papà conoscano questa filastrocca d'asilo: scopo di quello che faremo da ora in poi sarà proprio quello di scoprire quale danza esegua un "serpente polimerico" in soluzione. Prima di tutto, facciamo un breve ma importante intermezzo per capire che cosa intendiamo con il fatto che il polimero è "sciolto". Nel primo capitolo abbiamo parlato di particelle colloidali che, per quanto abbiamo visto finora, non aggregano solo se ci sono delle forze repulsive che le tengono a debita distanza. Le particelle quindi non sono solubilizzate, ma *sospese*. D'altronde, se il materiale di cui sono fatte fosse davvero solubile, per intenderci come lo zucchero in acqua, le particelle stesse, quasi per definizione, *si scioglierebbero*, e addio colloide! In termini tecnici, i colloidi di cui abbiamo parlato si dicono *liofobici*, nel significato greco di particelle che "odiano il solvente". Insisto ancora sul fatto che, perché vi siano particelle, è *necessario* che sia così, altrimenti il materiale di cui sono composte si scioglierebbe sotto forma molecolare.

Nel caso dei polimeri, vogliamo trattare una situazione apparentemente opposta: il liquido in cui li disperdiamo è per loro un "buon solvente", nel senso che, se immersi in esso sotto forma solida, in effetti si sciolgono: solo che, mentre lo zucchero si scioglie nell'acqua sotto forma di piccole molecole, un pezzetto di plastica immerso in un buon solvente, per esempio del polistirolo nell'acetone, si scioglie sotto forma di singole catene polimeriche, che sono molecole enormi. In quanto segue, vedremo che queste catene, lungi dallo starsene dritte come un fuso, si raggomitolano a formare ancora una volta delle palline, anche se un po' speciali. In definitiva quindi, scopriremo un nuovo tipo di colloidi, che diremo *liofilici*, ossia che amano il solvente. La differenza fondamentale sarà che questi colloidi sono stabili per natura, senza dover tenere a bada le forze di van der Waals. Ma dove sono finite queste ultime? In realtà ci sono ancora, ma l'affinità elettiva tra polimero e solvente fa sì che attorno a ciascun monomero ci sia sempre uno straterello di solvente che vuole rimanere "vicino vicino" al monomero stesso per via dello sconfinato amore che a esso lo lega. Ancora una volta, lo straterello (che tecnicamente si dice strato di *solvatazione*) impedisce a due monomeri di avvicinarsi al punto tale da appiccicarsi per via delle forze di dispersione. Per il resto, molto di quanto abbiamo detto per i colloidi liofobici sarà ancora valido[21].

Quali solventi ami poi uno specifico polimero dipende naturalmente dalla natura chimica del monomero. Un solvente molto speciale è l'acqua, la cui importanza per quanto ci riguarda è evidente e le cui proprietà molto speciali impareremo a conoscere nel prossimo capitolo. La maggior parte dei polimeri di cui abbiamo parlato non ama l'acqua, preferendo liquidi come gli idrocarburi, o più in generale le sostanze "oleose": questo è per esempio il caso del polietilene, in fondo esso stesso un idrocarburo molto lungo. Lo stesso avviene per la gomma naturale, che come abbiamo detto si scioglie particolarmente bene nella nafta. Polimeri di questo tipo si dicono *idrofobici* (che "odiano l'acqua"). Il **poliossietilene**, noto anche come polietilenglicole (PEG), che ha la formula chimica $HO - (CH_2 - CH_2 - O-)_n - H$, è invece un polimero *idrofilico*, ossia che "ama l'acqua". Come vedete, la differenza fondamentale con il polietilene, a parte uno dei due gruppi terminali, è la presenza nei monomeri di un atomo di ossigeno: quest'ultimo può

---

[21] Qualche confusione potrebbe nascere dal fatto che nel Cap. 2 abbiamo parlato anche di particelle colloidali "polimeriche", ossia per esempio di polistirolo o di PMMA. Ma in questo caso si tratta di particelle costituite da *tantissime* catene di polimero che se ne stanno insieme: in sostanza, quindi, sono "pezzetti di plastica" molto piccoli che *non* si sciolgono nel liquido circostante: questa situazione corrisponde ad avere un polimero (sotto forma di pallina) in quello che si dice un *cattivo* solvente.

formare legami molto speciali con le molecole d'acqua, i *legami idrogeno*, di cui parleremo, che rendono il PEG molto idrosolubile. Un esempio più familiare è l'amido, i cui monomeri sono molecole di glucosio, cioè dello zucchero prodotto dalla fotosintesi delle piante (non quello che usiamo a tavola, che è invece saccarosio) che, come tutti gli zuccheri, è solubile in acqua, anche in questo caso perché forma legami idrogeno.

A questo punto, per semplificarci la vita, lascerò da parte (per quanto vi riguarda, non credo a malincuore) la complessa chimica dei polimeri, passando alla visione semplificata, anzi decisamente rozza (ma, come vedremo, non del tutto inutile) che di un polimero ha un fisico. Ho insistito sul paragone con una catena proprio perché è solo questo che un fisico vede in un polimero, almeno in prima battuta: una catena, nella quali gli anelli sono costituiti dai singoli monomeri e in cui ciascun anello può disporsi in qualunque modo, purché rimanga attaccato a quello che lo precede e a quello che lo segue. Capire quale sarà la struttura, o come si dice più propriamente la *conformazione* di un polimero in un buon solvente corrisponde quindi a studiare quale forma assuma una catena quando i suoi anelli sono disposti a caso. Se questo vi facilita l'immaginazione, potete pensare anche ai quei nuovi giochi di costruzione che senza dubbio molti dei miei pochi lettori avranno, a seconda dell'età, usato o regalato ai propri figli, costituiti da tante "bacchette" che si attaccano tenacemente l'una all'altra per mezzo di due palline magnetiche fissate agli estremi: proprio la forma sferica dei magneti permette di orientare ciascun segmento in una direzione qualunque (o quasi) rispetto al precedente.

Naturalmente, questo non è del tutto vero: nel caso del polietilene, per esempio, ciascun monomero può essere disposto rispetto al precedente solo ad alcuni angoli ben precisi o, in altri termini, la catena non si può piegare a piacere. Se il polimero è abbastanza lungo, tuttavia, questa difficoltà può essere facilmente aggirata. Supponiamo che ci voglia un certo numero di monomeri, diciamo n, perché l'ultimo di essi possa essere disposto a un angolo qualunque rispetto al primo: allora, possiamo raccogliere insieme gli n monomeri, considerandoli come un blocco unico, che viene detto *segmento di Kuhn* e che gioca il ruolo di nuovo monomero "effettivo". Questa strategia funziona naturalmente solo se la lunghezza del segmento di Kuhn, che si dice *lunghezza di persistenza* del polimero, è pur sempre piccola rispetto alla lunghezza totale della catena, altrimenti si ha a che fare con i cosiddetti polimeri "semirigidi", la cui conformazione può essere molto diversa, più simile a una bacchetta rigida che alle matasse che tra poco incontreremo: di questo tipo sono spesso i biopolimeri di cui parleremo nell'ultimo capitolo. Se poi la catena è davvero *molto* lunga e flessibile (ossia con una breve lunghezza di persistenza), immaginare diviene ancora più semplice. Gli anelli della catenina che sicuramente molte mie lettrici (e anche qualche lettore) tengono al collo sono così piccoli rispetto alla sua lunghezza che questa, in fin dei conti, può essere pensata come una "cordicella": analizzare la conformazione di un polimero in soluzione corrisponde quindi a studiare come una corda si raggomitola su se stessa.

Una volta abbandonato il complicato mondo della chimica, della quale è generalmente ignorante, per abbracciare quello della geometria, con cui ha un po' più di confidenza, un fisico può scatenarsi nell'attività che gli è più consona: disegnare con la mente (con le mani di solito è piuttosto impedito). Dato che la mia al momento è un po' stanca, ho pensato di farlo fare al computer e di mostrarvi in Fig. 3.3 le forme che si ottengono per tre diverse simulazioni di un polimero costituito da 1.000 monomeri, rappresentando i monomeri come pallini uniti da stanghette e mostrando ovviamente le proiezioni di questi oggetti tridimensionali su un piano. Come potete notare, le catene sono fortemente aggrovigliate su se stesse a formare una specie di "gomitolo".

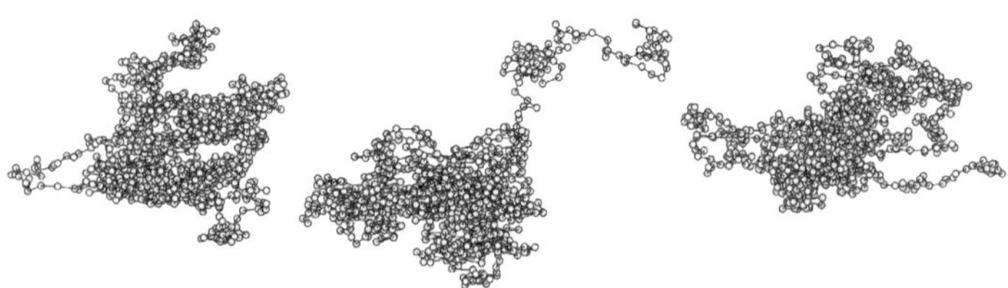

Fig. 3.3. Diverse possibili configurazioni di un polimero costituito da 1.000 monomeri

Naturalmente, queste configurazioni non sono "statiche", dato che i monomeri si agitano continuamente, al punto che le tre immagini potrebbero riferirsi allo *stesso* polimero fotografato in momenti diversi. A guardarle bene, queste strane forme aggrovigliate assomigliano in qualche modo ai cammini dell'ubriaco che abbiamo incontrato nel Cap. 2 e, se ci pensate bene, i due problemi hanno *molte* cose in comune. Per capirlo, basta immaginare che le stanghette che congiungono due monomeri rappresentino un passo dell'ubriaco e i pallini le posizioni dopo ogni passo: così come l'ubriaco sceglie casualmente a ogni passo in che direzione andare, compiendo passi tutti della stessa lunghezza, ognuno dei monomeri, tutti uguali, si viene a trovare in una direzione a caso rispetto al precedente. Ma allora la forma di un polimero non è altro che un *random walk*, o se volete la "traccia" lasciata da una particella nel corso del suo moto browniano, del quale abbiamo imparato a conoscere molte cose! Per esempio possiamo ipotizzare che, come per il moto dell'ubriaco, il raggio del gomitolo sia proporzionale, oltre che ovviamente alla dimensione di un monomero (la lunghezza di un passo), alla radice quadrata del numero N di monomeri che costituiscono la catena, ossia anche alla radice quadrata del peso molecolare.

Non c'è cosa che entusiasmi di più un fisico che vedere come due problemi, apparentemente del tutto diversi, possano essere descritti dallo stesso modello. Al punto che, spesso, un eccesso di entusiasmo gli fa perdere di vista differenze sottili, ma importanti. Perché una differenza c'é: mentre un ubriaco può tornare sui propri passi, ossia ripassare in un punto dove è già stato in precedenza, questo non può capitare per un polimero, perché due monomeri non si possono *sovrapporre*. Sembra una distinzione di poco rilievo, ma è vero il contrario: mentre il problema del random walk semplice potrebbe essere risolto anche da un liceale (un po' sveglio, devo ammetterlo) quello di un random walk in cui non si può ripassare per due volte dallo stesso punto, ossia quello di cercare solo percorsi che "evitano se stessi", presenta difficoltà tali da aver provocato spaventose emicranie a più di un premio Nobel. Anzi, a dire il vero, nessuno pensa che possa essere risolto *esattamente* e le stesse soluzioni approssimate, per essere veramente buone, richiedono di far uso di metodi di fisica teorica tra i più avanzati. Qualitativamente, la conseguenza principale del vincolo di non poter ripassare dallo stesso posto può essere però facilmente compresa, perché un monomero, per evitare di sovrapporsi ad altri già presenti all'interno del gomitolo, dovrà tendenzialmente "starsene più in fuori". In altri termini, il gomitolo sarà più espanso di quanto sarebbe se non ci fosse un certo volume "escluso" da parte degli altri monomeri: quindi, all'aumentare del numero di monomeri, il suo raggio crescerà *più in fretta* di quanto farebbe nel caso ideale. Mentre nel caso del moto browniano, se chiamiamo L la lunghezza di un passo, il raggio della regione esplorata è dato da $R = LN^{1/2}$, un modello approssimato, ma non tanto lontano dal vero, del random walk "auto-escludente" di una catena polimerica porta invece alla soluzione $R = aN^{3/5}$, dove a è il raggio di un monomero, il che, poiché $3/5 > 1/2$, è in accordo con le nostre idee intuitive.

I polimeri in un buon solvente si aggrovigliano dunque a formare particelle un po' irregolari ma di forma globulare e quindi una soluzione polimerica è in fondo un colloide, ma con qualche importante differenza. Innanzitutto è *stabile*, ossia non c'è bisogno di introdurre forze di repulsione che tengano a distanza i globuli. Poi queste palline, pur essendo molto più grandi delle molecole di solvente, sono piuttosto piccole rispetto a quelle delle dispersioni che abbiamo incontrato, e hanno tipicamente un raggio dell'ordine delle decine di nanometri[22]. Ma la cosa più importante è che sono particelle sostanzialmente *vuote*: come nel caso della traiettoria compiuta da una particella browniana, anche i gomitoli colloidali sono infatti oggetti frattali. Infatti, invertendo ancora una volta la relazione che abbiamo appena scritto, otteniamo $N = (1/a)R^{5/3}$, ossia la dimensione frattale di una catena polimerica in soluzione è 5/3, che è ancora minore (proprio perché la catena è più espansa) di quella di un random walk ideale. Ciò vuol dire che sono anche molto "soffici" rispetto alle palle rigide che abbiamo incontrato in precedenza. Infatti, la loro densità d sarà data dal rapporto tra N, che cresce solo come $R^{5/3}$, e il volume del gomitolo, che è invece proporzionale a R^3, e diventa quindi *sempre più piccola* al crescere di R.

Tutto quanto abbiamo detto si riferisce a una singola o a poche catene in soluzione: ciascuna catena avrà infatti una forma globulare fintantoché si trova sufficientemente separata dalle altre da non venir "disturbata". Ma che cosa succede quando aumentiamo la concentrazione di polimero? Proprio perché sono piuttosto vuoti, i gomitoli cominciano molto presto a sovrapporsi, e la concentrazione a cui ciò avviene può essere *estremamente* piccola. Se

---

[22] Ovviamente, non è possibile definire un raggio esatto. Questo valore è ciò che si dice *raggio di girazione* di un polimero: per analogia con la Fig. 2.2, è in qualche modo la regione in cui si vengono a trovare la maggior parte (nel caso del random walk ideale, circa i 2/3) degli ubriachi.

riuscite a seguirmi in un conticino non troppo difficile, vi sarà più chiaro il perché (altrimenti cercate di convincervene con l'intuito). Chiamiamo n il numero totale di monomeri che si trovano in un volume V e quindi $c = n/V$ la concentrazione di monomeri, ossia il numero di monomeri per unità di volume. Se ogni catena è costituita da N monomeri, il numero di catene sarà ovviamente n/N e ciascuna di esse avrà quindi a disposizione un volume $V/(n/N) = N/c$. Il volume occupato da ogni catena è però dell'ordine del raggio di girazione al cubo, e quindi $a^3 N^{9/5}$: quando esso diviene paragonabile a N/c, ossia al volume libero per catena, le catene devono cominciare a sovrapporsi[23]. Uguagliando queste due quantità è facile vedere che ciò avviene per una concentrazione di monomeri c^* pari a:

$$c^* \simeq \frac{N^{-4/5}}{a^3}$$

che si dice *concentrazione di sovrapposizione* (di *overlap* in inglese). Come vedete, c^* diminuisce molto rapidamente con il numero di monomeri che costituiscono la catena: per i valori di N che, nelle applicazioni pratiche, possono arrivare alle decine di migliaia, c^* è dell'ordine di una parte per mille! Una soluzione polimerica dove le catene si sovrappongono estesamente, che viene detta *semidiluita*, non può quindi essere pensata come costituita da gomitoli separati.

Come è fatta allora? Chiediamolo ancora una volta al computer. La Fig. 3.4 mostra che l'aspetto della soluzione è in realtà quello di una rete molto intricata le cui maglie, al crescere della concentrazione di polimero, divengono sempre più strette. I gomitoli, fondendosi insieme, hanno quindi dato origine a qualcosa di molto diverso dalle sospensioni colloidali a cui eravamo abituati: molto di quanto diremo nei prossimi paragrafi ha a che vedere con le sorprendenti proprietà di queste reti. Diverse proprietà che abbiamo incontrato analizzando le sospensioni colloidali sono però comuni anche alle soluzioni semidiluite di polimeri. In particolare, queste hanno una elevata pressione osmotica. Vedremo in seguito che una rete polimerica può essere opportunamente rinforzata

---

[23] Per semplificarci la vita, ho trascurato il fatto che il volume a disposizione è di fatto un "cubetto" mentre la catena ha una forma globulare: ciò non ha comunque alcun effetto sul modo in cui la concentrazione di sovrapposizione dipende da N, che è la sola cosa che ci preme calcolare.

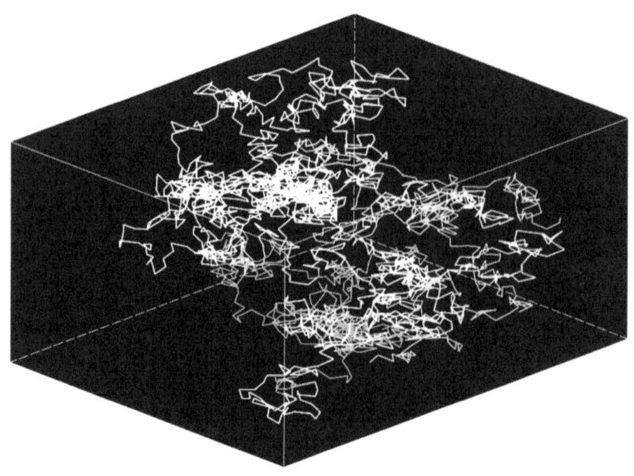

Fig. 3.4. Visione schematica di una semidiluita di polimeri in un buon solvente

creando dei legami tra diverse catene (tecnicamente, creando dei *crosslink*) e producendo in questo modo quelli che vengono detti *gel polimerici*. Per ragioni osmotiche, un gel polimerico ha una tremenda "sete" di solvente e, rigonfiandosi, può succhiarne una grande quantità. È proprio grazie alla formulazione di quelli che si dicono polimeri superassorbenti, in particolare dell'**acido poliacrilico** (PAA) che è stato possibile realizzare i pannolini di oggi, dalle grandissime capacità assorbenti. A differenza del PEG, che è neutro, il PAA è solubile in acqua perché carico: è cioè un *polielettrolita*, una categoria di polimeri con cui faremo presto conoscenza. L'aspetto più interessante dei polimeri in soluzione, in particolare in condizioni semidiluite, è però legato ai loro effetti sulla viscosità, ossia al modo in cui, anche in piccola quantità, essi modificano le proprietà di flusso del solvente. Al termine di questo capitolo, cercherò di darvi almeno qualche idea su quello che diremo *comportamento reologico* di una soluzione.

Se continuiamo a concentrare una soluzione polimerica, riducendo la quantità di solvente fino a eliminarlo del tutto, otteniamo alla fine un materiale che per un polimero amorfo sarà rispettivamente, a seconda del fatto che ci si trovi al di sotto o al di sopra di T_g, un solido vetroso o un polimero "fuso" come la gomma naturale. Per usare un'immagine semplice, mentre una soluzione semidiluita di polimeri ricorda degli spaghetti che bollono in pentola, quello che abbiamo chiamato un elastomero assomiglia a un piatto di spaghetti appena scolati. Nulla lega gli spaghetti l'uno all'altro, e quindi questi possono in linea di principio muoversi liberamente come le molecole in un liquido. Dato però che sono così aggrovigliati, possono muoversi solo in modo complicato e decisamente lento (vedremo come) per cui, in qualche modo, gli spaghetti stanno effettivamente insieme come in un solido: per intenderci, se ci infiliamo una forchetta riusciamo a sollevarne tanti insieme, per lo meno se non lo facciamo troppo lentamente. Se poi lasciamo riposare il piatto di spaghetti per una buona giornata, senza aggiungerci un filo d'olio come farebbe ogni brava massaia, questi si appiccicano senza speranza l'uno all'altro: otteniamo così un vero solido disordinato, simile ai materiali plastici vetrosi di cui abbiamo parlato.

Come si può disporre una catena in questi materiali tenendo conto del fatto che a questo punto, non essendoci più il solvente, non ha attorno altro che polimero? Un fatto curioso è che, dovendo per forza farsi spazio tra le altre catene, un monomero non trova più regioni libere esterne preferibili rispetto a quelle già occupate dai suoi simili: come risultato, la conformazione assunta da un polimero diviene proprio quella di un random walk *ideale*, anziché quella di un cammino auto-escludente. Ciò vuol dire che, se consideriamo una sfera di raggio R centrata in un punto qualsiasi del mezzo, il numero di monomeri in essa contenuti cresce solo come $R^{1/2}$ (naturalmente, questi monomeri apparterranno a catene diverse e intrecciate tra di loro ancor più finemente che in una soluzione semidiluita). Le proprietà delle reti polimeriche in soluzione ci permetteranno di comprendere molti aspetti del comportamento degli elastomeri. Prima di occuparcene, tuttavia, dobbiamo fare un intermezzo non facile, ma essenziale: cercherò infatti di farvi fare la conoscenza di uno dei personaggi più ostici, ma sicuramente più importanti, di tutta la fisica.

3.6   L'entropia: disordine o libertà?

C'è una "parolaccia" fatta apposta per terrorizzare i giovani studenti che si avvicinano alla fisica, ma che in compenso sembra piacere tanto a filosofi, artisti, architetti, letterati e di recente anche a qualche politico[24]: *entropia*. Che sembri un epiteto è indubbio: quale delle mie lettrici, nel sentirsi apostrofare per la strada con questo temine lo prenderebbe per un complimento? Eppure, nome a parte, è forse il concetto più importante della fisica insieme a quello di energia. D'altronde, quando Rudolf Clausis (che è stato un grande fisico, ma forse non sarebbe oggi un grande creatore di marchi pubblicitari) la battezzò con questa espressione greca che significa qualcosa come "rivolgimento interno", lo fece soprattutto perché suonava un po' come "energia".

Che cos'è dunque l'entropia? I lettori che hanno seguito studi liceali, potrebbero forse ricordare che aveva qualcosa a che fare con il calore, i motori e la fine dell'Universo. Quelli poi che tra di voi hanno frequentato una facoltà scientifica, sono dei fans di Star Trek, o danno retta ai filosofi e agli architetti di cui sopra, avranno imparato ad associarla alla parola "disordine" e al fatto che questo disordine cresce sempre: bene, se è così *dimenticatevelo subito*. Non che io voglia affermare che questi due concetti sono estranei l'uno all'altro, anzi, molto spesso entropia e disordine se ne vanno insieme mano nella mano, ma non è *necessariamente* così: nel Cap. 5 incontreremo situazioni in cui il sistema si *ordina* spontaneamente, eppure l'entropia *aumenta*. Oltretutto, che cos'è veramente il disordine? È una domanda a cui non è facile rispondere.

Il vero concetto di entropia è decisamente più semplice: *l'entropia è libertà di movimento*, e un sistema fisico tende, per quanto può, a "massimizzare" questa libertà. Detto così, sembra più una fumosa intuizione *new age* che una affermazione scientifica, ma con qualche esempio ci capiremo meglio. Se per esempio abbiamo un gas racchiuso in una scatola, che si trova a sua volta in una stanza in cui abbiamo fatto il vuoto, e apriamo un rubinetto che

---

[24] Il rapporto tra politici e parole della scienza è curioso. Talora ne adottano qualcuna con entusiasmo, anche quando questa ha un significato originale molto più preciso e limitato di quello in cui lo usano (avete mai sentito parlare di "sinergie" tra ministeri?). In altre occasioni, si scandalizzano dell'uso di concetti matematici non particolarmente complessi, di cui uno scienziato ha bisogno per non parlare a vanvera proprio come un musicista ha bisogno delle note per comporre. Ricordo per esempio un noto uomo politico (che al momento in cui scrivo occupa una delle più alte cariche dello Stato) scagliarsi contro un matematico che, nel fargli una domanda in una trasmissione televisiva, si permise di usare il termine "derivata" (che vuol solo esprimere quanto in fretta sta crescendo qualcosa), per poi rispondergli usando continuamente la parola *trend* che, a parte essere più *trendy*, vuol dire sostanzialmente la stessa cosa in modo molto più vago.

permette alle molecole di gas di uscire, queste si sparpagliano per tutta la stanza perché così ogni molecola ha più spazio a disposizione per muoversi. Analogamente, se mettiamo dello zucchero in un bicchiere d'acqua sappiamo che questo si scioglie, ossia si diffonde in tutto il contenitore: la diffusione nasce dal fatto che le molecole di zucchero, in questo modo, guadagnano libertà di movimento. Quanto abbiamo detto vale per dei sistemi *isolati*, ossia che non possono scambiare energia sotto forma di calore con l'esterno. Che cosa accade se così non è? Semplicemente, un sistema può "comprare" o "vendere" entropia assorbendo o cedendo calore: quando questa compravendita viene fatta *lentamente*, l'entropia guadagnata o persa è anzi proprio uguale al calore assorbito o ceduto, diviso per la temperatura (in gradi Kelvin) a cui il processo avviene (ecco qui il legame col calore mai capito al liceo!). Per esempio, se con un pistone comprimiamo un gas in un cilindro, il volume a disposizione per le molecole *diminuisce* e quindi il sistema deve perdere entropia: l'entropia in realtà non si perde, ma semplicemente passa all'ambiente circostante sotto forma di calore ceduto.

Questi esempi però non catturano in pieno l'idea di libertà di movimento associata all'entropia, che non vuol dire necessariamente "avere più spazio" nel senso quotidiano del termine. Per esempio, supponiamo ancora di comprimere un gas in un cilindro, ma questa volta il cilindro è un thermos, che non permette di fare uscire calore: dove va a finire l'entropia? Questa volta, a differenza che nel caso precedente (dove supponevamo che il cilindro rimanesse alla stessa temperatura, quella dell'ambiente), l'osservazione mostra che il gas *si scalda*. Se ricordate, nel capitolo scorso abbiamo visto che a una temperatura maggiore corrisponde una maggior energia cinetica media delle molecole. Le molecole quindi hanno meno spazio fisico per muoversi, ma possono muoversi a velocità maggiori, o come dire hanno guadagnato libertà in uno spazio che non si misura in larghezza, lunghezza e profondità come spazio usuale, ma in termini di valori che può assumere la velocità, o meglio le diverse componenti della velocità lungo le tre direzioni dello spazio ordinario. Immaginare questo "spazio delle velocità" è un po' più difficile, ma se si fanno i conti bene si vede che quello che il gas perde in termini di spazio fisico lo riguadagna in termini di velocità possibili. Insomma, ognuno ha la propria idea di libertà: c'è chi vuol potersene andare in giro per il mondo, non importa come, e chi si accontenta di rimanere confinato in Brianza, ma vuole poter sfrecciare a piacere con una Ferrari sull'autodromo di Monza. Presto vedremo che, nel caso dei polimeri, la libertà va intesa in un modo ancora diverso. Non si sbaglia comunque mai a pensare che l'entropia è l'insieme delle possibilità che un sistema fisico ha di muoversi, agitarsi, ridisporsi, riaggiustarsi: insomma, l'entropia è in sostanza legata al numero di diverse *configurazioni*, come le chiamiamo noi fisici, che un sistema può adottare, anche se come determinarle in pratica va visto caso per caso e può essere molto complesso. In fondo, Clausius non ha scelto un nome del tutto astruso come sembrava all'inizio!

Prima di passare ai polimeri, cerchiamo però di fissare un po' di idee che ci serviranno in seguito. Un sistema isolato da ciò che gli sta intorno ha una certa energia, che non può cambiare proprio perché gli scambi sono vietati: ciò che tende allora a fare spontaneamente è semplicemente massimizzare la propria entropia, compatibilmente con l'energia che ha. Ma che cosa succede se il sistema *non è* isolato? Abbiamo detto nel capitolo precedente che tendenza di ogni sistema è quella di trovarsi in una condizione di energia minima, come una pallina che scende spontaneamente da una collina[25]: ma se l'energia viene persa sotto forma di calore, questo comporta una *perdita* di entropia, che non piace al sistema. La soluzione è una specie di compromesso tra le due esigenze, in cui perdite o guadagni di entropia si devono bilanciare in qualche modo. Chiamando E l'energia e S l'entropia, ciò che infatti deve essere *sempre* minima in un sistema a una certa temperatura che possa scambiare energia con l'esterno è quella che si chiama *energia libera* $F = E - TS$.

Il nome di energia "libera" viene dal fatto che, se cerchiamo di far lavorare una macchina (cosa che ci interessa, se per esempio la macchina è un motore) fornendogli una certa energia E (magari attraverso la combustione della benzina), il *massimo* lavoro che ci fornisce non è E, ma solo F, cioè quanto rimane dopo aver "pagato il pizzo" all'entropia: F è cioè la massima energia liberamente utilizzabile (concetto quindi più importante per i pratici ingegneri che non quello di energia pura e semplice). La cosa importante per

---

[25] Vi chiederete, ma come? Mi aveva detto prima che l'energia potenziale non si perde, si trasforma solo in energia cinetica! È vero, ma in pratica ogni pallina reale pian piano si ferma, perché *trasferisce* l'energia che possedeva all'ambiente circostante sotto forma di calore.

quel che ci riguarda è che *E* ed *S* non compaiono nello stesso modo nella definizione di *F*. L'entropia è *moltiplicata per la temperatura* (in gradi Kelvin): per questa ragione a bassissime temperature conta come il due di picche, mentre diventa sempre più importante al crescere della temperatura. Per ora basta: credo di avervi già fatto venire una discreta emicrania. Quello che importa è comunque che abbiate intuito il legame tra entropia e libertà di moto: ci tornerà molto utile in seguito.

3.7 Elastici per libera scelta

Abbiamo detto che tutti i materiali solidi sono più o meno elastici, ossia se cerchiamo di allungarli, comprimerli, o più in generale di deformarli, cercano di resistere con una forza proporzionale alla deformazione stessa: ciò deriva dal fatto che allungamenti, compressioni, deformazioni, comportano spostamenti nella disposizione degli atomi della struttura cristallina di un solido che sono lievi, quasi impercettibili, ma costano molta energia. Una molla funziona particolarmente bene sia per la sua forma elicoidale che perché costituita da un metallo particolarmente elastico come l'"acciaio armonico". In realtà, quello di forza elastica è uno dei più importanti concetti di fisica, che permette di descrivere una quantità innumerevole di fenomeni diversi, da come si muovono le onde del mare al perché quegli oggetti misteriosi che i fisici delle particelle elementari chiamano *quark* (e che hanno dato il nome all'unica trasmissione scientifica divulgativa della televisione italiana che io ritenga tale) se ne stiano sempre legati l'uno all'altro senza poter essere mai visti individualmente. Sarebbe naturale pensare che un elastico di gomma funzioni per le stesse ragioni per cui funziona una molla (in fondo, perché si parla di forza "elastica"?), ma non è così: tra un materasso a molle e uno in lattice, realizzato con un elastomero, c'è una sottile ma profondissima differenza. D'altronde, come abbiamo visto, rispetto a quelle di un metallo le proprietà elastiche della gomma sono straordinarie. La ragione di ciò è che la risposta elastica della gomma non è dovuta a ragioni "energetiche", ma soprattutto *entropiche*: per capire che cosa intendo dire è meglio cominciare a guardare una singola catena di polimero.

Supponete di tener fissati a una certa distanza gli estremi di una catena polimerica: a patto naturalmente che tale distanza sia inferiore alla lunghezza totale del polimero, ciò non sembra costare alcuno sforzo, dato che non stiamo stirando o deformando alcun legame chimico, ma solo costringendo in qualche modo il cammino della catena a iniziare e finire in due punti prefissati. Ma una differenza importante tra le due situazioni mostrate in Fig. 3.5 in realtà c'è, perché, a parità di lunghezza della catena, nel caso B, dove gli estremi sono più lontani, *esistono molte meno configurazioni della catena che li congiungono*. Quando viene "stirata", una catena perde molta libertà di movimento, e quindi perde entropia, cosa che non le fa per nulla piacere. Come risultato, la catena cerca di ritrarsi e, facendo i conti bene, si trova che la forza con cui reagisce al tentativo di essere allungata è proporzionale alla distanza tra gli estremi: in altre parole, la catena si comporta proprio come una molla che venga allungata, ma a differenza di questa non lo fa perché l'allungamento gli comporti uno sforzo, bensì solo perché cerca di mantenere la propria "libertà".

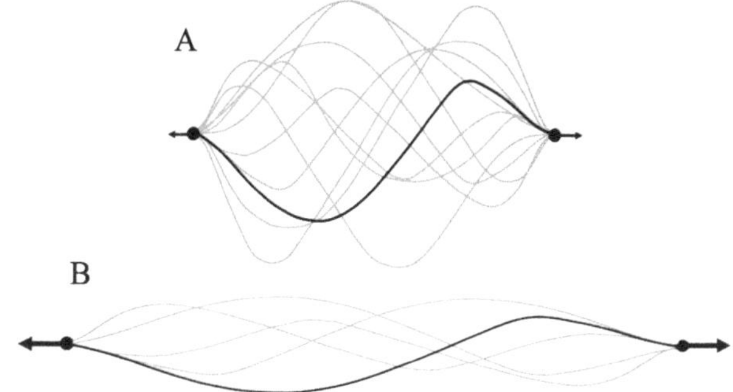

Fig. 3.5. Riduzione delle configurazioni possibili per una catena polimerica che venga "stirata"

Per quanto curioso e lontano dalla nostra esperienza quotidiana, questo è proprio il meccanismo che dà origine alla spettacolare elasticità dei polimeri. Anzi, guardandolo più da vicino, possiamo capire meglio il legame tra entropia e temperatura. Ricordiamo infatti che qualunque particella in un solvente ha un'energia termica: ma mentre nel caso di una particella rigida come quelle che abbiamo considerato nel precedente capitolo questa si traduce semplicemente nel moto browniano che la particella esegue, una catena polimerica usa l'energia termica anche per "agitarsi" al suo interno (per esempio per passare dall'una all'altra delle configurazioni mostrate in Fig. 3.3): per questa ragione, la riduzione di entropia conseguente all'allungamento della catena costa di più a temperature più elevate, dove l'energia termica è maggiore (o in altre parole, il costo in termini di energia libera è maggiore). Quindi la forza elastica di richiamo esercitata dalla catena, al contrario di quella di una molla, *aumenta* con la temperatura, un risultato abbastanza curioso ma che è effettivamente caratteristico dei materiali polimerici. Ma che cos'ha a che vedere una singola catena polimerica con un elastico, un materasso, una palla da tennis, la paperetta che mettete nel bagnetto dei vostri piccoli? E come può questa sete di entropia giustificare gli strabilianti poteri di Reed Richards, il leader dei Fantastici Quattro? Insomma, chiediamoci finalmente che cosa sia da un punto di vista fisico la gomma.

3.8   Il segreto di *Mister Fantastic*

Abbiamo visto come la gomma naturale sia sostanzialmente poliisoprene che si trova notevolmente al di sopra della temperatura di transizione vetrosa. Quindi è sostanzialmente un polimero "fuso", ossia un liquido: anche se a temperatura ambiente è così viscoso da comportarsi quasi come un solido, è sostanzialmente buono solo per impermeabilizzare tessuti, non certo per realizzare manufatti sufficientemente rigidi. Esistono metodi empirici più o meno efficienti per rendere più stabile il caucciù (e gli Aztechi ne conoscevano certamente alcuni), ma come abbiamo detto l'idea vincente per passare da un liquido appiccicoso a una vera gomma fu la vulcanizzazione, scoperta per caso e poi perfezionata da Goodyear. In che cosa consiste la vulcanizzazione? In Fig. 3.6 potete notare come nel monomero del poliisoprene [26] sia presente un doppio legame tra due atomi di carbonio. A temperature sufficientemente alte, lo zolfo può inserirsi tra i due legami, agganciandosi a ciascuno dei due carboni e formando dei ponti (costituiti da più atomi, dato che anche lo zolfo ha la tendenza naturale a formare brevi catene) che collegano catene polimeriche *diverse*. La rete

---

[26] Si tratta per la precisione di *cis*-poliisoprene, che corrisponde a una precisa disposizione dei monomeri rispetto alla catena.

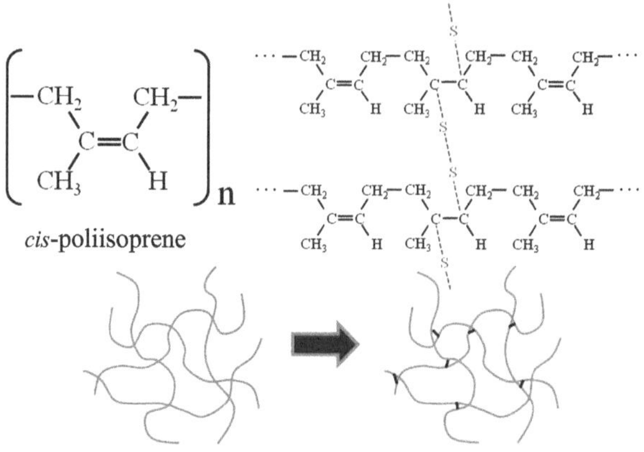

cis-poliisoprene

Fig. 3.6. Formazione dei ponti zolfo tra monomeri di isoprene come conseguenza del processo di vulcanizzazione. Più sotto riporto una visione schematica del passaggio dal caucciù naturale al reticolo vulcanizzato, dove vengono evidenziati i *crosslink* tra le catene

polimerica viene così legata insieme da "nodi" che chiameremo *crosslink* e risulta fortemente irrobustita.

In qualche modo è come se i crosslink abbiano "congelato" il polimero fuso in una struttura globalmente solida: tuttavia, i tratti di polimero che connettono un nodo all'altro sono ancora del tutto liberi di esplorare un gran numero di configurazioni (tutte quelle compatibili con l'avere un dato inizio e una data fine). Quindi, il discorso che abbiamo fatto per una singola catena polimerica rimane ancora valido, purché lo si applichi ai tratti di catena che uniscono i crosslink. Quando cerchiamo di estendere un pezzo di gomma lungo una certa direzione (vedremo tra poco che qualcosa di simile avviene anche quando lo comprimiamo), i nodi si allontanano tra loro nella direzione dell'allungamento, ma ciò riduce le configurazioni esplorabili dalle catene che le congiungono e quindi la loro entropia: di conseguenza, abbiamo di nuovo delle "molle entropiche" che cercano di riportare il materiale alla forma originaria. Come abbiamo detto, uno dei sintomi più evidenti della natura entropica dell'elasticità della gomma sta nel fatto che il modulo elastico cresce con la temperatura: ciò significa per esempio che, se teniamo sotto carico un elastico e lo scaldiamo, questo, a differenza di quanto farebbe un materiale comune, tende a *contrarsi*. L'effetto comunque è piuttosto piccolo, e per nulla facile da vedersi "a occhio" (in fondo, scaldando per esempio da 20 a 50 °C, la temperatura *assoluta*, che è quella che conta, varia solo del 10%, il che corrisponde a un 10% dell'*allungamento*, non della lunghezza dell'elastico).

Ma le proprietà degli elastomeri sono davvero in tutto e per tutto identiche a quelle di una singola catena polimerica? In realtà no, perché abbiamo trascurato un fatto importante: se allunghiamo una striscia di gomma lungo una direzione, per esempio tirandola nel senso della lunghezza, questa deve *contrarsi* in larghezza e spessore, perché il volume del materiale deve rimanere pressoché costante[27]. Lungo queste direzioni dunque i crosslink si avvicinano e le catene che li congiungono hanno più configurazioni possibili, cioè *guadagnano* entropia: ciò abbassa il costo per estendere la striscia, e di conseguenza lo sforzo di richiamo è minore. Tra l'altro, questo fatto ci spiega anche perché la gomma reagisce in modo elastico anche a uno schiacciamento: le catene hanno in questo caso più libertà lungo la direzione di compressione, ma ne perdono nel complesso ancora di più lungo le altre due direzioni. Diversamente che per una molla, ne risulta comunque che il comportamento di una gomma in compressione è ben diverso da quello in estensione, ossia il materiale si allunga molto più facilmente di quanto si schiacci. Con un calcolo non troppo difficile si può in effetti ottenere l'andamento mostrato in Fig. 3.7, che mostra in particolare come, a differenza di quello di una molla ideale, il modulo elastico di un elastomero sia tutt'altro che costante. Tra l'altro, la figura si riferisce solo a estensioni o compressioni non troppo spinte: per sollecitazioni maggiori (in particolare quando l'allungamento risulta così grande che le catene polimeriche risultano quasi completamente estese) il comportamento degli elastomeri è decisamente più complicato.

Per ottenere una buona gomma non è necessario che il numero di crosslink sia molto elevato: anzi, si possono anche ottenere degli ottimi elastomeri copolimerizzando un monomero senza doppi legami (e che quindi non potrebbe di per se essere vulcaniz-

---

[27] Quest'ultimo fatto non è per nulla banale. Di fatto, è vero solo per un'elasticità di natura puramente entropica: il volume complessivo di una lastra metallica tirata lungo una direzione non rimarrebbe costante, ma *aumenterebbe* un po'.

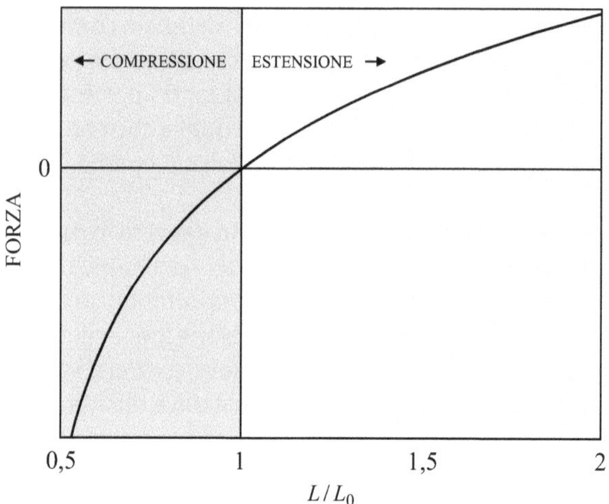

Fig. 3.7. Lunghezza *L* di un materiale elastico rispetto a quella "a riposo" (L_0) quando viene compresso o esteso applicando una forza lungo tale direzione

zato) con un 2-3% di isoprene: questo è il caso per esempio delle gomme siliconiche e di quelle butiliche, queste ultime così impermeabili ai gas da essere utilizzate per rivestire l'interno dei copertoni senza camera d'aria. Le uniche condizioni per ottenere una gomma sono in fondo che esista una piccola frazione di monomeri legati con dei *crosslink* e che la matrice polimerica abbia una temperatura di transizione vetrosa superiore di almeno 30-40 °C a quella di utilizzo: l'avere una T_g molto bassa è per esempio ciò che rende le gomme siliconiche particolarmente morbide ed elastiche anche a basse temperature. Al contrario, un numero troppo elevato di crosslink rende rigido l'elastomero: è in questo modo che si ottengono le resine, come per esempio quelle melamminiche, o le colle epossidiche di cui abbiamo parlato.

Ci siamo occupati delle proprietà meccaniche dei materiali polimerici, scoprendo in particolare che possono presentare sia un comportamento elastico, simile a quello dei solidi comuni ma estremamente più accentuato, che un comportamento plastico, cioè la proprietà di deformarsi irreversibilmente sotto stress come avviene per i metalli duttili: in tali condizioni, il materiale in qualche modo scorre, assomigliando sotto questo aspetto più a un liquido che a un solido. Che dire allora di quelli che, apparentemente, sono veri liquidi, come le soluzioni polimeriche? Esistono condizioni in cui è un liquido a comportarsi in qualche modo come un solido? Più in generale: che cosa rende i liquidi così diversi uno dall'altro, sia dal punto di vista dello stress richiesto per metterli in movimento, che dell'"effetto frenante" che a loro volta hanno su di un oggetto che si muove al loro interno? In altre parole, perché nuotare nel miele sarebbe drammaticamente diverso rispetto a farlo in una comune piscina? Per capirlo, dobbiamo dare un significato al concetto di "viscosità" di un fluido che vada un po' al di là dell'uso intuitivo che ne abbiamo fatto finora.

3.9 *Panta rei*

Tra i propri ricordi liceali, qualche mio lettore potrebbe ripescare l'affermazione di Eraclito di Efeso secondo cui "tutto scorre", che dà il titolo a questo paragrafo e che è forse una delle intuizioni fisiche più profonde della filosofia antica, al punto da costituire la motivazione specifica della *reologia*, una disciplina che si occupa proprio di studiare come scorrono i fluidi complessi di cui ci occupiamo, i quali, rispetto ai liquidi semplici, riservano parecchie sorprese. Di solito, infatti, distinguiamo un solido da un fluido perché mentre il primo messo sotto stress reagisce in modo elastico o al più si deforma plasticamente, il secondo scorre liberamente, ossia appunto fluisce. Ma nella "Terra di Mezzo" dei colloidi, delle macromolecole e dei tensioattivi (che presto incontreremo) le cose vanno in modo diverso: la presenza di particelle, di catene polimeriche, o di aggregati sovramolecolari può conferire al solvente proprietà intermedie tra quelle di un solido e quelle di un liquido, la cui utilità in applicazioni molto diverse, che vanno dall'estrazione del petrolio all'industria alimentare, è davvero enorme.

Cominciamo allora a chiederci che cosa si intenda comunemente per viscosità. Essa ha in primo luogo a che fare con quanto sia più o meno facile per un oggetto farsi strada attraverso un fluido: la velocità che una biglia raggiunge cadendo in una bottiglia di sciroppo è sicuramente molto minore di quella che acquisterebbe se la bottiglia fosse piena d'acqua, cosa che riassumiamo proprio dicendo che lo sciroppo è molto più viscoso dell'acqua. La forza frenante che subisce la biglia è dovuta al fatto che, per cadere, essa deve *mettere in moto* il fluido che gli sta attorno: ciò perché lo strato di fluido immediatamente prossimo a un oggetto solido è sempre *fermo* rispetto a quest'ultimo, il che in realtà è proprio quanto un fisico intende dicendo che un liquido "bagna" una superficie solida. Non è difficile trovare situazioni comuni che lo confermano: per esempio, la polvere si deposita sulle pale dei ventilatori anche quando questi vengono tenuti in costante movimento, cosa impossibile se l'aria a contatto con le pale non si muovesse con esse. Oppure, provate a togliere il sottile velo di gesso depositato su di una lavagna soffiando, anziché usando come al solito il cancellino: non vi basteranno i polmoni di Fausto Coppi, dato che, per quanto soffiate, lo strato d'aria direttamente a contatto con la lavagna è sempre in quiete[28]. La forza frenante è dunque legata allo sforzo necessario a mettere in moto alcune regioni di un liquido (quelle prossime al corpo) *rispetto ad altre* (quelle vicine, nel nostro esempio, alle pareti della bottiglia, che devono star ferme), e quindi la viscosità ha di fatto a che vedere con la difficoltà di creare *differenze* di velocità in un fluido. Consideriamo ora dell'acqua che passa in una canna da irrigazione: credo sia evidente a tutti che, a parità di pressione alla presa d'acqua, quanto più stretto è il tubo, tanto minore è il flusso che si ottiene in uscita. È un effetto considerevole, dato che dimezzando il diametro del tubo il flusso si riduce di ben *sedici volte*! Per quanto abbiamo detto, l'acqua avrà una velocità massima al centro, mentre dovrà essere ferma a contatto con le pareti del tubo: l'osservazione che abbiamo fatto ci dice allora che, a parità di viscosità, conta molto *quanto rapidamente* (cioè su quale distanza, in questo caso legata al diametro del tubo) varia la velocità.

Siamo a questo punto pronti a definire con precisione il concetto di viscosità. Consideriamo dapprima un blocchetto solido, come nella Fig. 3.8 in alto, e supponiamo di spingere di lato la sola faccia superiore, mentre teniamo ferma quella inferiore: in modo simile a quanto abbiamo visto per una trazione, il blocchetto si storterà fino a raggiungere un certo angolo di deformazione che dipenderà ancora dallo stress applicato e dall'elasticità del materiale di cui è costituito[29] come mostrato nel grafico. Ora, in maniera

---

[28] Le eccezioni esistono, ma sono così rare e peculiari da costituire un attivo (e controverso) argomento di ricerca in fisica dei fluidi.

[29] In questo caso il coefficiente che lega stress e deformazione è detto "modulo di taglio".

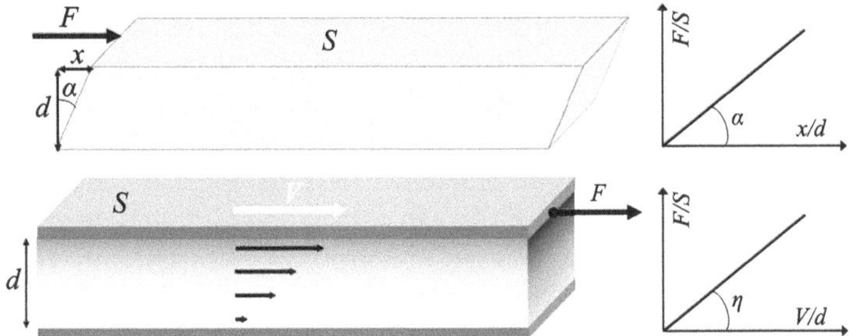

Fig. 3.8. Comportamento di un solido (in alto) e di un fluido (in basso) sotto l'effetto di uno sforzo "di taglio"

analoga, pensiamo di confinare un fluido tra due lastre solide parallele, che per semplicità supporremo molto grandi così da non doverci preoccupare di che cosa succede ai bordi. Se ora tiriamo la piastra superiore con una forza F, il fluido a contatto, per quanto abbiamo visto, deve seguirla, mentre quello prossimo alla faccia inferiore, che teniamo fissa, deve rimanere fermo. Quindi lo strato di fluido si deforma ma, a differenza del caso di un solido, fluisce, cioè *continua* a deformarsi: in effetti, ciò che avviene è che tutto il fluido tra le lastre si mette in movimento con un andamento della velocità che, dopo breve tempo, è lineare, come mostrato in figura. Chiediamoci allora: quale forza F è necessaria per mettere in moto la lastra superiore con una certa velocità V? Questa dovrà naturalmente essere tanto maggiore quanto più grande è la superficie S della lastra, e quindi è meglio considerare ancora una volta lo stress, cioè la forza per unità di superficie F/S. Abbiamo poi visto che lo sforzo deve essere tanto maggiore quanto più rapidamente varia la velocità, ossia quanto più grande è il rapporto V/d. Allora, il caso più semplice è che lo sforzo necessario sia *proporzionale* a V/d, ossia che si possa scrivere:

$$\frac{F}{S} = \eta \frac{V}{d}$$

dove la costante di proporzionalità che abbiamo indicato con la lettera greca η (eta) è proprio quella che chiamiamo viscosità del fluido. Questa semplice ipotesi, fatta originariamente dallo stesso Newton, funziona magnificamente bene per tutti i fluidi semplici, non solo quelli poco viscosi come l'acqua, ma anche per liquidi come la glicerina che hanno una viscosità migliaia di volte superiore.

Per i fluidi sovramolecolari, le cose vanno invece in maniera molto diversa, dato che il loro comportamento reologico dipende sensibilmente da *quanto grande* sia lo stress applicato. Alcuni di essi, all'aumentare dello stress, diventano apparentemente meno viscosi, mentre altri fanno esattamente il contrario: potremmo dire che i primi sono fluidi che "cedono" docilmente quando sollecitati a sufficienza, mentre i secondi al contrario si intestardiscono, ribellandosi al nostro desiderio di muoverli. In inglese si parla rispettivamente di fluidi *shear thinning* e *shear thickening*, ossia che sotto sforzo diventano più "fini", o al contrario più "grossi", mentre noi usiamo, per ragioni che vedremo, le espressioni forse un po' meno efficaci di fluidi *pseudoplastici* e *dilatanti*. In generale questi fluidi, che mostrano una reologia molto diversa da quella ipotizzata da Newton, vengono detti "non newtoniani" o anche *viscoelastici*, dato che gli aspetti più semplici del loro comportamento possono essere compresi facendo uso di un semplice modello, dovuto a Maxwell, che in qualche modo combina le proprietà di un fluido viscoso con quelle di un solido elastico. Vediamo allora qualche esempio di fluidi viscoelastici, tenendo sott'occhio la Fig. 3.9, dove vengono confrontati con i comuni fluidi newtoniani su un dia-

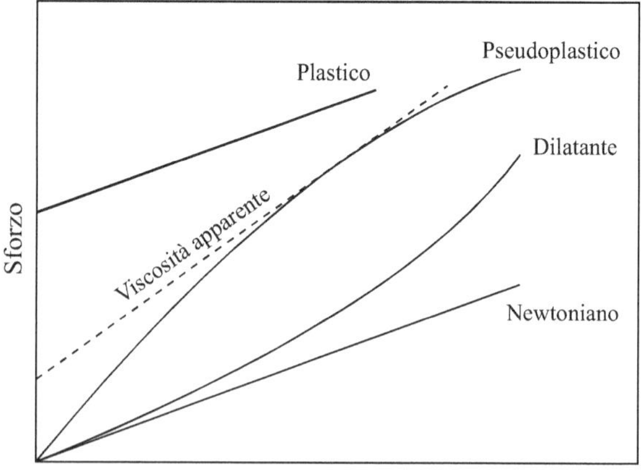

Fig. 3.9. Comportamento reologico dei fluidi non newtoniani

gramma che mostra lo stress necessario a ottenere un dato tasso di deformazione (ossia, nel caso del nostro esperimento con le piastre, un dato valore di V).

Pseudoplastici

È facile scovare esempi quotidiani di fluidi pseudoplastici: per funzionare a dovere, molti prodotti di uso comune, come le vernici, il dentifricio o la lacca per le unghie, devono infatti essere particolarmente restii a fluire quando sollecitati poco o per nulla, ma al contrario devono lasciarsi andare facilmente se forzati a farlo. Per esempio, vogliamo che una vernice si stenda con facilità su di una parete quando viene tirata con il pennello, ma certamente speriamo anche di evitare che, sotto la spinta del proprio peso, se ne scivoli subito giù sul pavimento prima di asciugare! Nello stesso modo, fa comodo poter spremere il dentifricio da un tubetto senza che, tuttavia, se ne scivoli poi giù dallo spazzolino. Dalla Fig. 3.9 possiamo capire perché si comportino in questo modo: più il tasso di deformazione cresce, più diventa *facile* aumentarlo ulteriormente, ossia per farlo è necessario aumentare di poco lo stress applicato. In altri termini, la *viscosità apparente* del fluido, che è data dalla *pendenza* della curva in figura, diventa sempre minore al crescere dello stress applicato o della velocità con cui si muove il fluido[30].

Le soluzioni polimeriche e i polimeri fusi di cui ci siamo occupati in questo capitolo hanno spesso proprietà pseudoplastiche, per ragioni che cercheremo di capire tra poco. Nell'industria alimentare, in particolare, vengono ampiamente utilizzati come additivi i polisaccaridi, lunghi polimeri idrosolubili i cui monomeri sono costituiti da zuccheri, che giocano il ruolo di "addensanti", cioè aumentano enormemente la viscosità di un prodotto pur permettendo a questo di essere per esempio spalmato, mescolato, o persino masticato con facilità. Un polisaccaride di largo impiego è per

---

[30] Un materiale plastico ideale dovrebbe comportarsi come un solido, ossia non fluire per nulla, fino a un certo valore di stress applicato, per poi trasformarsi a tutti gli effetti in un liquido, secondo l'andamento mostrato in Fig. 3.9. Un fluido pseudoplastico si chiama in questo modo perché, se consideriamo la sua viscosità *apparente*, ossia la pendenza della curva, per valori elevati del tasso di deformazione e tracciamo una retta con tale pendenza come in figura, anch'essa ha un'intercetta non nulla con l'asse delle ordinate, come se si trattasse effettivamente di un materiale plastico.

esempio la **gomma di xantano**, che viene estratta da culture del batterio *Xanthomonas campestris*, un comune parassita di molte coltivazioni: sono sufficienti concentrazioni inferiori allo 0,5% di questo additivo (indicato nelle etichette come E415) per rendere una salsa molto densa o un gelato particolarmente cremoso. Ma questo stesso biopolimero è largamente utilizzato anche in applicazioni ben diverse, come per esempio per aumentare la viscosità dei fanghi di perforazione dell'industria petrolifera, o come additivo per ridurre l'erosione di cementi da parte dell'acqua. Per molti prodotti alimentari, inoltre, non è neppure necessario introdurre additivi, perché polisaccaridi naturalmente presenti nella frutta o nelle verdure come le **pectine** svolgono direttamente una funzione addensante. Per esempio, le pectine presenti nella salsa di pomodoro conferiscono al *ketchup* quelle particolari proprietà reologiche per cui è necessario scuotere energeticamente la bottiglia o "picchiettarne" il fondo per permettere a questa densa salsa di fuoriuscire.

Senza dubbio il fluido biologico con proprietà pseudoplastiche di maggiore importanza è comunque il sangue: se la sua viscosità non diminuisse quando viene spinto attraverso i capillari, non ce la farebbe mai a passare attraverso dei vasi così stretti. In questo caso, la ragione principale del comportamento non newtoniano è dovuta al fatto che i globuli rossi, presenti a frotte nel sangue e responsabili in buona misura della sua viscosità, possono deformarsi notevolmente, allungandosi a dismisura, quando penetrano nei capillari, rendendo in tal modo molto più fluido il sangue: anzi, dato che il diametro dei capillari non è molto superiore alla dimensione dei globuli, se così non fosse andremmo per certo incontro alla "catastrofe della filtrazione" che abbiamo visto per le sospensioni colloidali.

Dilatanti

Più che le soluzioni polimeriche, sono le sospensioni concentrate di particelle colloidali rigide a mostrare la proprietà opposta, ossia quella di aumentare sensibilmente la propria viscosità al crescere della velocità di agitazione o dello stress applicato. Oltre a esse, questi effetti sono particolarmente rilevanti per materiali come la sabbia bagnata, dove l'acqua riesce a "lubrificare" i grani quando questi si muovono piano, mentre in condizioni di moto rapido non ce la fa a riempire sufficientemente in fretta gli interstizi tra di essi. Questi effetti sono connessi alla proprietà molto speciale di materiali "granulari" come la sabbia di essere *dilatanti*, ossia di *espandersi* quando vengono schiacciati, e ciò ha fatto sì che per lungo tempo si sia pensato che lo stesso meccanismo agisse nei colloidi concentrati, per cui i materiali che mostrano effetti di *shear thickening* vengono detti in generale dilatanti. In realtà le cose sembrano essere più complicate, e l'indurimento dei fluidi colloidali sembra avere spesso più a che fare con complicati processi di aggregazione facilitati dal moto del fluido: la comprensione di questi effetti nelle sospensioni è comunque ancora molto parziale.

Un sistema colloidale e allo stesso tempo polimerico che mostra un sorprendente comportamento dilatante si ottiene a partire dal comune amido di mais, anch'esso un polisaccaride. Saltando con energia, non è difficile camminare su di una piscina riempita di una miscela opportuna di amido e acqua (che è sostanzialmente una sospensione colloidale di granuli globulari), nella quale si affonda invece rapidamente standosene fermi (se non ci credete, cercate un po' su *YouTube*). Ancora più spettacolare è il comportamento di un materiale che ha allietato le giornate di molti bambini, specialmente anglosassoni, una specie di plastilina commercialmente nota come *Silly Putty*. Una pallina di questa sostanza, appoggiata su di un tavolo, si comporta come un materiale plastico molto molle, che si scioglie lentamente spandendosi sulla superficie: ma se invece la lanciate contro una parete (sottoponendola quindi a uno sforzo sensibilmente maggiore di quello dovuto al proprio peso) rimbalza come una palla di gomma, con un'elasticità che diviene ancora più notevole se la lasciate prima raffreddare in frigorifero. Questi due comportamenti così diversi sono mostrati in Fig. 3.10. Anche la storia di questo materiale è interessante: fu scoperta per caso, facendo cadere dell'acido borico in un olio di silicone, durante la spasmodica ricerca di sostituti della gomma naturale che, come abbiamo visto, fece seguito all'occupazione giapponese delle regioni di produzione del caucciù. Uno degli ingredienti principali della *Silly Putty* è ancora una volta il PDMS, ma le sue caratteristiche sorprendenti sono dovute a una combinazione di effetti dovuti anche ad altri componenti come i silossani e la silice cristallina, presenti nella formulazione che ha poi avuto un incredibile successo commerciale. Nonostante sia principalmente impiegata per scopi "ludici", la *Silly Putty* è stata anche usata in fi-

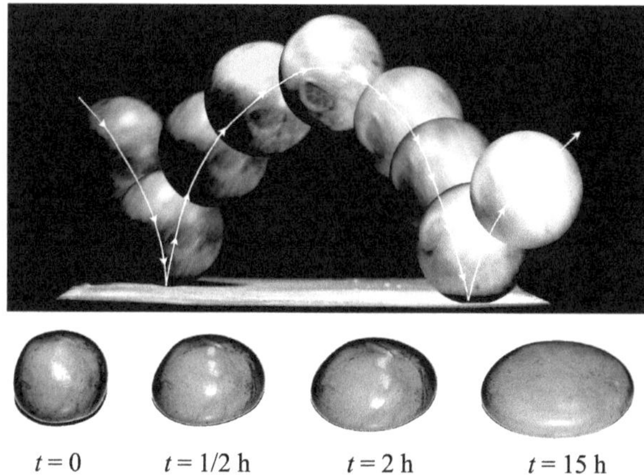

Fig. 3.10. Nel quadro in alto: rimbalzo di una pallina di *Silly Putty* su di un tavolo, ricavata da una sequenza di immagini ottenute con una fotocamera molto veloce. Quadro in basso: la stessa pallina *lasciata ferma* su un tavolo all'istante iniziale, dopo mezz'ora, dopo due ore e dopo una notte (ringrazio Marina Carpineti per avermi fatto omaggio di un po' di questo fantastico materiale, pressoché irreperibile in Italia)

sioterapia per favorire la riabilitazione delle mani e, dato che ha buone proprietà adesive, dagli astronauti del programma Apollo per appiccicare strumenti alle pareti del modulo di comando.

Tissotropici e Reopettici

Abbiamo parlato di liquidi la cui viscosità cambia al variare dello sforzo applicato o del tasso di deformazione, ma ciò non esaurisce il panorama del comportamento reologico dei fluidi complessi. La viscosità di alcune soluzioni polimeriche o sospensioni colloidali può variare anche *nel tempo*, mantenendo *costante* lo sforzo applicato ma applicandolo per periodi progressivamente più lunghi. Questi effetti sono ancora più intriganti e complicati da comprendere, perché sono legati alla *storia* del materiale, ossia la viscosità che si misura per un certo campione è legata a come lo abbiamo manipolato in precedenza. Ci sono comunque due situazioni che hanno in qualche modo un parallelo con quanto abbiamo appena discusso: per certi fluidi, detti *tissotropici*, la viscosità decresce al crescere del tempo per cui viene applicato lo stress, mentre per altri, detti *reopettici*, avviene esattamente il contrario. I fluidi tissotropici e reopettici sono quindi in qualche modo l'analogo rispettivamente degli pseudoplastici e dei dilatanti, ma è importante non confondere le due situazioni: qui ciò che induce il comportamento non newtoniano non è *quanto* sollecitiamo il materiale, ma *per quanto tempo*[31].

Mentre i liquidi reopettici sono decisamente rari (con l'importante eccezione del gesso, che indurisce progressivamente quando lavorato), molte sospensioni colloidali, in particolare quando costituite da particelle che tra loro presentano forze attrattive, sono tissotropiche[32]. In particolare, questo comportamento si osserva spesso per sospensioni di particelle a piattina come le argille: ciò sembra giocare un ruolo particolarmente importante nei fenomeni geofisici di "liquefazione del suolo", che hanno improvvisamente luogo durante scosse sismiche prolungate, e nel comportamento dei *lahar*, le colate di fango composto di materiale piroclastico e acqua che scorrono lungo le pendici di un vulcano dopo un'eruzione.

Tissotropici sono anche molti fluidi biologici, primo tra tutti il liquido sinoviale che lubrifica i giunti articolari: più la muoviamo, più un'articolazione diviene fluida, e la difficoltà di riprodurre quest'effetto in modo artificiale è il problema principale per realizzare protesi d'anca di lunga durata (come forse sapete, queste al contrario tendono a lungo andare a "gripparsi"). Come curiosità, si è ipotizzato che alcuni fenomeni "miracolosi" come la liquefazione del sangue di S. Gennaro[33] siano dovuti al fatto di trovarsi di fronte non a sangue umano, ma a una miscela sapientemente studiata per essere tissotropica. Naturalmente l'impossibilità di compiere un'analisi chimica diretta della sostanza preclude ogni verdet-

---

[31] Per esempio, l'amido di mais ha proprietà fortemente dilatanti, ma non mostra alcuna dipendenza dal tempo della viscosità, mentre i dentifrici sono pseudoplastici, ma non tissotropici (ed è meglio che sia così!)

[32] Questa è anzi una caratteristica comune per quelli che si chiamano *gel fisici*, di cui ci occuperemo nel prossimo capitolo.

[33] In realtà ritenuti dalla Chiesa cattolica, che mostra una ragionata cautela, solo come "portentosi", anche perché, a parte il caso ben noto di S. Gennaro, reliquie altrettanto reologicamente miracolose sono disseminate in lungo e in largo in tutto il nostro Paese.

to definitivo: ciò che si può dire è che tutto quanto si osserva è perfettamente compatibile con questa ipotesi, e inoltre che soluzioni con queste proprietà potevano essere ottenute con facilità a partire da sostanze comunemente disponibili agli uomini del Medioevo.

Il comportamento reologico dei sistemi sovramolecolari può essere davvero molto complesso e combinare insieme aspetti diversi dei tipi di fluidi non newtoniani che ho schematizzato. Le ragioni fisiche di questa varietà di comportamenti sono fondamentalmente due. In primo luogo, questi sistemi, quando vengono fatti fluire, si *ristrutturano*, ossia i mattoncini che li compongono cambiano forma o dimensione: per esempio, in una sospensione colloidale si possono formare aggregati che magari si ridisciolgono quando essa torna in condizioni di riposo; oppure, gli aggregati di tensioattivi di cui parleremo nel prossimo capitolo possono cambiare completamente forma, trasformandosi per esempio da lamelle piane in "cipolle" avvolte su se stesse. Inoltre, queste "ristrutturazioni" avvengono *su tempi molto lunghi* rispetto a quelli che hanno luogo in realtà anche nei fluidi semplici. Ciò è ancora più importante, perché a dire il vero *qualunque* liquido può comportarsi sia in modo fluido che in modo elastico, a seconda che il tempo su cui viene "sollecitato" sia rispettivamente molto lungo o molto breve rispetto ai suoi tempi di riorganizzazione naturali: anche l'acqua per esempio, se sollecitata per tempi veramente molto brevi, dell'ordine di qualche *milionesimo di milionesimo* di secondo, si comporta come un pezzo di gomma! Nella "Terra di Mezzo" questi tempi vengono semplicemente riportati a valori facilmente osservabili sperimentalmente. Comprendere però la natura specifica di questi fenomeni di ristrutturazione è molto difficile, e costituisce un settore di ricerca molto aperto: forse per i polimeri qualcosa di più lo abbiamo capito, ed è quindi con questo argomento che chiuderemo questo resoconto delle proprietà reologiche.

3.10   Gli incubi di Indiana Jones

Molti di voi ricorderanno come Indiana Jones, intrepido eroe di grandi film prima che anche la vena di Spielberg cominciasse a segnare il passo, avesse un segreto tallone d'Achille: era terrorizzato dai serpenti, soprattutto quando gli si muovevano attorno da ogni parte. Ora, dato che come molti colleghi non particolarmente prestanti ho anch'io segretamente invidiato il professore/avventuriero a cui Harrison Ford ha magistralmente dato un volto e una voce, non posso resistere alla tentazione di batterlo almeno in questo campo. Quindi, parleremo proprio di moto ossia di reologia dei nostri (a dire il vero più innocui) serpentelli, i polimeri.

Cominciamo a considerare una soluzione polimerica diluita, molto al di sotto della concentrazione di *overlap*, dove le catene sono gomitoli ben separati, per scoprire come anche in queste condizioni essi possano modificare notevolmente la viscosità del solvente. Per capirlo, devo mettervi a conoscenza di uno dei pochi risultati esatti di reologia, ottenuto nel 1906 da (guarda un po', ancora lui) Einstein[34], poco dopo aver spiegato il moto browniano. Il modello di Einstein mostra che la viscosità η di una sospensione differisce da quella del solvente η_s solo per un termine proporzionale alla frazione del volume totale occupata dalle particelle sospese, che di solito si indica con la lettera greca Φ (fi). Per l'esattezza, si ha semplicemente:

$$\eta = \eta_s \left(1 + \frac{5}{2}\, \Phi \right)$$

Questo risultato ci basta per capire come mai i polimeri aumentino così tanto, anche a basse concentrazioni, la viscosità: dato che sono fondamentalmente "vuoti", i gomitoli occupano un volume molto grande, molto più di quanto farebbero delle particelle colloidali solide alla stessa concentrazione.

Ma le cose cambiano davvero in modo drastico quando si supera la concentrazione di *overlap* e le catene cominciano a formare una rete polimerica. Ricordate il piatto di spaghetti? Come fanno i polimeri a muoversi in questo intreccio caotico? Intralciandosi a vicenda in questo modo, si rendono difficile la vita a vicenda, e la rendono difficile anche al solvente che deve muoversi con loro. L'idea fondamentale per comprendere come si possono muovere

---

[34] Vi prego di prendere nota. La legge di base del moto viscoso fu ipotizzata da Newton, il primo modello di un fluido viscoelastico fu proposto da Maxwell, uno dei risultati più importanti per la reologia fu ottenuto da Einstein: tre nomi che costituiscono il vero e proprio *pantheon* della fisica, alla faccia di chi ritiene che quella della materia soffice sia solo una scienza di seconda classe rispetto ai "grandi temi" della ricerca.

le catene in queste condizioni consiste davvero nel guardare come si muova un serpente nel mezzo di una selva intricata di propri simili. Di fatto, il meccanismo di base del moto delle catene polimeriche in una soluzione concentrata o in un fuso, dovuto all'intuizione di Pierre-Gilles de Gennes, Nobel per la fisica nel 1991 e vero "padre spirituale" della fisica della materia soffice, poi sviluppata da Sam Edwards e Masao Doi, prende il nome di *reptation*, termine che in inglese rappresenta proprio il movimento strisciante dei rettili. L'idea è quella di considerare il moto della catena come un "percorso a ostacoli", rappresentati dalle altre catene che deve evitare, cosa che ho cercato di riassumere con il rozzo disegno in Fig. 3.11, dove potete pensare ai puntini come alle sezioni delle altre catene sul piano del disegno.

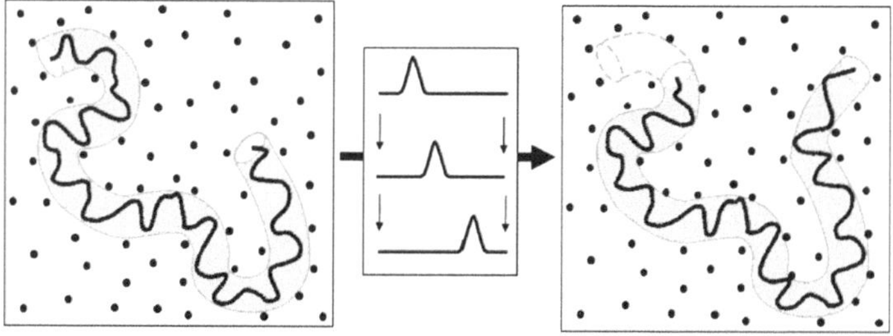

Fig. 3.11. *Reptation model* per i polimeri. Il quadro intermedio mostra la propagazione di una "ondulazione" lungo la catena

Come vedete, le macromolecole circostanti definiscono in qualche modo un "tubo", all'interno del quale la catena è costretta a "strisciare". Per quanto stretto (tanto più quanto maggiore è la concentrazione), il tubo lascia comunque sufficiente libertà alla catena per contorcersi al suo interno, ed è proprio la presenza di queste "contorsioni" a permettere al polimero di strisciare: può infatti avanzare comportandosi in pratica come un lombrico, ossia facendo progressivamente muovere in avanti una zona ripiegata, come mostrato nello schema in figura. Naturalmente il "tubo" non è una struttura statica, dato che anche le altre catene stanno muovendosi allo stesso modo, ma piuttosto una "galleria mobile", che si richiude alle spalle della catena quando questa se ne va, mentre essa deve in qualche modo "infilarsi nel mucchio" cercando di scavarsi una nuova galleria mentre avanza. Sembra solo un giochino, ma in realtà quanto ho detto può essere riformulato in termini molto rigorosi, che permettono di valutare per esempio come varia la viscosità con la concentrazione o con il peso molecolare del solvente. Il modello permette anche di capire perché le soluzioni polimeriche debbano avere un comportamento viscoelastico e di dare una spiegazione perlomeno qualitativa del comportamento pseudoplastico.

3.11 Polimeri alla carica: i polielettroliti

La quantità veramente notevole di tipi di polimeri che abbiamo incontrato potrebbe farvi pensare che abbiamo esaminato gran parte delle possibilità offerte da queste intriganti catene. E invece no, perché finora abbiamo del tutto trascurato una categoria molto diversa di macromolecole, che tra l'altro rappresentano una frazione importante dei polimeri solubili in acqua e, soprattutto, la gran maggioranza dei biopolimeri: i polimeri *carichi*, o polielettroliti, in cui i monomeri si possono ionizzare in acqua. Un esempio molto semplice è il **polistirene sulfonato**, usato per esempio come additivo per i cementi, per fissare i coloranti nell'industria tessile e di recente anche nella fabbricazione delle membrane per le celle a combustibile (per intenderci, quelle delle future, o futuribili, auto a idrogeno), dove al monomero del polistirene, che è fortemente idrofobico, viene attaccato un gruppo $NaSO_3$: il sodio viene rilasciato come ione Na^+, lasciando la catena carica negativamente. Non è poi detto che tutti i monomeri rilascino controioni dello *stesso* segno. Nell'ultimo capitolo incontreremo per esempio le proteine, complessi polimeri che hanno sulla catena *sia* cariche positive *che* negative: questa "doppia natura" può rendere una proteina globalmente neutra, ma non per questo, come vedremo, gli effetti dovuti alla carica scompaiono.

Abbiamo visto che la presenza di carica su una particella colloidale introduce nuove forze, dovute alla presenza dei controioni attorno a essa. Questo avviene anche nel caso dei polimeri carichi dato che, come per i colloidi semplici, ogni gomitolo sarà circondato da una nuvoletta di segno opposto che tende a respingere le altre catene. Ma, nel caso dei polielettroliti, gli effetti dovuti alla carica non si limitano a introdurre nuove forze tra catene *diverse*, anzi i loro effetti più importanti sono sulla conformazione che assume una *singola* catena. Dato che cariche uguali si respingono, cercando di tenersi il più lontano possibile l'una dall'altra, la catena viene in qualche modo "stirata": in altri termini, la lunghezza di persistenza L_p del polimero *cresce* e la catena diviene molto più rigida[35]. Come per le forze tra colloidi, questi effetti sono molto forti in assenza di sale aggiunto, quando un polielettrolita che di per sé, non considerando gli effetti di carica, sarebbe flessibile, può divenire addirittura una bacchetta rigida, mentre divengono sempre meno rilevanti se si aggiungono elettroliti alla soluzione. Se assumiamo per semplicità che la catena sia pressoché ideale, cosa che abbiamo visto avviene nelle soluzioni concentrate, il raggio di girazione sarà allora dato da $R = \sqrt{NL_p}$, dove questa volta N non è il numero di monomeri, ma il numero di volte L/L_p in cui una lunghezza di persistenza è contenuta nella lunghezza della catena estesa: è facile vedere che ciò corrisponde a scrivere $N = \sqrt{L_pL}$, cioè il raggio di girazione è pari alla media geometrica tra la lunghezza di persistenza e quella della catena.

Quanto può essere carico al massimo un poliettrolita? Sembrerebbe che ciò sia legato solo alla chimica delle macromolecola e che in teoria, piazzando i gruppi carichi molto vicini, si possano raggiungere valori di carica estremamente elevati, ma non è così. Un controione, staccandosi dalla catena e andandosene libero per il solvente guadagna sicuramente entropia ma, allontanandosi dalle cariche di segno opposto, perde energia elettrostatica. Si può dimostrare che, perché questi due effetti si bilancino, è necessario che una buona parte dei controioni "ricondensi" sulla catena, neutralizzando parte delle cariche di segno opposto, fino a quando le cariche rimaste libere distino almeno una *lunghezza di Bijerrum*, che è la distanza a cui la loro energia di attrazione elettrostatica è pari a kT (corrispondente in acqua a 0,7 nm): questo fenomeno, che si dice *condensazione di Manning*, fissa quindi un limite massimo al numero di cariche che effettivamente sono presenti su un polielettrolita.

Ancora più interessante è il comportamento di una soluzione semidiluita o concentrata di polielettroliti, che forma quello che si dice un *gel* di polielettroliti. Una differenza importante tra questi

---

[35] Si parla in questo caso di lunghezza di persistenza *elettrostatica*, per contrapporla a quella dovuta alla rigidezza intrinseca della catena.

gel e le reti di polimeri semplici è che la gran quantità di controioni che le catene trattengono attorno a se genera ovviamente una grande pressione osmotica. Di conseguenza il gel, comportandosi un po' come una membrana osmotica che non lascia scappar via i controioni, si gonfia risucchiando al suo interno più acqua possibile, proprio per effetti osmotici: su questo principio si basa il funzionamento di quei polimeri superassorbenti a cui abbiamo accennato, ma anche, come vedremo, quello delle giunture tra le nostre ossa, che devono poter resistere a forti sforzi di compressione.

La presenza delle cariche rende quindi i polielettroliti molto più complessi dei polimeri semplici, generando molti altri effetti che sono ancora oggetto di ampie indagini, perché spesso non ancora del tutto compresi: tra questi, come vedremo, ci sono i meccanismi attraverso cui il nostro DNA, un polielettrolita lungo nel complesso un paio di metri, riesce a racchiudersi nello spazio angusto del nucleo di una cellula, che ha un diametro di qualche *micron*. Purtroppo per ragioni di spazio (ma anche per non stroncarvi del tutto) ho potuto fare solo un breve accenno a questi polimeri speciali, che proprio per la loro solubilità in acqua giocano un ruolo importantissimo in molte applicazioni tecnologiche: comunque, in maniera più o meno indiretta li incontreremo di nuovo. Questa breve carrellata sul complesso mondo dei polimeri ci ha comunque permesso di imparare qualcosa sulle proprietà meccaniche e reologiche dei materiali soffici, e soprattutto di capire meglio che cosa intendiamo per "soffice": un materiale che cambia forma con estrema facilità, pur mantenendo un volume pressoché costante, e che lo fa in quanto ha in sé contemporaneamente caratteristiche proprie dei solidi e dei liquidi. Ci sarebbe ancora molto, moltissimo da dire, ma ora è tempo di volgere la nostra attenzione a sistemi ancora più stupefacenti, sistemi che si organizzano in maniera *spontanea* in strutture mesoscopiche.

Capitolo 4

Giano bifronte: molecole ambigue e ambivalenti

Una pelle davvero elastica: la tensione superficiale – Schizofrenia molecolare: i tensioattivi – Mille bolle blu (ma anche di altri colori) – Schiume: quando un cieco ci insegna a vedere – Micelle: terapia di gruppo per molecole schizofreniche – Così bianco che più bianco non si può: la scienza della detergenza – Pastis, pomate e petrolio: il multiforme mondo delle emulsioni – Cronaca di una morte annunciata (epitaffio per una crema solare) – Farmaci "intelligenti", gasolio bianco e restauro: microemulsioni, quando piccolo è bello.

"Quei due sono come acqua e olio". Chissà quante volte avrete usato un'espressione come questa per indicare due persone che non "si pigliano" per niente: perché in fondo che cosa c'è di più diverso di questi due liquidi che, di stare insieme, proprio non sembrano avere alcuna voglia? Anzi, tutte le sostanze comuni sembrano dividersi in due categorie nettamente distinte: sostanze come l'alcol, che si sciolgono in acqua e non nell'olio, e sostanze come i grassi, che fanno esattamente il contrario. A prima vista, sembra non ci sia proprio alcun modo per far "parlare tra loro" questi due mondi.

Se la pensate così vi sbagliate ancora una volta: vedremo in questo capitolo che, al contrario, "acqua" e "olio" (dove le virgolette stanno a indicare che spesso non si tratta ovviamente di olio di oliva o di acqua potabile) stanno *spesso* insieme, anzi se ne stanno intimamente legati per dare origine a cose disparate che vanno dal latte al limoncello, dalle creme solari agli insetticidi, dal petrolio a molti farmaci. Ma, per far ciò, hanno bisogno di "mediatori", che tuttavia non sono particelle "mesoscopiche" come quelle che costituiscono i colloidi, e neppure lunghe catene che si "attorcigliano" a formare particelle come i polimeri: sono al contrario molecole relativamente semplici, ma con la straordinaria proprietà di *organizzarsi spontaneamente*, una volta poste in soluzione, sotto forma di particelle molto speciali. Inoltre, per la loro natura, queste molecole possono gettare un ponte tra gli "amanti" dell'acqua e quelli dell'olio. Entrambi questi prodigi sono dovuti alla loro natura "schizofrenica", o se volete alla loro infinita "voglia di tenerezza", che le porta ad amare *sia* l'acqua *che* l'olio. Queste molecole *anfifiliche*, come impareremo a chiamarle (ma, visto quanto abbiamo appena detto, se preferite chiamarle "molecole bisex" non ho nulla da obiettare) sono proprio l'oggetto del capitolo che state incominciando a leggere. Prima di fare la loro conoscenza, tuttavia, tenendo conto che costituisce oltre il 90% (almeno in volume) dei miei lettori, voglio soffermarmi un po' di più su quel liquido molto speciale che chiamiamo acqua.

4.1 Una pelle davvero elastica: la tensione superficiale

Per quanto mi risulta, c'è una sola persona che sia riuscita a camminare sull'acqua, ed era una persona davvero molto speciale. Da questo punto di vista, sembrerebbe però molto meno speciale se confrontata non solo con noi comuni mortali, ma con l'intero regno animale. Non so se vi sia mai capitato di vederli, in particolare osservando qualche limpido specchio d'acqua di montagna, ma molti insetti non solo camminano, ma passano buona parte della loro breve vita (compiendo tutte le attività a essa associate, si veda la Tavola 4) letteralmente sospesi sull'acqua, su cui si appoggiano per mezzo delle lunghe zampe: sono i gerridi, o "insetti pattinatori"[1]. Come fanno questi strani esserini a galleggiare così

---

[1] Non sono i soli: anche alcuni loro parenti stretti come le idrometre scivolano "pattinando" sull'acqua. Le larve di altri insetti, inoltre, si sviluppano attaccate alla superficie dell'acqua, ma al di *sotto*.

efficacemente? Non certo perché siano leggeri: per quanto piccoli, il loro peso specifico non è molto diverso dal nostro e quindi, per quanto poco, dovrebbero affondare. E invece no, sono letteralmente sospesi *sopra* l'acqua, che in realtà non toccano neppure. La ragione è che l'estremità delle loro zampe è coperta da una miriade di piccolissimi "peluzzi" che trattengono microscopiche bolle d'aria, e questo cuscino d'aria riesce a tenerli a galla perché *non può* penetrare nell'acqua[2].

Da dove nasce questa impenetrabilità dell'acqua da parte dell'aria? In un liquido come l'acqua le molecole si attirano tra loro con forze piuttosto intense: è questo a fare in modo che i liquidi, a differenza dei gas, abbiano un volume ben determinato. Nel caso dell'acqua, queste forze attrattive sono principalmente dovute a quello che si chiama *legame idrogeno*. Sappiamo che una molecola di acqua è formata da un atomo di ossigeno legato a due atomi di idrogeno, ma in realtà ciascuno di questi due atomi d'idrogeno è in qualche modo legato anche all'atomo d'ossigeno di un'altra molecola. In altri termini, gli atomi di idrogeno sono messi in qualche modo in compartecipazione tra le molecole, che formano così una rete di legami, ciascuno con un'energia di circa $8\,kT$, quindi sostanzialmente maggiore di quella termica, che tiene insieme il liquido (questa struttura è ancora più accentuata nel ghiaccio, cioè nell'acqua solida). Tuttavia, se guardiamo la Fig. 4.1 (dove le molecole d'acqua sono rappresentate nella loro forma approssimativa a "testa di Topolino", con gli idrogeni a far la parte delle orecchie) ci accorgiamo che la situazione è molto diversa per una molecola che giace *sulla superficie* rispetto a una che si trovi *all'interno*. Mentre la molecola *A* viene tirata ugualmente in tutte le direzioni dalle molecole che la circondano, la molecola *B* sente solo quelle molecole che le stanno sotto o a fianco, mentre con le molecole di aria, che le stanno al di sopra, non ha particolare affinità. Per stare sulla superficie, una molecola deve cioè rinunciare a metà delle attrazioni con le sue simili e ciò, come vedremo, è all'origine del fatto che formare una superficie di contatto con l'aria *costa energia* all'acqua.

---

[2] Il meccanismo è simile a quello che permette alle anatre di restare belle asciutte anche mentre nuotano. Fino a pochi anni fa, quando un gruppo di ricercatori del MIT evidenziò la presenza delle microbolle d'aria, si credeva in realtà che le zampe dei gerridi secernessero una specie di cera idrorepellente: per quanto vedremo, le cose non cambierebbero di molto, anche se usare un cuscino d'aria è più efficace.

Prima di questo, tuttavia, cerchiamo di capire come mai ciò impedisca ai gerridi di affondare. Finché la superficie è orizzontale le molecole sulla superficie, anche se interagiscono solo con metà di quelle possibili, non stanno troppo male: tutto sommato, le forze sono ben bilanciate, e non c'è nessuna ragione per cui la molecola debba andare su o giù. Ma supponiamo di creare un'indentatura nell'acqua con una bolla d'aria (che potrebbe essere proprio una delle bollicine attaccate ai peluzzi dei nostri insetti). Ora le forze che agiscono sulla molecola *C* non sono più bilanciate: l'effetto delle molecole che le stanno intorno, come si vede a destra nella figura, è quello di cercare di riportare verso l'alto la molecola, *raddrizzando* la superficie, che non ha nessuna voglia di incurvarsi. La superficie dell'acqua è quindi un po' come una *membrana elastica*, per capirci come quella di un palloncino gonfiato che cerca di resistere se provate a infilarci un dito. Questa particolare elasticità, che ha origine proprio dallo sbilanciamento delle forze molecolari su una superficie e che come vedremo ha importantissime conseguenze pratiche, si dice *tensione superficiale*.

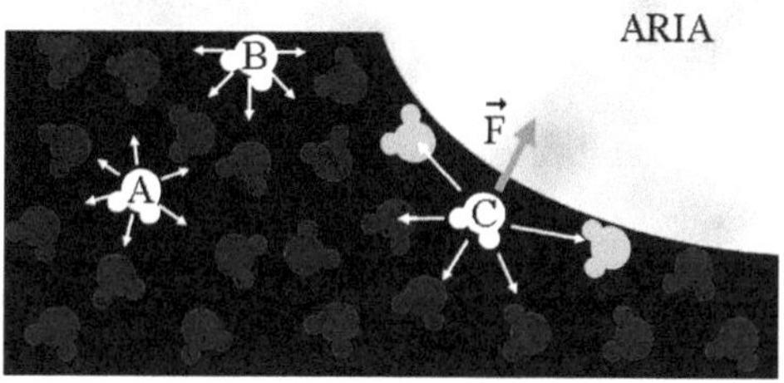

Fig. 4.1. Origine molecolare della tensione superficiale

Possiamo spingerci oltre nell'analogia con una membrana elastica. Se pratichiamo un taglietto in un palloncino gonfio, questo ovviamente scoppia: ciò che avviene è in realtà che le due parti della membrana al di qua e al di là del taglio si allontanano rapidamente l'una dall'altra, lacerandola. Con un coltello ordinario non è ovviamente possibile tagliare l'acqua così come si taglia la gomma, ma se possedessimo un "coltello molecolare", capace di recidere i legami tra le molecole che stanno sulla superficie di un film sottile d'acqua e di impedire che si riformino, le due parti del taglio si allontanerebbe tra di loro proprio come la membrana di un palloncino[3]. La forza con cui i due lati del taglio verrebbero tirati in direzioni opposte, che ci dice quanto la superfice dell'acqua è tesa, sarebbe ovviamente tanto maggiore quanto più lungo è il taglio stesso. Se allora la lunghezza del taglio è ℓ e chiamiamo tensione superficiale proprio la forza *per unità di lunghezza*, indicandola come si fa di solito con la lettera greca γ (gamma), la forza totale sarà data da $F = \gamma\ell$ (si veda il quadro a sinistra nella Fig. 4.2).

Non è certamente facile visualizzare questi "tagli ideali" in un liquido: possiamo però dare un'altra definizione della tensione superficiale, a prima vista piuttosto diversa, ma in realtà del tutto equivalente. Supponiamo di cercare di "estendere" la superficie di un liquido, come nel quadro a destra della Fig. 4.2. Per far ciò, dovremo applicare una forza F almeno uguale al valore $\gamma\ell$ con cui la nostra "membrana elastica" cerca di resistere alla trazione. Supponiamo di farlo e di estendere la superficie per una distanza d. La superficie elastica allora si tende e possiamo dire che ha accumulato energia (che, proprio come un elastico teso, ci può restituire quando si ricomprime). Quanto vale questa energia elastica? Come abbiamo detto nel capitolo precedente, per variare l'energia di qualcosa dobbiamo compiere su questo qualcosa del *lavoro*, che è uguale al prodotto della forza per lo spostamento che compiamo. Quindi il lavoro che compiremo sarà pari a $Fd = \gamma\ell d$, e sarà proprio uguale alla variazione di energia elastica della superficie. Ma $\gamma\ell d = \gamma A$, dove A è l'aumento dell'area superficiale. La tensione superficiale è allora anche *l'energia elastica per unità di area* associata alla superficie stessa.

Questo modo di rileggere la tensione superficiale è molto più interessante: detto in parole semplici, significa che aumentare la superficie di una quantità A "costa" un'energia γA. Molti fenomeni legati alla tensione superficiale possono essere compresi semplicemente guardandola in questo modo. Per esempio, i nostri gerridi non affondano perché, per farlo, i loro piedini devono *incurvare* la superficie dell'acqua, creando una specie di indentatura e questo comporta un aumento dell'area rispetto a quella di una superficie piana: la superficie è in effetti capace di reggere un peso almeno dieci volte superiore a quello di un gerride prima di cedere.

---

[3] Vedremo presto che ciò si può fare con le bolle di sapone.

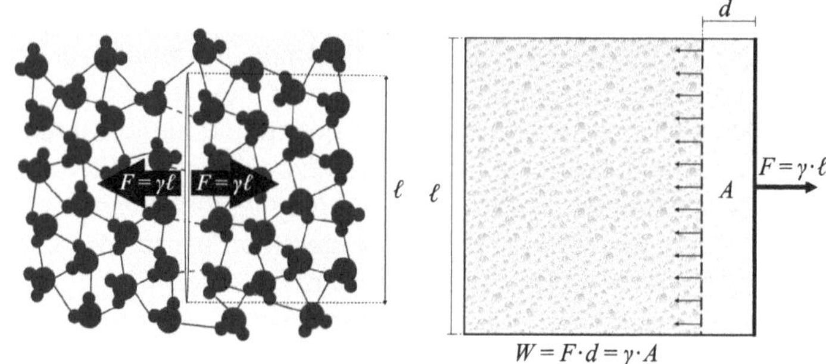

Fig. 4.2. La tensione superficiale come forza per unità di lunghezza (a sinistra) e come energia per unità di superficie (a destra)

Un esempio ancora più semplice è quello di una goccia d'acqua che cade: perché è sferica? Semplicemente perché, fissato un dato volume, la sfera è la forma con la minima superficie possibile e costa quindi meno energia. Nello stesso modo si comportano ovviamente le bollicine d'aria che salgono in una coppa di champagne (qui l'acqua sta fuori e l'aria dentro, ma fa lo stesso). Un esempio forse meno familiare è quello dell'acqua che scende da un rubinetto aperto che, prima o poi (tanto prima quanto minore è il flusso), si spezza in goccioline: ancora una volta, ciò è dovuto al fatto che, a parità di volume, le goccioline presentano una superficie minore rispetto al filo d'acqua di forma cilindrica che costituiva il flusso prima di spezzarsi. Potete osservare un fenomeno del tutto analogo guardando la rugiada che si deposita sulla tela di un ragno in una fresca mattina: anche qui la rugiada, che dapprima condensa su tutti i fili in modo uniforme, si separa in goccioline per ridurre la superficie di contatto con l'aria[4].

Non solo la superficie dell'acqua, ma quella di qualunque liquido ha una tensione superficiale nei confronti dell'aria. Anzi, se mettiamo a contatto due liquidi che non si miscelano, come acqua e olio, o persino un solido con un fluido (liquido o gas), si può sempre definire una tensione superficiale (che in questo caso si chiama più propriamente tensione *interfacciale*) proprio come l'energia per unità di area necessaria a creare una superficie di contatto tra questi due mezzi.

---

[4] Il fatto stupefacente è che queste goccioline sono spaziate in modo estremamente *regolare*: spiegarvi il perché è però un po' troppo difficile.

4.2 Schizofrenia molecolare: i tensioattivi

È venuto il momento di fare uno scherzo, cattivello ma efficace, ai nostri insettini miracolosi (mi perdoni la Lega Protezione Gerridi, se esiste). Provate a versare nel delizioso laghetto su cui galleggiano, pattinano, o fanno altre cose, una piccola quantità di sapone liquido, di bagno schiuma, o di qualsivoglia detersivo (chiedo perdono anche alla Lega Protezione Laghetti Limpidi). Vi assicuro che ne basta poco poco: anzi, visto che ci siete, insaponatevi voi e fate un bel bagno. L'effetto è sconcertante: in un tempo molto breve i nostri gerridi cominciano ad annaspare, per poi affondare inesorabilmente[5]. Che cosa è successo? Sembra che quella miracolosa pellicina elastica che li sorreggeva sia improvvisamente scomparsa: di fatto è proprio così, la tensione superficiale dell'acqua è crollata clamorosamente. Il segreto è in realtà tutto racchiuso nel nome "tecnico" delle molecole che costituiscono i saponi o quelli che chiamiamo in generale "detergenti": *tensioattivi*, ossia molecole che agiscono sulla tensione superficiale.

Che cosa hanno di così particolare queste molecole, anzi una classe più ampia di composti chimici che passano sotto il nome di molecole anfifiliche o *anfifili*, per generare un effetto così notevole anche quando sono presenti a bassissime concentrazioni? Abbiamo visto che, nei confronti dell'acqua, le sostanze possono essere divise in due grandi categorie: quelle che la amano (molecole, composti, superfici *idrofiliche*) e quelle che la odiano (i loro equivalenti *idrofobici*). È vero, ci sono anche molecole lievemente indecise che sembrano stare un po' su due fronti, amano l'acqua ma non troppo: tuttavia l'unica conseguenza è che sono solubili in acqua, ma solo per concentrazioni non troppo alte (e lo stesso vale per la loro solubilità in olio). Anziché indecisi, gli anfifili sono viceversa del tutto schizofrenici, tanto da poter essere fisicamente scomponibili in due parti ben distinte: l'una che ama alla follia l'acqua, l'altra anch'essa amante smodata, ma dell'olio (o in generale dei solventi idrofobici). Insomma, come Giano bifronte, il dio che mostrava alternativamente la faccia pacifica o quella bellicosa, questi "ermafroditi molecolari" portano in se entrambe le nature, *sia* quella idrofobica *che* quella idrofilica: d'altronde, in greco il termine "anfifilo" significa proprio "che ama entrambi".

---

[5] L'esperimento qualcuno l'ha fatto *davvero*: cercate su YouTube.

Incontreremo molti tipi di molecole anfifiliche, ma per il momento limitiamoci a fare la conoscenza di un rappresentante di particolare importanza, almeno per ragioni storiche, che ci farà da guida nel nostro viaggio tra queste preziose molecole. Quelli dei miei lettori che proprio giovanissimi non sono, ricorderanno un detersivo per indumenti che andava per la maggiore almeno fino alla fine degli anni '70, il *Lauril*. Quando ero piccolo mi chiedevo da dove venisse questo strano nome, che sembra avere a che fare più con aromi per arrosto o carriere universitarie che con calzini o colletti lindi. Per averlo incontrato davvero spesso nel mio lavoro, ora so che il nome deriva dal principale componente attivo presente nel detersivo, che si chiama sodio lauril-solfato. In realtà, questa è una vecchia denominazione (che effettivamente qualcosa a che vedere con l'alloro ce l'ha), mentre il nome più corretto, ma non molto più semplice, è quello di **sodio dodecil-solfato**: comunque, tutti lo chiamano familiarmente SDS, e così faremo anche noi. Come è fatto dunque l'SDS? La parte idrofobica è una catena idrocarburica, del tutto simile a quella che costituisce il polietilene che abbiamo incontrato nel capitolo precedente, ma molto corta, perché costituita da soli 12 atomi di carbonio. La parte idrofilica è invece semplicemente un sale, il solfato di sodio, che come tutti i sali ama l'acqua. Una semplice rappresentazione chimica della molecola di SDS è questa:

$$CH_3 - (CH_2)_{11} - O - \overset{\displaystyle O}{\underset{\displaystyle O}{\overset{\|}{\underset{\|}{S}}}} - O^- + Na^+$$

Se vi siete spaventati, tenete conto che è uno dei tensioattivi più semplici (in ogni caso, delle formule chimiche per fortuna ce ne faremo poco o niente). Quando l'SDS viene sciolto in acqua, lo ione sodio Na^+ si libera in soluzione, mentre il gruppo solfato (SO_4^-), carico negativamente, rimane attaccato alla catena. Tutta la molecola è comunque lunga solo poco più di 2 nanometri, e assomiglia a un girino in cui a una "testa" idrofilica (lo ione solfato) è attaccata una "coda" idrofobica. Una rappresentazione più realistica dell'SDS è mostrata in Fig. 4.3.

Questa è in realtà la struttura generale di tutte le molecole anfifiliche, che differiscono tra di loro per il tipo di testa idrofilica e non solo per la natura, ma anche per il *numero* di code idrofobi-

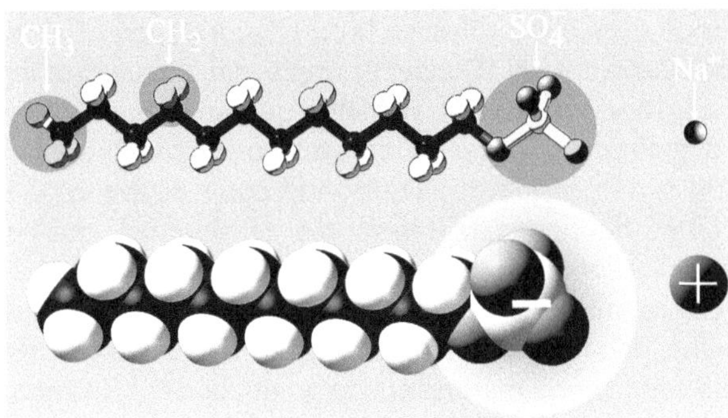

Fig. 4.3. Molecola di SDS

che. Come Virgilio per Dante, l'SDS ci sarà infatti d'aiuto solo nella prima parte del nostro viaggio: per andare oltre avremo bisogno di conoscere una "Beatrice" con *due* code, che ci guiderà nel vero Paradiso degli anfifili, perché queste angeliche molecole bicaudali non servono tanto a lavare mani, piatti o vestiti, quanto a costruire cose che ci stanno molto a cuore: nello specifico, voi e me.

Che cosa accade quindi quando aggiungiamo all'acqua un tensioattivo come l'SDS? Per prima cosa, le molecole anfifiliche cercano di andarsi a mettere nei soli posti in cui entrambe le loro "esigenze affettive" sono soddisfatte: quindi, in primo luogo alla superficie, inframmezzandosi tra aria e acqua e ponendo le code idrofobiche (che così non si bagnano) verso la prima, le teste idrofiliche verso la seconda (il che le rende felici). La stessa cosa avviene anche sulle pareti del contenitore, se questo è fatto di un materiale idrofobico come la plastica. Quello che si forma alla superficie o sulle pareti è allora un *monostrato*, cioè un sottilissimo straterello di tensioattivo con uno spessore pari alla lunghezza di una molecola anfifilica. Dato che il monostrato è così sottile, bastano quantità ridicole di tensioattivo per coprire una superficie enorme: per esempio, per ricoprire la superficie di una piscina olimpica basta poco più di *un grammo* di SDS. Conseguenza immediata della formazione del monostrato è una *riduzione sostanziale* della tensione superficiale: ora infatti l'aria non è più a diretto contatto con l'acqua, ma con le code dei tensioattivi e questo, come abbiamo detto, equivale più o meno a essere a contatto con una superficie di un olio idrofobico, la cui tensione superficiale è molto minore. L'aggiunta di SDS, per esempio, dimezza approssimativamente la tensione superficiale dell'acqua, rendendola poco superiore a quella del dodecano, l'idrocarburo che costituisce la catena idrofobica del tensioattivo. D'altronde, come dicevano i latini, *nomen omen*, nel nome sta il destino: i "tensio-attivi" qualcosa alla tensione superficiale dovevano pur fare.

C'è una conseguenza curiosa di quanto abbiamo appena visto. A noi fisici è noto che la tensione superficiale ha parecchio a che vedere con le onde marine: non le grandi onde, il cui andare su e giù dipende dalla forza peso, ma quelle piccole increspature create dal vento, da cui però anche le grandi onde hanno origine. Ma molto prima dei fisici, l'avevano intuito gli antichi navigatori. Plinio il Vecchio, nelle sue *Naturalis Historiae*, ci racconta infatti come i marinai romani, per placare le tempeste in arrivo, usassero versare sul mare (con congruo anticipo) dell'olio d'oliva. Ora, questo stupendo alimento, molto più che un semplice olio, contiene anch'esso come vedremo, delle molecole molto simili a quelle anfifiliche (a dire il vero, quindi, quando parleremo di "olio" non ci riferiremo tanto all'olio di oliva, che del tutto idrofobico non è, ma agli "oli minerali", cioè in sostanza agli idrocarburi), e il film d'olio sulla superficie del mare riduce notevolmente la formazione delle onde. Diciotto secoli più tardi, Benjamin Franklin, con qualche semplice esperimento compiuto su di un limpido laghetto dell'Inghilterra del nord (a quel tempo non c'era alcuna Lega Protezione Laghetti Limpidi a impedirglielo), ebbe il merito[6] di riportare l'attenzione su questo fenomeno, aprendo la strada alla conoscenza della tensione superficiale. È davvero sorprendente come Franklin, quando ancora atomi e molecole erano più una speculazione dei filosofi che realtà scientifiche accettate, abbia fin dall'inizio avuto ben chiaro che cosa avvenisse, e in particolare il fatto che lo spessore dello strato fosse pari alla dimensione di una molecola. Ma è addirittura stupefacente come, una volta capito ciò, non abbia fatto il passo successivo, cioè *calcolare* la lunghezza di una molecola dal rapporto tra la quantità di olio versata, che conosceva, e l'area della macchia che si formava sul laghetto che poteva misurare

---

[6] Oltre a quello di inventare il parafulmine, concepire un tipo rivoluzionario di stufa per il riscaldamento ed essere il primo firmatario della Dichiarazione d'Indipendenza degli Stati Uniti. Il tutto trovando il tempo per un apprezzabile numero di avventure amorose: un tipo attivo, non c'è che dire…

(a suo discapito, non facile però da vedere, a meno di non ricorrere a trucchi particolari): sarebbe stato davvero un passo storico per la scienza, compiuto oltre un secolo prima delle prime evidenze sperimentali dell'esistenza degli atomi!

Fu solo nei primo ventennio del XX secolo che un altro americano, Irving Langmuir, pose le basi per lo studio quantitativo dei film superficiali che gli valse il premio Nobel nel 1932 e che ancora oggi è un attivo argomento di ricerca, specialmente per il suo interesse nelle nanotecnologie. Ma anche se va a Langmuir il merito di essere il vero "padre fondatore" della fisica delle superfici, voglio qui ricordare un altro personaggio che diede un contributo fondamentale allo sviluppo sperimentale di questa scienza e che la storia, come spesso succede, ha messo un po' in disparte. Forse perché Agnes Pockels era una donna, e per di più non una scienziata (avrebbe voluto diventarlo, ma a quei tempi, per le donne, le università tedesche erano *off limits*), ma una semplice casalinga. Appassionata però di scienza, al punto da usare la propria cucina come laboratorio per esperimenti sulla tensione superficiale e, forse proprio perché casalinga, da intuire che queste misure richiedono una grande pulizia delle superfici. Ciò la spinse a sviluppare un metodo, a costruire con le proprie mani un apparato e a compiere osservazioni che, in quanto a ingegno, hanno dell'incredibile. Convinta dell'interesse di quanto aveva fatto, Agnes ebbe l'ardire di scrivere a un luminare come Lord Rayleigh (il fisico che, tra l'altro, spiegò l'origine dello scattering di luce) il quale a sua volta, compresa subito l'importanza dei risultati, ebbe il merito di darle il giusto riconoscimento, aiutandola a pubblicarli nel 1891 (quando Langmuir aveva dieci anni) su *Nature*, già allora rivista principe della scienza[7]. Un brindisi dunque per Agnes, o mia originaria lettrice!

L'effetto superficiale dei tensioattivi si può mettere chiaramente in luce costruendo una barchetta con un "motore a sapone", con cui potete tra l'altro far divertire i vostri bambini. È sufficiente prendere uno stuzzicadenti, immergerne un'estremità nel sapone liquido e poi appoggiarlo sulla superficie dell'acqua con cui avre-

---

[7] Per ironia della sorte, Friedrich, il fratello minore di Agnes, è invece ben più noto ai fisici per aver scoperto un effetto ottico di particolare interesse per i laser ultraveloci, anche se, complessivamente, il contributo di Agnes alla scienza è a mio avviso molto più rilevante. Per inciso entrambi i fratelli, per quanto di famiglia tedesca, nacquero a Venezia.

te riempito il lavandino. Dalla parte saponata (che diverrà la poppa della nostra barchetta) le molecole di tensioattivo si spargono rapidamente sull'acqua, riducendone la tensione superficiale: ora però l'acqua "tira" la superficie dello stuzzicadenti *più forte a prua che a poppa*, e come risultato quest'ultimo schizza in avanti[8]. Uno stuzzicadenti non è una gran barca, ma sono sicuro che i papà sapranno fare molto di meglio…

Come abbiamo detto, i tensioattivi formano un film su tutte le superfici idrofobiche. In particolare, quindi, anche sulla superficie di particelle colloidali disperse, costituite spesso da materiali che non amano particolarmente l'acqua. Questo è proprio uno dei modi in cui si può creare quella lieve peluria sulla superficie dei colloidi che impedisce alle particelle di avvicinarsi fino al punto in cui le forze attrattive di dispersione diventano particolarmente intense. I tensioattivi sono quindi ampiamente utilizzati per *stabilizzare* dispersioni colloidali anche in presenza di sali che schermino la repulsione di carica. Prima di continuare la nostra storia, soffermiamoci ancora un po' sui film superficiali di tensioattivi, perché sono all'origine di una delle meraviglie della nostra infanzia.

4.3 Bolle di sapone, paradiso dei bimbi e dei matematici

Immaginate di prendere una goccia d'acqua e di provare a soffiarci dentro dell'aria con una cannuccia: riuscireste a gonfiarla fino a farne un palloncino? Ovviamente no, perché, come abbiamo visto, aumentare la superficie costa energia: il nostro palloncino scoppierebbe subito e l'acqua si ritrarrebbe immediatamente, tornando a essere una gocciolina. Ma l'esperienza ci insegna che al contrario, aggiungendo all'acqua un po' di sapone, è facile creare con una semplice cannuccia quelle stupende bolle iridescenti che da bimbi ci lasciavano a bocca aperta. Che cosa è successo? Per quanto abbiamo appena visto, il tensioattivo forma uno strato *sia* sulla superficie esterna della bolla che su quella *interna*, rivolta verso l'aria che abbiamo introdotto con la cannuccia, abbassando la tensione superficiale e permettendo di formare un "palloncino",

---

[8] Il moto naturalmente non va avanti all'infinito, ma solo fino a quando lo stuzzicadenti non è completamente circondato dal film di sapone e la tensione superficiale circostante diviene uniforme.

dove la membrana elastica è in realtà un sottile film (ossia una pellicola) d'acqua ricoperto *dalle due parti* di tensioattivo: a pensarci bene, quindi, più che bolle di sapone dovremmo chiamarle "bolle d'acqua"[9]. Tra parentesi, anche se la cosa funziona più o meno bene con tutti i tipi di saponi e in generale di tensioattivi, proprio il nostro SDS è particolarmente adatto per fare bolle di sapone.

Che questo film sia davvero *molto* sottile ce lo dicono proprio i mille colori sulla superficie delle bolle che tanto ci stupivano e spero vi stupiscano ancora. Come mai tanti colori, quando l'acqua è completamente trasparente? La luce che colpisce la bolla viene in parte riflessa sia dalla prima superficie di separazione tra acqua e aria che incontra che dalla seconda, quella interna. Se il film è spesso, non succede niente di particolare e vediamo solo un po' di luce riflessa, somma degli effetti dovuti alle due riflessioni, che non ha un colore particolare, o meglio contiene tutti i colori della luce del sole che illumina la bolla. Questo avviene per una bolla appena formata, dove il film ha uno spessore che può essere di qualche decina di micron. Ma il film cambia rapidamente, sia perché il peso trascina l'acqua verso il basso, cosicché la bolla diviene sempre meno spessa nella parte superiore, sia soprattutto perché l'acqua evapora rapidamente da una superficie così estesa, riducendo complessivamente il suo spessore. Quando lo spessore del film diventa molto piccolo, fino a essere vicino al valore delle lunghezza d'onda che compongono la luce (che, ricordiamo, per la luce visibile sono dell'ordine di frazioni di micron), allora le cose cambiano a causa di quel fenomeno ottico che si chiama *interfenza*. Le due riflessioni talvolta, anziché sommarsi semplicemente, si rafforzano a vicenda, dando origine a un'intensità luminosa mag-

---

[9] In realtà il tensioattivo gioca anche un ruolo più sottile, perché ha anche una funzione stabilizzante nei confronti della bolla. Se infatti in un qualche punto il film viene un po' stirato, diventando più sottile, il tensioattivo sulle superfici si diluisce (le molecole anfifiliche si allontanano): ma allora la tensione superficiale in quella regione *aumenta*, ciò richiama acqua dalle zone circostanti e, come risultato, il film tende a ritornare al suo spessore originario, ossia in qualche modo si "autoripara". Questo fenomeno, che è detto *effetto Marangoni* e ha molto a che vedere con la nostra barchetta a sapone, spiega anche come mai, se ve ne stati immersi in una vasca da bagno coperta di bolle e passate sulla superficie una spugna imbevuta di sapone (*diverso* dal bagno schiuma), buona parte delle bolle faccia rapidamente una fine miseranda. Oppure, in modo più sottile, perché si vedano spesso delle chiare "dita" di cognac o di whisky scendere dalla parte libera del bicchiere lungo le pareti (specialmente se lo scaldate un po'). Spiegare però in maniera dettagliata tutti questi fenomeni è davvero troppo difficile per gli scopi di questo libriccino.

giore della somma delle due (se le riflessioni sono uguali, pari a *quattro volte* ciascuna di esse), mentre in altri casi "litigano" tra di loro, annullandosi a vicenda. Il fatto che litighino o si rafforzino dipende però in maniera decisiva proprio dal valore specifico della lunghezza d'onda. Per esempio, se illuminiamo la bolla con luce bianca, le "componenti rosse" delle due riflessioni potrebbero eliminarsi a vicenda: come risultato, avremo una luce riflessa che non contiene più il rosso e che quindi appare verde-blu[10].

I tanti colori delle bolle sono quindi una specie di "impronta digitale" che ci dice implicitamente quanto è spesso punto per punto il film d'acqua. Per leggere queste impronte non serve il RIS, bastano i fisici, di solito molto meno perspicaci nelle cose di tutti i giorni: così l'analisi interferometrica fatta a partire dai colori riflessi è diventata da tempo una tecnica semplice ed efficace utilizzata per analizzare, anche industrialmente, lo spessore di film sottili di un materiale trasparente. Nelle bolle di sapone, poi, l'acqua non è ferma, ma generalmente in moto vorticoso, causato soprattutto dall'evaporazione: questa turbolenta agitazione cambia punto per punto lo spessore del film di poco, ma quanto basta per dare origine al turbinio di colori che credo tutti avete sicuramente osservato.

Per osservare questi splendidi colori non è necessario creare una bolla, basta immergere nell'acqua saponata un supporto di filo metallico, per esempio a forma di anello, estraendolo poi delicatamente: in questo modo si forma una pellicola saponata *aperta*, che aderisce al filo e mostra, per le stesse ragioni viste per le bolle, un arcobaleno di magnifici colori che variano nel tempo. Una rapida ricerca su Internet vi permetterà di scoprire quanto vari e sorprendenti siano i motivi cromatici che si possono ottenere. Io ho pensato però di mostrarvene in Tavola 5 un esempio piuttosto speciale, ottenuto facendo "danzare" un film di sapone a ritmo di musica. Questa tecnica, sviluppata da Giuseppe Caglioti proprio presso l'ateneo in cui lavoro, permette di ottenere una combinazione di sensazioni visuali e auditive davvero suggestiva.

---

[10] Se il film diviene *molto* più sottile della lunghezza d'onda (prima che la bolla si rompa, può scendere fino a 5-10 nm), succede qualcosa di ancora più spettacolare: le onde riflesse, *qualunque* sia la lunghezza d'onda, si distruggono sempre a vicenda. Come risultato, il film non riflette più niente e diviene totalmente trasparente (se poi dietro la bolla mettiamo uno sfondo nero, nero ci appare anche il film, che è infatti chiamato tecnicamente *black film*).

Rendendo più complessa la struttura che sorregge il film, si possono ottenere forme complicate e affascinanti: per esempio, se utilizziamo un telaio fatto come il contorno di un dado, non si creano pellicole corrispondenti alle superfici laterali del cubo, bensì film piani che penetrano al suo interno, unendosi tra loro in modo complicato ma ben definito. Qualcosa di ancora più strano accade se prendiamo due anelli di fil di ferro, tenuti parallelamente tra loro a una certa distanza, e facciamo in modo che il film di sapone si formi solo tra un anello e l'altro (cioè non sul piano dell'anello). Potremmo aspettarci che la superficie di contorno che si forma sia cilindrica, ma non è così: tra un anello e l'altro la superficie *si incurva all'indentro* in modo molto preciso.

Che cosa governa la forma che assumono questi film, il modo in cui si uniscono, la loro eventuale curvatura? Molto di ciò che sappiamo lo dobbiamo al lavoro paziente di un fisico belga, Joseph Plateau. Fin da ragazzo Plateau, che tra l'altro aveva anche un'ottima mano per il disegno[11], fu affascinato dai meccanismi della visione e soprattutto dal modo in cui le immagini persistono sulla retina, il che lo portò a realizzare veri e propri antenati del cinematografo come il "fenachistoscopio", che utilizzavano meccanismi di animazione basati su quest'effetto. Il principale contributo alla scienza di Plateau, frutto di decenni di osservazioni, è comunque il suo lavoro del 1873 *Statique expérimentale et théorique des liquides soumis aux seules forces moléculaires*, dove vengono enunciate le leggi che governano l'organizzazione dei film di sapone[12]. La cosa davvero sorprendente è che, quando il lavoro venne pubblicato, Plateau era ormai da quasi trent'anni completamente *cieco*. Colpito da questa grave infermità, il cui progredire egli ebbe la forza di descrivere scientificamente nei dettagli, poco dopo aver iniziato gli studi sui fenomeni di tensione superficiale[13], Plateau si avvalse dell'aiuto della moglie Fanny, che ogni giorno oltre a leggergli

---

[11] Sembra che, mentre gli abitanti del luogo cercavano di sfuggire alla battaglia di Waterloo, che si combatteva vicino alla sua casa natale, Plateau sia rimasto nei boschi circostanti a dipingere gli splendidi colori delle farfalle.

[12] Plateau utilizzava miscele fatte di 3 parti si soluzione di sapone di Marsiglia con due parti di glicerina. Funzione della glicerina è quella di aumentare la viscosità dell'acqua, in modo tale da rallentare il processo di assottigliamento del film per effetto della gravità. Questo trucco particolarmente efficace è ancora comunemente utilizzato per produrre film e bolle di sapone di lunga vita.

[13] Il fatto che ciò sia stato una conseguenza dell'osservazione prolungata e diretta del Sole, come spesso riportato, non ha invece alcun fondamento storico.

articoli e lavori provvedeva a trascriverne le idee, della sorella Joséphine, anch'essa ottima disegnatrice, e soprattutto di parenti e amici, per portare avanti, in modo direi eroico, i suoi studi.

Riguardo ai film costruiti su tralicci di filo di ferro, le osservazioni di Plateau si possono riassumere in questo modo:

1. ogni spigolo del traliccio di filo sostiene *un solo* film;

2. i film si incontrano sempre a tre a tre lungo una *linea*, formando tra loro angoli di esattamente 120°;

3. in un *punto*, invece, si devono incontrare sempre *quattro* film, formando tra loro angoli di poco meno di 110° (per l'esattezza, quelli formati ai vertici di un tetraedro, il solido geometrico regolare con quattro facce triangolari).

Ricordando quale sia il significato della tensione superficiale, non è difficile capire perché debba essere così (in particolare, se si devono bilanciare le forze con cui i film tirano lo spigolo in comune, la seconda legge è quasi banale, provate a vederlo anche voi).

Ciò che è davvero interessante, è che i film di sapone permettono di risolvere sperimentalmente problemi geometrici di "minimizzazione" che, pur sembrando apparentemente semplici, costituiscono invece un grattacapo di estrema complessità per i matematici. Supponete per esempio di voler collegare con delle autostrade quattro città disposte ai vertici di un quadrato di lato 100 km (per semplicità, supponiamo anche che non esistano ostacoli geografici che impediscano di tracciare strade rettilinee). Un modo banale (sicuramente il più comodo per i viaggiatori) per farlo è quello dello schema 1 in Fig. 4.4, dove tutte le città sono collegate tra loro: questo vuol dire costruire quattro spigoli di 100 km, più due diagonali lunghe $\sqrt{2} \times 100 \simeq 141,5$ km, per un totale di circa 683 km di asfalto. Ma siccome il nostro budget è limitato (e inoltre non vogliamo cementificare senza ritegno la pianura), quello che vogliamo in realtà è costruire un sistema viario che abbia la *minima* lunghezza totale. Potremmo pensare allora di seguire lo schema 2, che permette comunque di raggiungere da una città qualunque altra con soli 300 km, anche se la cosa non farebbe troppo piacere a chi debba partire da *A* per arrivare a *D* o viceversa. Possiamo fare certamente di meglio usando in modo opportuno gli *incroci*: in uno schema come il 3, dove usiamo solo le diagonali dello schema 1 e sfruttiamo l'incrocio per cambiare strada, ci bastano $2 \times 100 \times \sqrt{2} \simeq 283$ km per risolvere il problema, con una distribuzione molto più equa delle fatiche dei viaggiatori. Sembrerebbe la soluzione ideale, ma non è vero: usando solo la geometria imparata alle medie, non è difficile vedere che lo schema 4 è *ancora* più corto di circa il 4%[14].

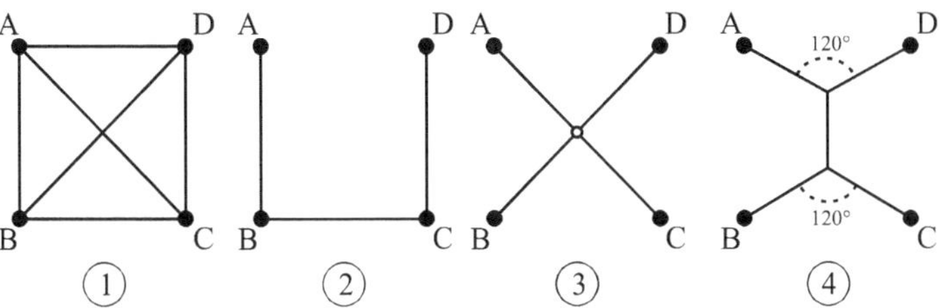

Fig. 4.4. Il problema delle autostrade

In questo caso, una dimostrazione matematica del fatto che il percorso 4 sia effettivamente il più corto (anche se non è l'unico) non è difficile, ma le cose si complicano enormemente non appena il numero delle città cresce o se le loro posizioni non si trovano più su un poligono regolare. Ciò che è sorprendente è tuttavia che la soluzione esatta può essere semplicemente ottenuta prendendo due lastrine di plexiglass trasparente separate da spessori costituiti da cilindretti, che rappresentano le posizioni delle città, e osservando la struttura dei film di sapone che connettono i cilindretti dopo aver immerso le lastrine in acqua e sapone. La ragione è molto semplice: proprio per ridurre il più possibile l'energia di superficie associata alla tensione superficiale, la superficie totale dei film che si formano (e quindi la lunghezza totale dei loro bordi) dev'essere *necessariamente* minima.

Ancora più interessante per i matematici è lo studio dei film di sapone *curvi*. Per capirne l'importanza, dobbiamo tornare brevemente alle bolle di sapone e introdurre un concetto che ci sarà molto utile in seguito. Per gonfiare un palloncino dovete soffiarci dentro: in questo modo la maggiore pressione dell'aria all'interno si oppone alla tensione elastica della membrana, che vorrebbe far ritrarre il pallone. La stessa cosa deve allora succedere anche per

---

[14] Per l'esattezza, si ottiene in questo caso una lunghezza totale pari a $100(1 + \sqrt{3}) \simeq 273$ km.

una bolla di sapone (o anche, più semplicemente, per una goccia d'acqua nell'aria o una bolla di gas in un liquido), ossia *la pressione deve essere più grande all'interno che all'esterno*. Di quanto? Partendo dalla definizione di tensione superficiale non è troppo difficile calcolarlo, ma noi useremo un trucco molto utile in fisica, che ci permetterà, se non di calcolare il valore esatto, di vedere almeno come questo eccesso di pressione dipende dal raggio R della bolla: la cosiddetta "analisi dimensionale". Per costruire l'eccesso di pressione abbiamo a disposizione solo due "ingredienti", γ ed R. Ma γ è una forza per unità di lunghezza: l'unico modo per ottenere una pressione, che è una forza per unità di *superficie*, è allora quello dividere ancora γ per una lunghezza, che sarà proprio R. Quindi l'eccesso di pressione, che viene detto *pressione di Laplace*, dovrà essere proporzionale a γ/R: di fatto, un calcolo preciso mostra che vale $2\gamma/R$ per una goccia di gas o una bolla di liquido semplici, mentre è pari a $4\gamma/R$ per una bolla di sapone, perché qui ci sono *due* superfici (naturalmente, in quest'ultimo caso γ è la tensione superficiale in presenza del film di sapone, che è molto minore). La cosa interessante è che *più piccola è la bolla più grande è la pressione interna*: se potessimo collegare due bolle di sapone di diverso raggio, senza farle scoppiare, sarebbe allora la bolla *più piccola* a "sgonfiarsi", gonfiando quella di raggio maggiore, e più la bolla piccola si rimpicciolisce, più *aumenta* la sua pressione interna, rendendo il fenomeno ancora più rapido[15]!

Un film di sapone curvo implica allora una differenza di pressione tra le due regioni di spazio che separa. Ma che cosa succede se prendiamo due anelli distanziati e creiamo un film di sapone solo sulle superfici laterali, lasciando *aperti* i piani degli anelli? Qui la pressione interna deve essere necessariamente uguale a quella esterna, visto che il "fuori" e il "dentro" sono collegati, eppure il film, per seguire il contorno degli anelli, *deve* essere curvo: sembra davvero che ci sia un paradosso. In realtà, come ho già accennato, la superficie del film non è cilindrica, ma ha anche una curvatura *nell'altro senso*: se guardiamo solo metà della superficie, questa assomiglia in qualche modo a una sella da equitazione. Da un punto di vista matematico, queste due curvature opposte si combina-

---

[15] Questo non vale per un palloncino di gomma perché, per quanto abbiamo visto sull'elasticità delle gomme, oltre un certo raggio la sua elasticità cambia con la dimensione.

Tavola 1. Uova e osmosi. Dall'alto: le due uova originarie immerse in una soluzione di liquido anticalcare (A), quel che si ottiene lasciando per una mezza giornata l'uovo a destra in acqua pura e quello a sinistra in una soluzione satura di sale (B) e ciò che rimane al loro interno (C)

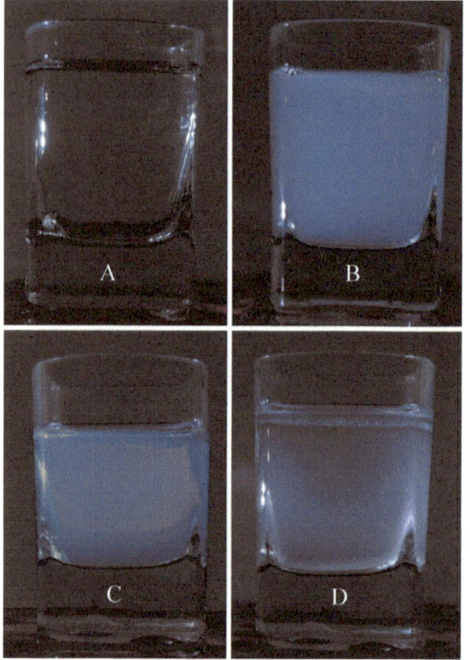

Tavola 2. Scattering di luce da: acqua potabile (A), latte scremato molto diluito (B), una sospensione diluita di particelle colloidali sferiche con raggio di 90 nm (C), una soluzione di sale fine da cucina (D). La sorgente di luce si trova a sinistra nel piano dell'immagine

Tavola 3. Celletta trasparente di polistirolo osservata in luce naturale (a sinistra) e tra due polarizzatori (a destra)

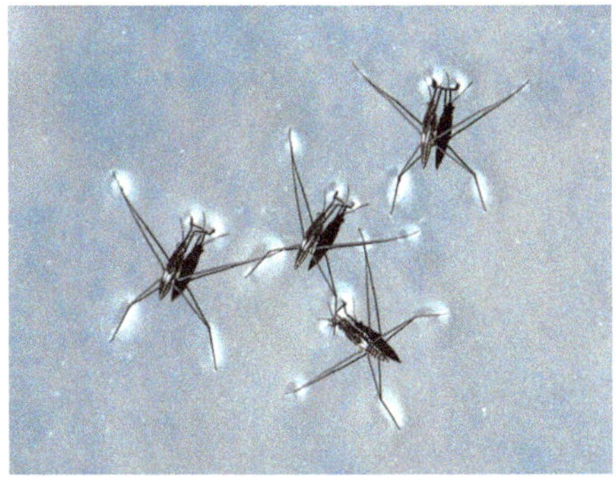

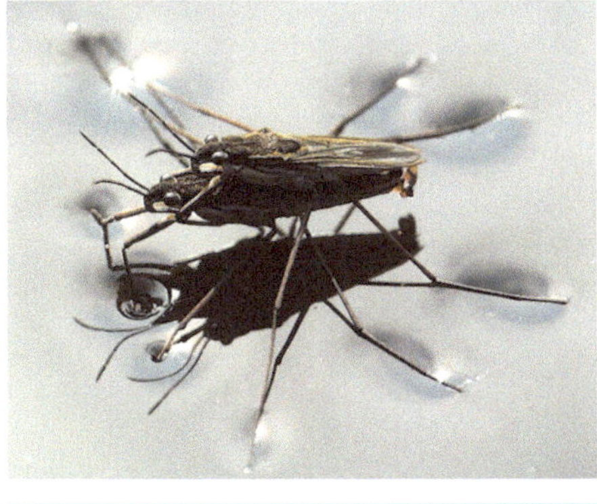

Tavola 4. Vita superficiale di gerridi sospesi sulla superfice dell'acqua. La figura in basso mostra come la tensione superficiale sia in grado di sostenere almeno due gerridi. [*Foto di Markus Gayda da Wikimedia Commons*]

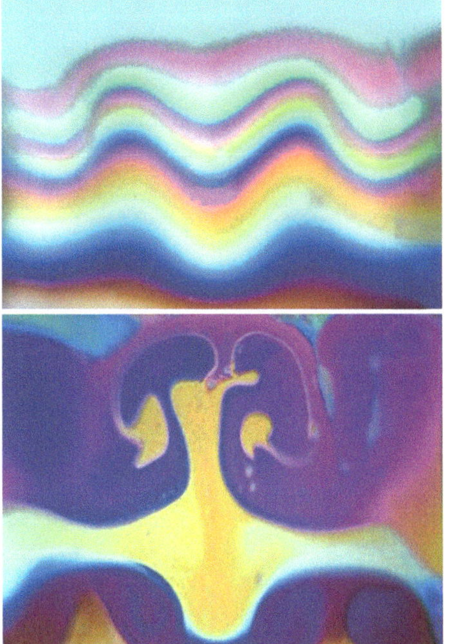

Tavola 5. Danza policromatica di film di sapone [*Immagini "Musicolor", per gentile concessione del Prof. Giuseppe Caglioti*]

Tavola 6. Cristallizzazione di una sospensione colloidale di sfere rigide [*Per gentile concessione del Prof. Peter Pusey*]

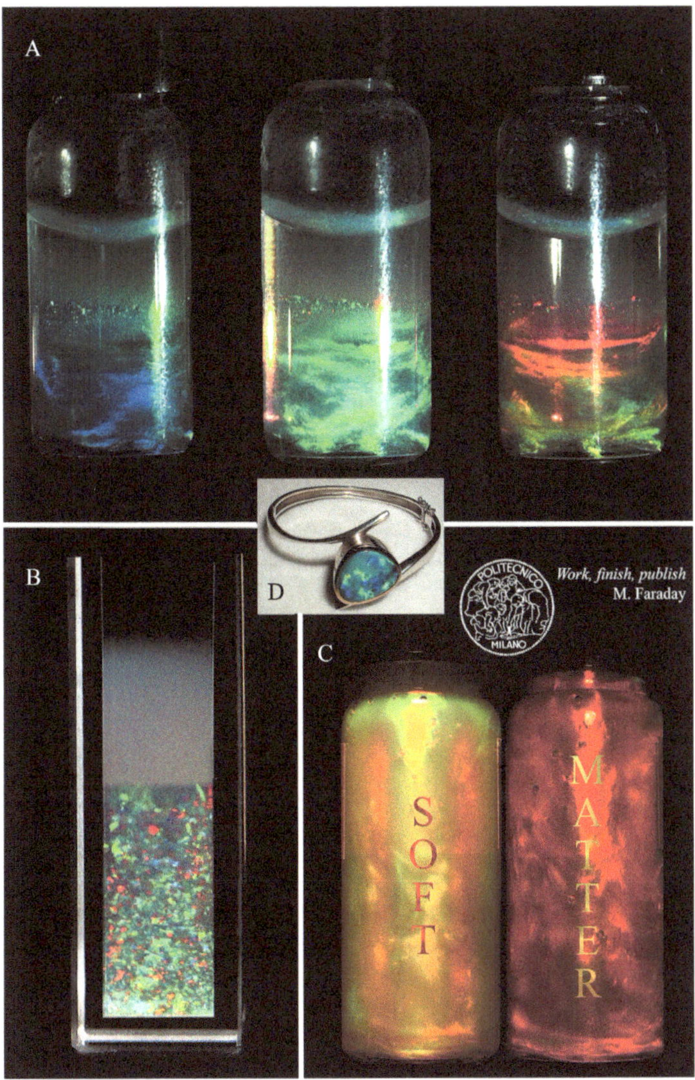

Tavola 7. Fantasia di cristalli colloidali. Le tre immagini nel quadro A si riferiscono allo stesso campione, fotografato a diversi angoli rispetto alla direzione della luce incidente (lo stesso vale per il logo del mio laboratorio, riprodotto in C). Il quadro B mostra una sospensione di colloidi carichi all'equilibrio di sedimentazione: il sedimento è costituito da una fase inferiore, sopra la quale si trova una fase liquida che non mostra picchi di Bragg. Al centro (D) è mostrato per confronto un opale naturale

Tavola 8. La "Big M&M's Ball" [*Per gentile concessione del Prof. Paul Chaikin*]

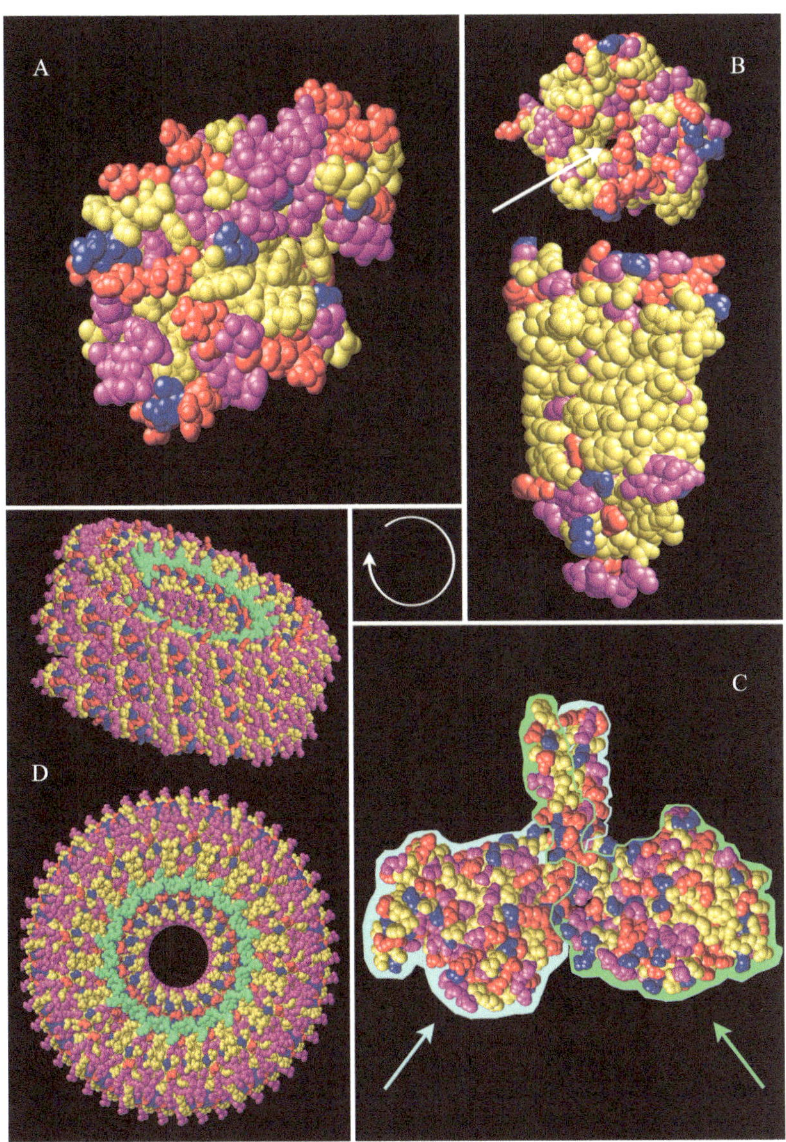

Tavola 9. Strutture tridimensionali del lisozima umano (A), di un'acquaporina (B), dei terminali della chinesina (C) e di un disco costitutivo del TMV (D). Gli aminoacidi idrofobici sono indicati in giallo, quelli polari in fucsia, e quelli positivi e negativi rispettivamente in rosso e blu. Nella struttura D, l'RNA del virus è in verde. [Fonte: *PDB, strutture 1iy4, 1h6i, 3kin e 2om3, rielaborate con software RasMol*]

Tavola 10. La nebulosa "Doppia elica", che si trova a soli 300 anni luce dall'enorme "buco nero" che occupa il centro della via Lattea, scoperta nel 2006 dal Telescopio Spaziale Spitzer (immagine nell'infrarosso, riprodotta in falsi colori). [Fonte: *NASA/JPL-Caltech*]

no, così che se si definisce in maniera opportuna una "curvatura totale" della superficie, che risulta *nulla*. La ricerca delle possibili superfici con curvatura totale nulla è uno dei problemi più complessi della geometria superiore: ancora una volta, vediamo come un po' di acqua saponata sia sufficiente a ottenere sperimentalmente superfici a curvatura nulla che hanno un preciso contorno, quello dato dal supporto di fil di ferro, a patto che il film di sapone non sia completamente chiuso e che perciò la pressione debba essere la stessa dalle due parti del film. I film di sapone rappresentano quindi una risorsa di estremo interesse per i matematici, che per una volta diventano degli sperimentali. Ma non solo per loro: lo studio di queste strutture trova largo impiego nell'architettura moderna, dove modelli con film di sapone vengono utilizzati per progettare le cosiddette *tensostrutture*, ossia per esempio i grandi tendoni per eventi e spettacoli.

$$A)\; p_{\text{int}} - p_{\text{est}} = \frac{2\gamma}{R} \qquad B)\; p_{\text{int}} - p_{\text{est}} = \frac{4\gamma}{R} \qquad C)\; p_{\text{int}} = p_{\text{est}}$$

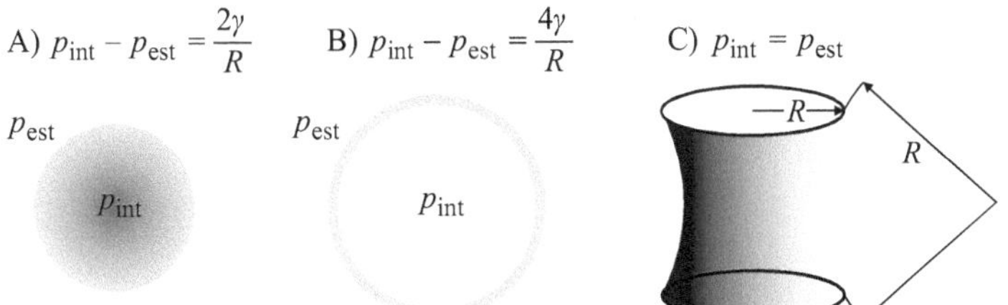

Fig. 4.5. Pressione di Laplace per una goccia (A) e per una bolla di sapone (B). In (C) è schematizzata la forma a curvatura totale nulla per un film di sapone aperto sostenuto tra due anelli di supporto

Un interesse ancor maggiore per le applicazioni tecnologiche rivestono le *schiume* di sapone, su cui torneremo in seguito. Per ora, voglio solo farvi notare come una comune schiuma, come quella da barba, *cambi* nel tempo: all'inizio è costituita da tante bolle di sapone a contatto, ma poi, per effetto del peso, l'acqua scivola progressivamente verso il basso lungo i film, questi si assottigliano, e la schiuma diviene una struttura disordinata di poliedri irregolari interconnessi. Questa prima evoluzione di una schiuma avviene piuttosto rapidamente, ma è seguita da una seconda fase, molto più lenta, in cui i film di sapone devono modificarsi per riuscire a soddisfare le leggi di Plateau e assumere così una struttura stabile. Un mio caro amico, Joel Stavans, è oggi professore al Weizmann Institute, la più prestigiosa istituzione scientifica israeliana, dove si occupa di problemi davvero complicati ai confini tra fisica e biologia. Ma uno dei suoi lavori più interessanti rimane forse quello fatto con James Glazier quando era studente di dottorato a Chicago. Joel e James presero due lastre di plexiglas separate da uno spessore, riempirono l'intercapedine di schiuma da barba, e seguirono poi lo sviluppo della struttura della schiuma per settimane semplicemente... mettendo le lastre sotto la fotocopiatrice. Più che un vero esperimento, sembrerebbe il tipico passatempo per giovani fisici con un po' di tempo libero: ma anche per questa semplice geometria piana l'evoluzione di una schiuma è tutt'altro che banale[16], al punto che fu determinata da John von Neumann, uno dei più grandi matematici del XX secolo e vero padre del computer, e ha grande interesse per settori apparentemente del tutto diversi, come quello della crescita dei cristalli.

4.4 Quando i tensioattivi trovano pace: le micelle

Chiediamoci ora che cosa succede quando *continuiamo* ad aggiungere tensioattivo. Quando deve decidere se solubilizzarsi, un tensioattivo si trova di fronte a un dilemma apparentemente insolubile: far contente le teste idrofiliche, che non aspettano altro, o piuttosto dar retta alle code idrofobiche, che rifuggono sdegnosamente dal contatto con l'acqua?

In realtà, *qualunque* sostanza, anche la più idrofobica, deve sciogliersi un po' nell'acqua. La ragione sta ancora una volta nel ruolo centrale giocato dall'entropia, che abbiamo cercato di introdurre parlando dell'elasticità dei polimeri. Supponiamo per esempio di far cadere nella vasca da bagno piena d'acqua una gocciolina di cera da una candela accesa. Come abbiamo visto, la cera è costituita da paraffine, lunghi idrocarburi che sono tra le sostanze meno solubili in acqua. Tuttavia, guardiamo le cose dal punto di vista di una singola molecola di paraffina: anche se in termini di *energia* sciogliersi le costa caro, perché i suoi rapporti con l'acqua sono davvero pessimi, la prospettiva di trasferirsi a

---

[16] Quello che si può subito vedere è che solo le bolle *esagonali* sono stabili, perché i lati dell'esagono formano tra di loro proprio angoli di 120°.

zigzagare in un mare d'acqua, che costituisce uno spazio libero praticamente infinito in cui muoversi, è davvero troppo allettante in termini di guadagno di entropia, e quindi la prima molecola sicuramente deciderà di farlo. Man mano che le molecole si sciolgono, tuttavia, la situazione cambia rapidamente: ora il guadagno di entropia è molto minore, perché lo spazio libero nella vasca deve essere suddiviso tra tutte le molecole che si sono già sciolte, e molto presto il gioco... non vale più la candela, dato il costo energetico. In pratica, sostanze come le paraffine sono solubili in acqua solo in quantità ridicolmente basse.

Per i tensioattivi, le cose vanno decisamente un po' meglio, grazie alle teste idrofiliche, ma anche in questo caso, al crescere della concentrazione il costo per solubilizzare molecole libere comincia a divenire pesante. A differenza che nel caso di un semplice composto idrofobico, tuttavia, un tensioattivo può trovare una soluzione davvero originale al problema, che gli consente anche di mettere pace alla sua natura schizofrenica. Raggiunta una specifica concentrazione, che viene detta *concentrazione critica micellare* (cmc), succedono una serie di fatti davvero strani. Innanzitutto, la tensione superficiale della soluzione, che era andata diminuendo man man che si aggiungeva tensioattivo[17], raggiunge un minimo e non cambia più, il che ci dice che la superficie di contatto con l'aria è *satura*, ossia più di così non si copre. Al di là della cmc, inoltre, se osserviamo la soluzione con una torcia, notiamo che anch'essa, così come il latte, è lievemente azzurrina, segno che *si sono formate particelle* decisamente più grosse rispetto alle molecole. Infine, cosa di fondamentale importanza per quanto diremo in seguito, se a questo punto aggiungiamo un po' di olio (ma non troppo) alla soluzione, ci accorgiamo che misteriosamente questo *si scioglie* (in altri termini, niente gocce d'olio galleggianti): il principio del "come olio e acqua" sembra non valere proprio più.

Che cosa è successo? Semplicemente, che le molecole anfifiliche hanno deciso di adottare il principio del "mal comune, mezzo gaudio", formando spontaneamente degli aggregati detti *micelle*. Il numero di molecole anfifiliche che costituisce un aggregato, detto *numero di aggregazione*, e anche la forma di una micella dipendono fortemente dal tipo di tensioattivo e dalle proprietà del solvente (per esempio, dal fatto che sia più o meno presente sa-

---

[17] Il tensioattivo si era quindi in realtà ripartito in parte in superficie e in parte una solubilizzata.

le): vedremo in seguito da che cosa sono determinati. Comunque, nel caso semplice dell'SDS (in acqua non troppo salata), le micelle sono delle sferette con un numero di aggregazione $N \simeq 80$. A differenza degli aggregati casuali di particelle colloidali che abbiamo incontrato nel primo capitolo, tuttavia, le micelle hanno una ben precisa struttura: le code idrofobiche se ne stanno il più possibile all'interno, venendo così schermate dal contatto con l'acqua dalle teste, situate al contrario sulla superficie esterna. Contenti tutti, dunque: ciascuna catena idrofobica, evitando il solvente circostante, se ne sta racchiusa in una gocciolina fatta di altre catene idrofobiche (che ama), mentre le teste idrofiliche godono del pieno contatto con l'acqua. Per ogni molecola di tensioattivo, il piccolo prezzo da pagare è di non avere più tutta la libertà di potersene andare in giro da sola, ma di doverla dividere con un discreto numero di sue simili.

Normalmente la cmc è davvero bassa: per l'SDS in acqua dolce, per esempio, supera di poco i due grammi per litro, mentre per altri tensioattivi che incontreremo presto può essere anche cento volte inferiore. Una rappresentazione molto schematica (direi quasi rozza) di una soluzione di SDS a concentrazione superiore alla cmc è mostrata in Fig. 4.6, dove le micelle sono in equilibrio con una concentrazione di tensioattivo libero pari alla cmc e con lo strato superficiale. Ho inoltre indicato con dei pallini bianchi gli ioni Na^+ che, per le stesse ragioni viste per le particelle colloidali cariche, sono concentrati soprattutto in "nuvolette" attorno alle micelle e in prossimità dello strato superficiale (giocano proprio il ruolo di controioni che abbiamo visto per le particelle cariche). Non dovete però pensare alle micelle come a degli aggregati statici, nel senso che una molecola di SDS, una volta che si è infilata in una micella, se ne stia lì per sempre: al contrario, le molecole di tensioattivo che si trovano nelle micelle e quelle in soluzione si scambiano in continuazione, al punto che il "tempo di residenza" di una specifica molecola in un aggregato è dell'ordine di qualche millisecondo. Le micelle sono quindi oggetti davvero dinamici: tuttavia, se potessimo ipoteticamente scattare un'istantanea di quanto si trova in soluzione[18], vedremmo che in ogni istante gli aggregati sono costituiti sempre più o meno dallo stesso numero di molecole.

---

[18] In realtà si può fare: anche se nessun microscopio ci può permettere di "vedere" le micelle in soluzione, la loro dimensione e il loro numero di aggregazione si ottengono con molta precisione da misure di scattering di luce.

Anche se la rappresentazione su un piano come in Fig. 4.6 rende molto male l'idea di una micella, non è difficile rendersi conto che, per riuscire a raggomitolarsi in una pallina, le catene idrofobiche non possono starsene dritte come un fuso, ma devono contorcersi abbondantemente, come quelle dei polimeri in soluzione. Il problema è che, rispetto a queste ultime, le code dei tensioattivi sono molto più corte e quindi, al di sotto di una certa temperatura (ricordiamo: a temperature più basse l'entropia conta meno), una configurazione estesa a zigzag diviene più favorevole (perché costa meno in termini di energia). Al di sotto di questa temperatura, che si dice *temperatura di Krafft*, le micelle non si possono più formare, la solubilità del tensioattivo decresce drasticamente, ed esso precipita sotto forma di cristallini: come vedremo, questo fatto è di primaria importanza nella formulazione di detersivi che non ci costringano a lavare ad alta temperatura.

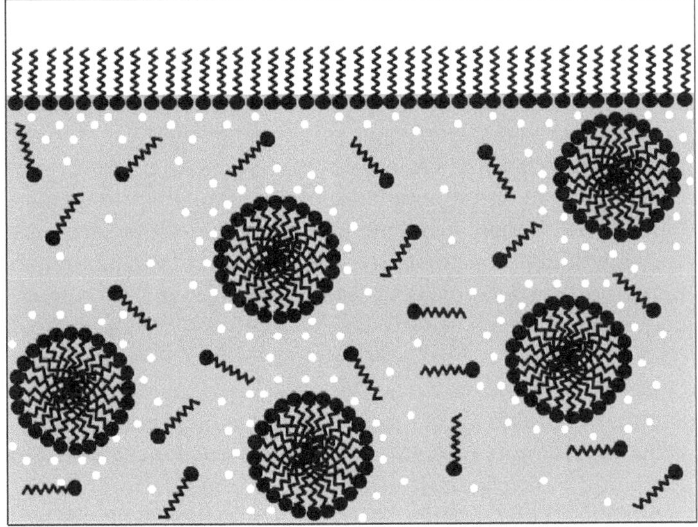

Fig. 4.6. Rappresentazione (rozza e schematica) di una soluzione micellare di SDS

4.5 Così bianco che più bianco non si può: la scienza della detergenza

C'è un gesto naturale che abbiamo tutti compiuto decine di migliaia di volte nella nostra vita, per esempio quando ci alziamo o prima di pranzare: lavarci le mani. Siamo così abituati a usare il sapone, solido o liquido che sia, da dare per scontato che questa meravigliosa sostanza, che permette di portar via efficacemente dalla pelle o dai tessuti sostanze grasse o in generale idrofobiche, accompagni l'uomo da sempre. Forse è così, dato che già una tavoletta Sumera del XXIII secolo a. C., quando la preparazione dei saponi era forse già nota agli Egizi, descrive come ottenerlo a partire da olio di cassia, la cannella cinese. Ma la storia del sapone non è così lineare: non sembra per esempio che i Romani ne facessero un grande uso, se non nel tardo Impero, mentre i riferimenti biblici al sapone sono più che altro libere interpretazioni dei traduttori. Solo con gli Arabi la produzione a partire da olio d'oliva e soda di saponi anche aromatici si diffuse prima nel mondo islamico e, molto più tardi, in Europa.

Tradizionalmente, il processo di saponificazione avviene trattando oli vegetali o grassi animali con soda caustica. La reazione dà origine a sali di sodio degli *acidi grassi*, composti di vitale importanza che ritroveremo nell'ultimo capitolo. Anche se meno "aggressivi", i saponi ricordano molto il nostro SDS e sono a tutti gli effetti dei tensioattivi, con una coda idrofobica più o meno lunga e una testa idrofilica costituita da un gruppo più semplice di quello solfato, ma sempre carico negativamente. Per inciso, fino al recente passato, dato che i saponi non erano certo economici, per lavare e sbiancare i tessuti o per le pulizie casalinghe (ma anche, molto diluita, per l'igiene personale), si usava soprattutto la lisciva, ottenuta bollendo in acqua la cenere (ricordate Cenerentola?) e ottenendo così essenzialmente una soluzione diluita di soda caustica con proprietà detergenti, sgrassanti e disinfettanti. L'azione della soda, che è fortemente basica, sui tessuti è soprattutto quella di ammorbidire le fibre, che così rilasciano lo sporco intrappolato, mentre nella pulizia delle superfici ha una funzione principalmente abrasiva: tuttavia, la soda induce probabilmente anche una lieve saponificazione dello sporco di natura organica, il che contribuisce alla sua capacità detergente.

Perché dunque il sapone funziona? Quanto abbiamo visto nel paragrafo precedente ci fornisce un indizio importante, mostrandoci come la solubilizzazione di sostanze idrofobiche, ossia la capacità di detergere da parte di un tensioattivo, comincia ad aver luogo *solo* quando si formano le micelle, che sono quindi essenziali per asportare i grassi. Il meccanismo è molto semplice: oli e grassi, che non hanno nessuna voglia di stare a contatto con l'acqua, possono essere però solubilizzati nel "cuore" di una micella, dove trovano un ambiente a loro del tutto consono. Come nel caso dell'assorbimento sulla superficie di particelle colloidali, ma in modo molto, molto più efficiente, le sostanze idrofobiche quindi "prendono l'autobus", facendosi trasportare in giro dalle micelle. Questa proprietà fondamentale, che rende i tensioattivi, come si dice in inglese, dei *carrier* di sostanze insolubili, costituisce la base non solo dei processi di detergenza, ossia delle strategie per asportare per esempio le sostanze grasse da superfici come la pelle, i tessuti, le stoviglie, ma anche di molti meccanismi di trasporto all'interno degli esseri viventi di sostanze di per se insolubili in acqua che incontreremo in seguito. Per esempio il colesterolo, termine che forse vi porta alla mente qualche severo ammonimento del vostro medico, ma che in ogni caso è una sostanza di vitale importanza per gli organismi, può essere trasportato solo all'interno delle micelle che si formano attraverso l'impegno congiunto di lecitina e sali biliari: quando questi non ce la fanno più a sopportare un impegno troppo gravoso, sono ovviamente problemi per le arterie su cui il colesterolo si deposita. Il problema della capacità di solubilizzazione da parte delle micelle dovrebbe quindi starci letteralmente… a cuore.

4.6   Una famiglia numerosa

I saponi e l'SDS non sono che due rappresentanti di una numerosissima famiglia di tensioattivi e più in generale di molecole anfifiliche, sia artificiali che naturali. Non usiamo lo stesso detergente per lavare la macchina o i capelli, né tantomeno ci laviamo i denti con il detersivo per lavastoviglie. A parte la detergenza, inoltre, i tensioattivi trovano impiego in innumerevoli altre applicazioni, tanto da costituire un mercato complessivo di decine di miliardi di dollari. Per capire come mai queste molecole siano così preziose per l'economia moderna, è opportuno a questo punto fare la conoscenza di qualche altro membro della famiglia. Come vedremo, le principali differenze tra i diversi tipi di anfifili nascono soprattutto dalla *natura* della testa idrofilica, o per il *numero* di code idrofobiche. Ci limiteremo per ora a quelli che sono propriamente detti "tensioattivi", riservandoci di tornare in seguito su un'altra grande classe di molecole anfifiliche essenziali per l'esistenza stessa della vita. In particolare, abbandonando quasi del tutto la fisica, mi concentrerò soprattutto sulla natura chimica della testa idrofilica, che ha particolare importanza nelle applicazioni. Mi perdonino gli amici chimici se quanto dirò sarà molto incompleto e decisamente… superficiale: d'altronde, con i tensioattivi, non può essere che così.

Tensioattivi anionici

Gli esempi più semplici di questi tensioattivi sono proprio i saponi ottenuti da acidi grassi o il sodio dedecil-solfato, nei quali la coda è una semplice catena idrofobica, mentre la testa è costituita da un sale che si ionizza in soluzione. Lo ione che rimane legato alla catena è carico negativamente (ricordiamo che un *anione* è proprio una carica negativa), mentre i controioni rilasciati in soluzione sono positivi. Gli anionici, oltre a essere stati i primi a essere sintetizzati, hanno costituito per lungo tempo il tipo più diffuso di tensioattivi, soprattutto per la loro ottima efficienza come detergenti, la capacità di formare facilmente schiume e il loro basso costo. Detersivi da bucato, sgrassatori e detergenti per pavimenti contengono generalmente una notevole percentuale di tensioattivi anionici, mentre concentrazioni più basse sono impiegate nelle schiume da barba, negli shampoo, nei bagni schiuma e persino nei dentifrici.

Ma, detergenza a parte, i tensioattivi anionici trovano largo impiego in molti settori industriali, che vanno dalla stabilizzazione dei pigmenti, alla formulazione dei cementi, nei quali per esempio migliorano la resistenza al gelo promuovendo la formazione di micro-bolle disperse che riducono le fratture, all'estrazione e nel "recupero assistito" del petrolio, di cui ci occuperemo. Per quello di cui parleremo in seguito, voglio anche sottolinearne il ruolo nelle moderne biotecnologie: come vedremo, metodi fondamentali per lo studio delle proteine fanno largo impiego proprio del nostro vecchio, caro SDS.

Spesso le micelle di tensioattivi anionici sono dunque semplicemente palline cariche, da questo punto di vista simili alle particelle colloidali che abbiamo incontrato nel Cap. 1, ma molto più piccole (il loro raggio è di pochi nanometri) e, soprattutto, "autoassemblate". Come abbiamo visto nel Cap. 2, il tipo di controioni presenti può avere effetti molto peculiari sul comportamento dei colloidi carichi. Per i tensioattivi anionici, la presenza di controioni bivalenti gioca un ruolo importante sulle proprietà detergenti. Nel caso dei saponi, anche una piccola quantità di ioni calcio Ca^{++} o magnesio Mg^{++}, presenti in abbondanza nelle acque dure o salmastre, provoca la formazione di sali insolubili, che (come ben sa chi abbia provato a lavarsi con acqua di mare) precipitano come un film untuoso sulla pelle. Ma anche nelle soluzioni di SDS o, in misura minore, di tensioattivi ionici più complicati come gli **alchil-benzene sulfonati**, che costituiscono ancor oggi il principale ingrediente attivo dei detersivi, gli ioni bivalenti provocano un sensibile innalzamento della temperatura di Krafft, al di sotto della quale il tensioattivo precipita. Questa è una delle ragioni per cui, fino a qualche decennio or sono, i lavaggi a mano e in lavatrice dovevano essere compiuti a caldo.

Buona parte degli sforzi dei chimici è stata quindi indirizzata alla formulazione di nuovi tensioattivi, come quelli nonionici di cui parleremo tra poco, o di miscele opportune che permettessero di lavare a freddo. In ogni caso, tuttavia, era generalmente necessario aggiungere dei composti chimici, i fosfati, in grado di legarsi agli ioni bivalenti. Ma i fosfati hanno, come qualcuno di voi saprà, effetti abbastanza deleteri per l'ambiente, perché nutrono e fanno proliferare enormemente le alghe, che sottraggono ossigeno agli altri abitanti dei mari e dei laghi[19]: verso la fine del secolo scorso ci si rese conto che c'era già troppo fosforo derivante dai fertilizzanti agricoli[20] per potersi permettere di riversare nelle acqua detersivi a profusione. Il passo decisivo per eliminare i fosfati è stato quello di introdurre insieme ai tensioattivi degli altri composti, le **zeoli-**

---

[19] Se un mare morente e coperto da una fanghiglia verdastra non vi fa molta impressione, sappiate che anche le tante meduse a cui cercherete di sfuggire la prossima estate devono in parte la loro proliferazione ai fosfati.

[20] Per altro anch'essi contenenti talora tensioattivi, come i cationici che incontreremo tra poco.

ti, di estrema importanza per la chimica. Le zeoliti sono minerali micro-porosi che si ottengono sotto forma di particelle colloidali a partire da soluzioni di sali di alluminio e silicio. Le particelle quindi aggregano formando un gel colloidale, che lentamente si riorganizza fino a formare cristalli di zeolite della dimensione di poche decine di nanometri. Caratteristica unica di questi "nanocristalli" è l'estrema regolarità geometrica e chimica dei pori, che hanno dimensioni variabili a seconda del tipo di zeolite da qualche decimo a qualche nanometro, consentendo di intrappolare ioni o molecole ben specifici: sono cioè dei veri e propri "setacci molecolari" molto selettivi. Nelle formulazione dei detersivi si aggiungono quindi notevoli quantità di zeoliti (fino alla metà in peso, mentre i tensioattivi non superano il 20-25%!) specificamente formulate per sottrarre proprio gli ioni calcio e magnesio, in modo da evitare la precipitazione del tensioattivo.

Tensioattivi cationici

Per quanto l'idrofilicità di questi tensioattivi sia ancora dovuta alla presenza di una testa ionica, in questo caso la carica che rimane attaccata alla coda idrofobica è *positiva*, mentre i controioni rilasciati sono negativi. I tensioattivi cationici sono più difficili e costosi da produrre, funzionano decisamente meno bene come detergenti e, per di più, sono spesso poco piacevoli dal punto di vista della salute. Perché allora darsi la pena di produrre queste molecole, che per altro occupano una fetta di mercato tutt'altro che trascurabile? Semplicemente perché questi tensioattivi sono *essenziali* in applicazioni molto specifiche di notevole importanza.

Le ragioni sono molte. Innanzitutto, come vedremo, i cationici formano spesso micelle molto diverse che, anziché avere una forma globulare, sono spesso dei lunghi "spaghetti". Questi aggregati hanno un effetto drastico sulla viscosità dell'acqua: una concentrazione inferiore all'1% di un comune tensioattivo cationico come il CTAB (**cetiltrimetilammonio bromuro**, ma non c'è bisogno che ricordiate il nome) può per esempio, in opportune condizioni, trasformare l'acqua in un gel *solido*. Come conseguenza, questi tensioattivi sono di primaria importanza come "addensanti", o in generale per controllare il comportamento reologico dei fluidi. Nel recupero del petrolio, l'elevata pressione generata dalla formazione di questi gel viene invece utilizzata per creare delle micro-fratture nelle rocce porose in cui scorrono i fluidi petroliferi.

Ci sono poi situazioni in cui la chimica particolare delle teste idrofiliche permette di utilizzare i tensioattivi cationici in applicazioni molto importanti. In primo luogo, come battericidi. Molti disinfettanti di uso comune si basano per esempio su un tensioattivo cationico, il **cloruro di benzalconio**, che ha la capacità di distruggere le membrane che racchiudono le cellule batteriche, lasciando le nostre del tutto imperturbate (non tutte: lo stesso tensioattivo è usato anche in ben noti metodi anticoncezionali come spermicida). Per le stesse ragioni, tensioattivi come il CTAB sono contenuti in molti colliri, spray nasali e collutori orali[21]. Un altro impiego industriale di notevole importanza si basa sulla forte affinità tra i cationi che costituiscono le teste di questi tensioattivi e metalli come l'alluminio o l'acciaio: le teste dei tensioattivi aderiscono alla superficie metallica, mentre le code rendono la superficie impermeabile ad agenti acidi presenti in soluzione.

Ma l'applicazione di maggiore successo commerciale dei tensioattivi cationici ha di nuovo a che fare con il *consumer market* della detergenza e della cosmesi. Molti di voi, dopo essersi lavati i capelli, avranno provato nel passato la spiacevole sensazione di sentirli troppo secchi, spenti, talora "elettrostatici" (nel senso che, rifiutandosi di obbedire al pettine o alla spazzola, non vogliono proprio saperne di starsene giù). La ragione è che gli shampoo, oltre ad asportare i grassi, eliminano anche eccessivamente quel naturale strato di materie grasse che danno proprio la sensazione di morbidezza, lucentezza e pettinabilità dei capelli. Nel passato si rimediava a ciò applicando oli essenziali come il celebre *Macassar* dell'inghilterra vittoriana (un olio di palma e cocco), di jojoba, o dell'albero del tè (tornati di moda oggi sull'onda della *new age* e dell'aromaterapia), mentre l'esplosione del mercato nello scorso secolo portò allo sviluppo di prodotti industriali meno naturali, ma più a buon mercato come la brillantina (ricordate il mitico *Grease*?), che è un'emulsione di quelle che incontreremo, e le lacche, basate sostanzialmente su polimeri. Da alcuni decenni, tuttavia, sono apparsi i balsamo per capelli, che si usano direttamente nel lavaggio

---

[21] Dato che, come vedremo tra qualche riga, cationici e anionici non vanno troppo d'accordo, non è quindi del tutto furbo usare un collutorio subito dopo essersi lavati i denti con il dentifricio (che spesso contiene tensioattivi anionici), senza essersi prima sciacquati la bocca abbondantemente!

dopo lo shampoo. Tra gli ingredienti principali dei balsamo, oltre a sostanze rigeneranti, umettanti o di protezione contro l'aria calda dei fon, vi sono tensioattivi come il CTAC (un parente stretto del CTAB, ma dove il controione è cloro anziché bromo), dove la testa polare è costituita da un catione di "ammonio quaternario" (familiarmente detto *quat*), ossia con un atomo di azoto legato a quattro altri gruppi chimici[22]. I *quat* si legano fortemente alla cheratina, la proteina che costituisce il 97% della composizione dei capelli, perché questa è carica negativamente: le code idrofobiche rimangono quindi esposte all'aria, e sono proprio queste a rendere i capelli soffici e facili alla pettinatura. Anzi, il balsamo fa anche di più: quando i capelli sono rovinati da tinture o trattamenti aggressivi, la carica superficiale della cheratina *cresce*, per cui il balsamo si lega più efficacemente proprio nelle zone più danneggiate.

Il fatto che i balsamo siano costituti da tensioattivi cationici, mentre quelli anionici e soprattutto l'SDS siano un ingrediente comune degli shampoo, ha creato parecchi grattacapo all'industria della cosmesi, perché questi due prodotti sono abbastanza conflittuali: per via delle teste di segno opposto, cationici e anionici, messi insieme, non farebbero altro che formare dei complessi che precipitano, col risultato che i capelli finirebbero con l'essere né puliti, né tanto meno morbidi e lucenti. Per realizzare quelle pratiche formulazioni "shampoo + balsamo" ormai così diffuse, specialmente negli alberghi, è stato necessario sostituire gli anionici con altri tensioattivi che incontreremo tra poco. Naturalmente, se a casa usate uno shampoo normale, ricordatevi quindi di sciacquare molto bene prima di applicare il balsamo.

In modo molto simile agiscono i tensioattivi presenti negli ammorbidenti per tessuti, estesamente utilizzati nel lavaggio di fibre tessili come la lana, che presentano anch'esse una carica superficiale negativa. In questo caso la fanno spesso da padrone dei cationici abbastanza diversi dai tensioattivi che abbiamo incontrato finora, perché hanno tipicamente *due* code idrofobiche: in questo senso, i nostri Giano bifronte sono diventati anche "bicoda". Questa diversa struttura della molecola anfifilica ha grande effetto sulla solubilità e sulla natura degli aggregati che questi tensioattivi formano: spesso sono infatti molto poco solubili in acqua tanto

---

[22] I *quat* sono anche responsabili primari dell'azione battericida del cloruro di benzalconio.

da preferire decisamente l'olio, nel quale formano, come vedremo, delle micelle "rovesciate", ossia con le teste dentro e le code in fuori, mentre per solubilizzarli in acqua bisogna utilizzare delle strategie un po' più complesse che impareremo a conoscere.

Per quanto riguarda i tensioattivi con testa ionica, un notevole numero di tensioattivi cationici va dunque ad aggiungersi ai già numerosissimi tensioattivi anionici. Ma non abbiamo ancora finito, perché ci sono anche tensioattivi, noti con il complicato nome di **zwitterionici**, che racchiudono in sé entrambe le nature, perché la testa presenta sia una carica positiva che una negativa: per altro, in tedesco *zwitter* significa proprio "ibrido" (e anche "ermafrodita"). Molti di questi sono carichi positivamente quando si trovano in una soluzione acida, mentre la carica negativa domina in soluzione basica (in questo caso si dicono anche *anfoteri*) Anche se sono molto più costosi, la loro elevata tollerabilità e bassissima tossicità ne fa i componenti di cosmetici particolarmente sofisticati. Inoltre, come vedremo, le teste dei tensioattivi anfoteri, in particolare le **betaine** (che sono tra i più usati nella cosmesi), hanno una certa parentela con gli aminoacidi, i mattoncini che costituiscono le proteine.

Tensioattivi nonionici

Come abbiamo visto, i tensioattivi ionici presentano qualche problema per le applicazioni sia nella detergenza di tessuti e stoviglie, a causa degli effetti delle acque dure sulla temperatura di Krafft, che nell'igiene personale, dove spesso sono decisamente troppo aggressivi; inoltre, come vedremo, non sono particolarmente amati dall'ambiente. Queste limitazioni possono essere superate utilizzando dei tensioattivi *nonionici*, dove la testa idrofilica non è carica, ma piuttosto costituita da un gruppo chimico che, generalmente, crea con l'acqua proprio gli stessi legami idrogeno che tengono insieme le molecole del solvente. Come per le altre categorie, anche il numero di diversi tensioattivi nonionici è sterminato ma, sia per le applicazioni che per quanto ci riguarda, due tipi sono particolarmente interessanti.

In primo luogo ci sono quelli che vengono detti **alcol etossilati**, che sono parenti stretti del PEG, il semplice polimero idrofilico incontrato nel capitolo precedente. In questo caso, mentre la parte idrofobica è chimicamente simile a quella dell'SDS (con un numero variabile di gruppi CH_2), la testa idrofilica è anch'essa una catena più o meno lunga, ma costituita da gruppi $CH_2 - CH_2 - O$ (gruppo etossilato), nei quali l'ossigeno è proprio in grado di legarsi all'acqua. In modo sintetico, si indicano con C_nE_m, dove n è il numero di atomi di carbonio della catena idrofobica ed m quello di gruppi etossilato idrofilici. Rispetto ai tensioattivi ionici, dove la repulsione tra le teste cariche rende più difficile farle stare insieme in una micella, la cmc di questi tensioattivi è straordinariamente bassa (tipicamente dell'ordine delle decine di *milli*grammi per litro), per cui sono sufficienti quantità ridicole per avere un'azione detergente. La solubilità in acqua o, come vedremo, in olio può essere poi finemente "accordata" variando il rapporto tra il numero dei gruppi idrofilici e quello dei gruppi idrofobici, per cui questi tensioattivi sono particolarmente flessibili per le applicazioni[23].

Composti che poi formano facilmente legami idrogeno con l'acqua sono gli zuccheri, che costituiscono una famiglia numerosissima di composti chimici di fondamentale importanza biologica (dal saccarosio, lo zucchero comune, all'amido, un polimero del glucosio, a sua volta principale prodotto della fotosintesi delle piante): come vedremo, molecole anfifiliche con teste "zuccherine" sono ampiamente presenti nei sistemi biologici. A partire dagli zuccheri, in particolare dal sorbitolo, e da polimeri come il PEG, si possono ottenere tensioattivi come i **polisorbati**[24] che, proprio per la loro buona (ma non totale) compatibilità biologica, trovano applicazione come disperdenti nei cosmetici, nei farmaci e persino nell'industria alimentare.

I tensioattivi nonionici sono quindi in generale molto più adatti come detergenti per l'igiene, hanno in genere una cmc molto più bassa degli ionici, non sono influenzati dalla presenza di ioni bivalenti, possono essere facilmente miscelati agli anionici (non essendo carichi, non creano problemi) e alcuni di essi sono ottimi agenti schiumogeni. Proprio per questo, anche se arrivati per ultimi, stanno progressivamente aumentando la loro quota di mercato, superando nell'ultimo decennio gli anionici che in precedenza la facevano da padrone.

---

[23] Gli alcol etossilati industriali, spesso delle miscele di C_nE_m con diversi valori di m, sono noti commercialmente come Brij™ (che si legge come il formaggio).

[24] Noti commercialmente come Tween™.

Tensioattivi polimerici

Abbiamo visto che i polimeri possono essere sia idrofobici che idrofilici e che inoltre è possibile sintetizzare copolimeri che contengano più di un tipo di monomero. Si può allora "ingegnerizzare" un copolimero, in modo da ottenere una catena che si comporti come una molecola anfifilica, ma molto, molto lunga, ottenendo quelli che si chiamano tensioattivi polimerici. Il modo più semplice per farlo è quello di sintetizzare un copolimero a blocchi del tipo:

$$[A - A - A - \ldots - A] - [B - \cdots - B - B - B]$$

dove A è per esempio un monomero idrofilico e B uno idrofobico, ma si possono anche utilizzare schemi più complessi come:

$$[A - A - A - \ldots - A] - [B - \cdots - B - B - B]$$
$$- [A - A - A - \ldots - A]$$

dove si hanno due catene idrofiliche separate da un blocco centrale idrofobico. Tensioattivi polimerici di questo tipo sono degli ottimi *stabilizzanti* delle sospensioni colloidali: infatti, il polimero si attacca alla superficie idrofobica della particelle con la parte centrale, lasciando libere in soluzione le code idrofiliche, che impediscono alle particelle colloidali di coagulare. Naturalmente, il gioco funziona anche al contrario: se abbiamo particelle colloidali con una superficie idrofilica (per esempio carica) e vogliamo stabilizzarle in un solvente non polare, basta scegliere A idrofobico e B idrofilico, e questo è particolarmente interessante, perché la stabilizzazione di colloidi non acquosi è in genere più difficile. Ma l'applicazione più interessante dei tensioattivi polimerici è per la stabilizzazione delle emulsioni, di cui parleremo in seguito. Si possono poi immaginare degli schemi più complicati, dove il polimero è costituito da una catena idrofilica (o idrofobica, se il solvente è non polare) a cui in certi punti si attaccano *lateralmente* un certo numero di catene più corte, idrofobiche (o, rispettivamente, idrofiliche). Questi tensioattivi polimerici, detti **graft copolymers** sono particolarmente promettenti per le applicazioni: è questo il caso per esempio dei tensioattivi polimerici ottenuti dall'*inulina*, un polimero del fruttosio ottenuto per via naturale dalle radici della cicoria, le cui applicazioni sia come additivo tecnico per la preparazione di emulsioni che nella cosmesi sono in rapido sviluppo.

Quelli che abbiamo fatto sono solo alcuni esempi delle applicazioni dei milioni di tonnellate di tensioattivi prodotti ogni anno sul pianeta e sfruttati in quasi tutti i comparti tecnologici, da quelli rivolti al consumo di massa (alimenti compresi, come vedremo) alle tecnologie avanzate, per essere poi in definitiva riversati nell'ambiente. In realtà, inoltre, i prodotti industriali hanno sempre una formulazione complessa, dove diversi tipi di tensioattivo, ma anche polimeri e molte altre sostanze chimiche, concorrono insieme a garantire il successo applicativo: non basterebbe un intero libro per raccontare adeguatamente la *success story* dei tensioattivi. Per darvi un'idea, prima di abbandonare la chimica, vi lascio una tabella che riassume a grandi linee i componenti principali di un detersivo in polvere per lavatrice (le composizioni dettagliate sono ovviamente segreti industriali).

Componente	% in peso
Tensioattivi anionici e non ionici	10-25
Zeoliti	30-55
Sbiancanti	13-25
Fluidificanti (sodio solfato)	5-30
Inibitori di corrosione	2-5
Enzimi	0,5-1
Agenti antischiuma (silice colloidale e siliconi)	0,1-2
Sostanze fluorescenti (leucofori)	0,1-0,3

Come potete vedere, a parte i tensioattivi e le zeoliti, sono presenti molti altri componenti quali sbiancanti (simili alla candeggina), sostanze per ridurre la schiuma e proteggere la lavatrice dalla corrosione, proteine come gli enzimi (che impareremo a conoscere). Per curiosità, vi faccio solo notare la presenza di quelle "sostanze fluorescenti", il cui compito è proprio quello di aumentare la sensazione di bianco rispetto a quello delle fibre tessili semplicemente sbiancate (che così bianche non sono). Qualche lettrice ricorderà la "prova finestra", secondo cui solo alla luce del sole si può giudicare un vero bianco: in effetti, ciò è dovuto al fatto che queste sostanze fluorescenti con la luce artificiale (almeno quella non alogena) non fluorescono, cioè in pratica non funzionano. Naturalmente, questo "bianco che più bianco non si può" è solo un bonus addizionale, che *scompare* se lavate il tessuto con semplice acqua e sapone…

4.7 Questioni di forma

La varietà e la complessità delle strutture chimiche dei tensioattivi può far venire il mal di testa, se non a un chimico, certamente a un fisico come me, tanto che la speranza di comprendere sotto quale forma questi complicati oggetti possano organizzarsi spontaneamente potrebbe sembrare poco più che una pia illusione. E invece no: sorprendentemente, basta qualche considerazione elementare che poco ha a che vedere con la chimica e molto di più con la geometria, per ottenere, se non delle previsioni dettagliate, almeno delle robuste linee guida che ci indichino sotto quale forma una particolare molecola anfifilica aggregherà: in sostanza, è sufficiente sapere quanto è grossa la testa e quanto lunga è la coda.

Cerchiamo di quantificare un po' questi concetti guardando gli aggregati anfifilici con "occhio geometrico". Supponiamo che il numero di molecole che costituiscono un aggregato, ossia il numero di aggregazione, sia N, e che ogni molecola occupi un volume v, cosicché il volume dell'aggregato è semplicemente $V = Nv$. All'interno dell'aggregato, la coda o *le* code (ricordiamo che molti anfifili sono bicaudati) possono essere abbastanza contorte, ma *al massimo*, quando sono ben stirate, avranno una certa lunghezza che chiameremo ℓ.

Supporremo poi che ogni testa idrofilica occupi una certa area sulla superficie dell'aggregato esposta all'acqua. Qui dobbiamo stare un po' più attenti, perché questo è un concetto più fisico che semplicemente geometrico. Prendiamo per esempio l'SDS: in acqua dolce le teste cariche si respingono molto e quindi vogliono stare il più lontano possibile tra loro, ma se aggiungiamo sale la repulsione diminuisce, cosicché le teste possono accettare di starsene, diciamo così, "vicine vicine", occupando ciascuna un'area più piccola. Capite quindi che dire quanto è grossa la testa non è una cosa così immediata: tuttavia, si può tenere conto di questi effetti complicati dicendo semplicemente che, in specifiche condizio-

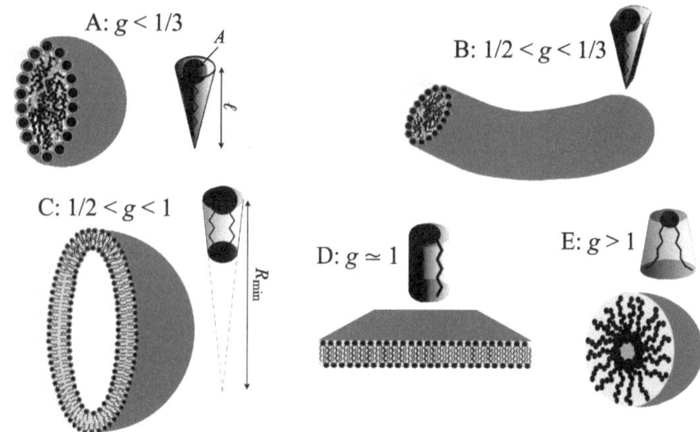

Fig. 4.7. Tipi fondamentali di aggregati di molecole anfifiliche: micelle sferiche (A), micelle cilindriche (B), vescicole (C), doppi strati (D) e micelle inverse (E). A fianco di ciascuno di essi è mostrata la forma schematica di una molecola nella struttura

ni, ogni testa occuperà sulla superficie un'area A, anche se questa non è semplicemente dovuta all'ingombro geometrico e non è facile da calcolarsi. Con queste semplici informazioni, andremo ora a scoprire la ricca zoologia di aggregati che le molecole anfifiliche possono formare. Mentre leggete i paragrafi che seguono, vi consiglio di tenere sott'occhio la Fig. 4.7, dove sono schematicamente illustrate le strutture che impareremo a conoscere.

Micelle sferiche

La forma preferita sotto cui un tensioattivo vorrebbe aggregare è sicuramente quella sferica: questa garantisce infatti la minima superficie di contatto con l'acqua a parità di volume di catene idrofobiche che riescono a mettersi insieme, nascondendosi così al solvente. La vera domanda è se però le molecole di uno specifico tensioattivo *ce la possano fare* a organizzarsi in una sfera. Supponiamo che la sfera abbia raggio R. Possiamo allora calcolare il numero di aggregazione dividendo il volume totale della sfera $(4/3)\pi R^3$ per il volume v di una singola molecola. D'altronde, N può essere anche calcolato dividendo l'*area* della superficie della sfera, $4\pi R^2$, per quella occupata da una singola testa, e questo diverso modo di calcolare il numero di aggregazione deve ovviamente dare lo *stesso* risultato. In altri termini dobbiamo avere:

$$\frac{4\pi R^2}{A} = \frac{4\pi R^3}{3v} \Rightarrow R = \frac{3v}{A}$$

dove l'ultima uguaglianza, che si ottiene semplificando la prima, ci mostra come il raggio è legato al volume di una molecola e all'area di una testa. Qui però entrano in gioco le code, perché queste *non possono* essere più lunghe di ℓ e quindi *anche il raggio* non può superare lo stesso valore, altrimenti all'interno rimarrebbe un "buco"! È facile vedere che, tenendo conto del risultato per R che abbiamo appena trovato, ciò è possibile solo se la quantità:

$$g = \frac{v}{A\ell},$$

che diremo *parametro geometrico*, è minore, o al massimo uguale, a $1/3$. Ricordando che il volume di un cono è proprio dato da un terzo dell'area di base per l'altezza, questa condizione significa semplicemente che ogni molecola deve poter stare in un conetto che ha per base l'area della testa e per altezza il raggio della micella (che non può superare ℓ), o in termini pratici che, per poter fare una sfera, le molecole anfifiliche devono avere "testa grossa e corpo snello" (ossia lungo ma non troppo largo). Questo è normalmente vero per tensioattivi anionici come l'SDS in presenza di poco sale, nei i quali la repulsione elettrica aumenta la dimensione della testa, o per tensioattivi nonionici con teste zuccherine, che sono davvero ingombranti. Ma che cosa succede se, nel caso dell'SDS, aumentiamo molto la concentrazione di sale, o se consideriamo tensioattivi come il CTAB, dove il catione che costituisce la testa ha una dimensione decisamente inferiore a quello di un anione? Il corpo del tensioattivo è a questo punto troppo ingombrante rispetto alla testa per poter essere racchiuso in una sfera, e siamo pertanto spinti a considerare altre possibilità.

Micelle cilidriche e "polimeri viventi"

Se la testa diviene troppo piccola per permettere la formazione di micelle sferiche, le molecole anfifiliche possono aggregare sotto forma di lunghi "salsicciotti" cilindrici, chiusi ovviamente alle estremità, per evitare il contatto delle code idrofofobiche con l'acqua, da due calotte semisferiche. Anche se questo comporta un aumento di area superficiale, una forma cilindrica offre infatti qualche possibilità in più rispetto a una sfera.

Dimentichiamoci per il momento delle poche teste che ricoprono le calotte e concentriamoci su quelle (la gran maggioranza) che stanno sul contorno della salsiccia. Chiamiamo R il raggio del cilindro, L la sua lunghezza, e cerchiamo di ripetere il conticino che abbiamo fatto nel paragrafo precedente. Ancora una volta, il numero di aggregazione può essere scritto in due modi:

a) dividendo il volume del cilindro, dato dall'area di base πR^2 per la lunghezza L, per il volume v della molecola;

b) dividendo l'area della superficie laterale del cilindro, $2\pi L$ per l'area A di una testa.

Uguagliando come prima le due espressioni, si trova facilmente che il raggio dev'essere questa volta uguale a *due* volte v/A, cosicché, per avere un raggio che sia minore della lunghezza estesa ℓ della catena, basta che si abbia $g \leq 1/2$. Quando il parametro geometrico è minore o uguale a 1/2 ma più grande di 1/3 (altrimenti sono preferite le micelle sferiche), si formeranno allora micelle "a salsiccia". Questo, come dicevo, è il caso di buona parte dei tensioattivi cationici con una sola coda come il CTAB.

Notate bene che, mentre il volume della molecola e l'area della testa determinano esattamente il raggio, il conto non ci dà alcuna indicazione sulla *lunghezza* del cilindro: in altri termini, le salsicce sembrerebbero poter avere qualunque lunghezza possibile. Che cosa di fatto stabilisce la lunghezza massima delle micelle? Ancora una volta, è una competizione tra entropia ed energia, e sono curiosamente proprio le molecole che abbiamo trascurato, quelle che stanno sulle calotte, a dettare legge. Queste ultime non sono per niente a loro agio (preferirebbero ovviamente anch'esse stare sul cilindro) e quindi costruire le due estremità semisferiche della micella in termini di energia costa: sembrerebbe quindi che più le salsicce sono lunghe, meglio vadano le cose. D'altronde, costringere tante molecole ad andarsene in giro insieme costa in termini di *entropia* e quindi, al di là di una certa lunghezza, le salsicce si spezzano in cilindri più corti. In ogni caso, in una soluzione di un tensioattivo di questo tipo sono sempre presenti simultaneamente micelle di forma molto variabile, da cilindri molto corti a lunghe salsicce. In genere poi questi cilindri, specialmente quelli più lunghi, non sono rigidi, ma piuttosto flessibili: assomigliano molto più a una luganega veneta che a una salsiccia calabrese stagionata.

Per certi tensioattivi speciali, costruire le calotte costa veramente molto, per cui formano salsicce spettacolari, con una lunghezza *migliaia* di volte superiore al loro raggio, che è sempre di qualche nanometro. Inoltre, essendo così lunghi, questi aggregati sono anche *molto* flessibili: a guardarli bene, anche se non sono delle semplici catene di monomeri, assomigliano davvero a dei polimeri, e come questi formano, al crescere della concentrazione di tensiattivo, delle reti molto intricate. Ma c'è una differenza fondamentale: le micelle sono pur sempre degli aggregati spontanei, che si formano e smontano in continuazione. Così a differenza di un polimero, la cui lunghezza è fissata e invariabile, queste lunghe catene si spezzano in continuazione, e ogni frammento si può riagganciare a un altro aggregato già presente, in un turbinio senza fine di separazioni e nuovi incontri: insomma, in qualche modo questi polimeri "vivono", ed è per questo che vengono detti *living polimers*.

I tensioattivi che si comportano in questo modo, come per esempio un fratellino del CTAB dal complicato nome di **cetilpiridinio salicilato**, hanno un estremo interesse applicativo. Come i polimeri, questi lunghi aggregati aumentano infatti enormemente la viscosità di una soluzione e sono quindi estremamente utili come addensanti. D'altronde, non sono preformati come i polimeri, ma si formano spontaneamente aggiungendo al solvente quantità anche minuscole di tensioattivo: bastano talora concentrazioni inferiori all'1% per trasformare l'acqua in un solido elastico che, quando viene scosso in un contenitore, si limita a oscillare come una gelatina! Per di più, la formazione o la scomparsa dei *living polymers* può essere talora indotta variando leggermente il contenuto di sale o la temperatura della soluzione, il che fornisce una possibilità di controllo impensabile con dei semplici polimeri.

Vescicole (liposomi)

Ma che cosa accade se un tensioattivo non ha una, ma *due* code? In questo caso, il corpo idrofobico diviene molto più "ciccione" e, a parità di area per testa e lunghezza delle code, il volume v occupato dalla molecola cresce al punto che anche la condizione $g \leq 1/2$ non è più soddisfatta: in questo caso, anche con dei cilindri, non c'è più nulla da fare, il che crea seri grattacapi alle code idrofobiche che dall'acqua, in un modo o nell'altro, *devono* ripararsi. Ma una soluzione c'è: visto che non ce la si fa a formare un aggregato pieno, qualunque sia la sua forma, si può sempre lasciare in mezzo un buco. Così come i *single* che non ce la fanno più a sopportare da soli il costo della vita possono decidere, magari a malincuore, di accoppiarsi, due molecole anfifiliche possono mettere insieme le proprie catene (che ne sono felici), formando un complesso che adesso ha *due* teste idrofiliche da bande opposte. Naturalmente non è ancora finita, perché lateralmente le catene sono ancora "scoperte". Ma *tanti* oggetti di questo tipo possono formare un doppio strato di tensioattivo che si richiude su se stesso, formando quella che si chiama una *vescicola*.

A questo punto abbiamo un aggregato davvero originale: acqua fuori, ma acqua anche *dentro*, separate da un doppio strato di anfifili. È una soluzione davvero rivoluzionaria, che introduce una separazione degli ambienti (il "fuori" e il "dentro", con gli anfifili guardie di confine) senza la quale, come vedremo nell'ultimo capitolo, noi non saremmo qui a raccontarcela. Di fatto, più che i tensioattivi, le molecole veramente specializzate nel formare vescicole sono una classe di anfifili biologici che impareremo a conoscere molto bene, insieme ai loro derivati sintetici. Per ora limitiamoci a osservare che le vescicole, per quanto piccole, sono in generale molto più grandi di una micella. La necessità di mantenere l'area per testa ottimale sia per lo strato esterno che per quello interno, porta infatti a una dimensione minima per la vescicola: con qualche considerazione geometrica si trova che, per un dato valore del parametro g, questo raggio minimo è approssimativamente pari a $\ell/(1 - g)$.

Spesso i liposomi non si formano spontanemente, ma richiedono un po' di "incitamento" (magari applicando degli ultrasuoni). Le vescicole prodotte in questo modo hanno dimensioni dell'ordine delle decine di nanometri, ma con tecniche più raffinate, per esempio idratando progressivamente un film di tensioattivo adagiato su una superficie, si possono ottenere vescicole giganti con raggi di decine di micron. Trattando la soluzione in modo un po' più elaborato si possono poi ottenere aggregati ancora più complessi: vescicole *multilamellari* costituite da un doppio strato che avvolge un secondo doppio strato, che a sua volta racchiude un terzo doppio strato e così via, fino a ottenere delle vere e proprie strutture "a cipolla".

Le vescicole sono di estremo interesse per le applicazioni farmaceutiche, dove sono meglio note col nome un po' generico di **liposomi** ("corpi grassi"). È particolarmente allettante l'idea di racchiudere un farmaco in un liposoma, facendo in modo che passi indisturbato attraverso i vasi sanguigni, per poi sciogliere la vescicola solo nel tessuto dove il farmaco deve essere rilasciato. Fino a pochi decenni or sono ciò sembrava fantascienza, ma già a partire dagli anni '90 del secolo scorso è diventato il modo con cui vengono somministrati alcuni farmaci nella chemioterapia dei tumori, con il grande vantaggio di poter ridurre sostanzialmente le dosi (dato che non ne va perso in giro) e, di conseguenza, i pesanti effetti collaterali di questi trattamenti.

Le strategie che si possono seguire per raggiungere questo obiettivo sono di diverso tipo e in rapida evoluzione. Si può per esempio rendere acido l'interno del liposoma, facendo in modo che il farmaco si carichi e, in queste condizioni, non possa entrare nelle cellule: pian piano, mentre il liposoma scorre nel sangue, l'acidità si perde e il farmaco ritorna a essere capace di penetrare nelle cellule. Un passo decisivo per giungere a questi risultati è stato "mascherare" accuratamente i liposomi, che il sistema immunitario non vede certo di buon occhio, prima che raggiungano il loro target: per far questo, si ricopre la vescicola con uno stato di PEG che, come abbiamo detto, è un polimero tollerato senza alcun problema dal corpo umano[25]. Da qualche anno però, sono entrati in circolazione vaccini "a DNA" che utilizzano spesso una strategia opposta. Qui al contrario si *invogliano* le cellule killer del nostro sistema immunitario, i macrofagi, a "mangiarsi" un liposoma contenente una specifica molecola di DNA che il corpo *del* paziente deve imparare a riconoscere e a combattere.

Ma le applicazioni più fantascientifiche si hanno nel campo delle biotecnologie avanzate, dove alcune tecniche di "trasferimento genico" fanno proprio uso di liposomi. Per quanto siano per ora meno efficienti del metodi che si basano sullo sfruttamento di vi-

---

[25] Questi liposomi che si insinuano furtivamente vengono detti *stealth*, proprio come i famosi bombardieri invisibili ai radar.

rus, nelle quali si trasferiscono geni inseriti nei cosiddetti "plasmidi", i liposomi non contengono proteine estranee che possano scatenare reazioni immunitarie, possono trasportare grandi quantità di materiale genico e, soprattutto, non possono replicarsi come i virus o ricombinarsi con batteri per generare agenti patogeni. Per questa ragioni, il trasferimento liposomale di geni è di particolare interesse per le applicazioni *in vivo*, tanto da essere già stato usato in via sperimentale nelle terapie geniche di organi quali la milza, i polmoni, o il fegato.

Micelle "rovesciate"

Al crescere del parametro geometrico *g*, le molecole di tensioattivo divengono sempre meno propense ad accettare di stare su di una superficie ricurva: abbiamo già visto che l'SDS forma micelle molto piccole, mentre le vescicole formate da tensioattivi con doppia coda hanno raggi almeno decine di volte maggiori e, ovviamente, un buco all'interno. Al limite, per *g esattamente* uguale a uno, il volume della molecola è uguale all'area della testa per la lunghezza della catena, ossia la molecola ha una forma *cilindrica*: non c'è alcun modo di far incurvare dei cilindretti posti l'uno a fianco all'altro, e quindi l'unica struttura che degli anfifili di questo tipo possono formare sono doppi strati *piani* di estensione virtualmente infinita.

Ma nessuno vieta che un tensioattivo possa avere il corpo *più grosso* della testa, ossia che per certi anfifili a doppia catena non si possa avere un parametro geometrico *maggiore* di uno: mentre fisicamente l'SDS potrebbe ricordare (piedi a parte) Eta Beta, il mitico viaggiatore del tempo della banda Disney, una molecola così assomiglia più a Poldo Sbaffini, il celebre compagno di Braccio di Ferro con la testa piccola e un gran panzone. Una forma di questo tipo suggerisce piuttosto che queste molecole possano mettersi insieme per formare aggregati con la curvatura *opposta*, ossia con le teste dentro e le code fuori. Di fatto è proprio ciò che succede ma, naturalmente, avere *all'esterno* le code idrofobiche implica che fuori non ci sia acqua, ma un liquido *idrofobico*. Questi tensioattivi, che sono detti *lipofilici* (ossia che amano principalmente i grassi) sono infatti molto poco solubili in acqua, ma fortemente solubili negli oli, nei quali formano, a bassa concentrazione, delle *micelle inverse* come quelle mostrate nell'ultimo riquadro della Fig. 4.6. Tra questi, è di particolare interesse un tensioattivo a due code come l'**Aerosol OT**, o AOT (il nome completo è terribilmente complicato e non ci interessa) che incontreremo di nuovo.

In precedenza ci siamo occupati soprattutto delle applicazioni dei tensioattivi in acqua e in particolare della detergenza, ossia della possibilità di solubilizzare sostanze idrofobiche in acqua. Ma sono quasi altrettanto numerose le situazioni, forse meno familiari, ma sicuramente altrettanto importanti, in cui è utile aggiungere un tensioattivo a un liquido non polare, oppure solubilizzare in olio sostanze idrofiliche. Tanto per dare qualche esempio, molti additivi di lubrificanti industriali, come quelli per ridurre la corrosione (anche del motore della vostra auto) sono tensioattivi o richiedono l'aggiunta di anfifili per essere solubilizzati. Vedremo poi che l'aggiunta di piccole quantità di acqua a carburanti come il gasolio, cosa che richiede ancora tensioattivi, permette di ridurre sostanzialmente le emissioni inquinanti. C'è infine un liquido che vi è sicuramente familiare, l'olio d'oliva, che contiene una buona quantità di molecole anfifiliche naturali che, oltre a solubilizzare una piccola quantità di acqua (che è quella che in realtà vedete friggere), consentono di mantenere in soluzione antiossidanti preziosi come i polifenoli. Questi brevi cenni ai tensioattivi lipofilici ci avvicinano all'argomento che, dopo un breve intermezzo, occuperà tutta la parte restante di questo capitolo.

4.8 Intermezzo cattivello: occhio all'etichetta

Il rapporto tra tensioattivi e problemi ambientali è sicuramente importante e complesso. Basta guardare le cifre colossali sulla produzione e il consumo di tensioattivi che ho citato in precedenza (di cui oltre la metà, ricordate, si riferisce ai consumi *domestici*) per capire che la questione non va presa per nulla sottogamba. Ho fatto cenno all'eutrofizzazione dei mari dovuta ai fosfati presenti in passato nei detersivi, ed è certamente altrettanto poco piacevole per le piante trovarsi tra i piedi i tensioattivi che usiamo quotidianamente a casa (per favore, *non* versate mai l'acqua usata per lavare i piatti sulle radici di una splendida camelia, neanche se fosse quella del vicino che non sopportate). Né vi consiglio di ingerire tensioattivi come i nonil-fenolo etossilati (parenti stretti dei $C_m E_n$), banditi dal commercio di recente ma prima di grande uso, che, oltre a essere seriamente sospettati di essere cancerogeni, possono avere effetti sugli ormoni tali da indurre nei pesci un cambiamento del sesso (il che potrebbe anche non essere terribile, se non che nessuno ha chiesto preventivamente ai pesci stessi che cosa ne pensassero). Non ho purtroppo le competenze per discutere nei dettagli queste questioni, che comunque occuperebbero da sole buona parte di questo libro. Credo però di poter affermare con ragionevole certezza che molti problemi derivano dal fatto di usare dosi davvero *eccessive* di tensioattivi: per quanto abbiamo visto, infatti, per ottenere una buona detergenza sono necessarie quantità molto basse di questi composti, sicuramente di gran lunga inferiori a quelle che normalmente utilizziamo per lavare i piatti o farci uno shampoo.

Voglio però spezzare una lancia a favore di un nostro vecchio amico, soprattutto per mettervi sull'allerta nei confronti di un certo ambientalismo "per sentito dire" che talora, rivolgendo i suoi strali contro qualche sostanza demonizzata, può far perdere di vista problemi ben più importanti, facendo così forse più male che bene. Da qualche tempo, sta crescendo infatti un certo allarmismo nei confronti proprio del nostro SDS, più comunemente noto su *blog* e siti web some SLS (per via del "lauril"), tacciato di essere responsabile delle più nefaste conseguenze sulla salute. Anzi, forse a qualcuno di voi sarà capitato come a me di vedere insegne di negozi salutisti assicurare che tutti i prodotti in vendita sono assolutamente "SLS free". Ora, come abbiamo detto il sodio dodecil solfato è un tensioattivo molto deciso e come tale piuttosto aggressivo nei confronti della pelle (o delle mucose orali, nel caso dei dentifrici), al punto che, per esempio, nella formulazione degli shampoo si cerca di sostituirlo per quanto possibile con composti nonionici più dermo-compatibili[26]. Ma, al di là di un po' di irritazione cutanea, non mi risulta che siano accertate conseguenze serie.

Tuttavia, dato che presto particolare attenzione proprio agli shampoo (vedi nota precedente), anche a me è capitato di farmi

---

[26] Non che questi ultimi siano del tutto innocenti: tempo fa, il responsabile della produzione per l'Italia di una delle maggiori multinazionali dei prodotti per la detergenza mi confessò candidamente di essere solito lavarsi i capelli con il sapone, a scanso di ogni rischio. Il fatto che fosse quasi calvo, comunque, non mi ha incoraggiato più di tanto a seguire il suo esempio.

consigliare composti delicati e di essere prontamente rassicurato dalla commessa del negozio sul fatto che questi non contenessero alcuna traccia di SDS. Una volta tornato in possesso dei miei preziosi occhiali da presbite precoce (che regolarmente dimentico a casa) e letta con attenzione la composizione sull'etichetta, sono rimasto però piuttosto sconcertato nello scoprire che lo stesso shampoo, pur non contenendo in effetti SDS, conteneva *ammonio* lauril-solfato, in tutto simile all'SDS come struttura chimica (in particolare nella presenza del gruppo solfato, che è l'agente irritante) tranne che per avere il *controione* costituito da uno ione ammonio, che sicuramente meno fastidioso del sodio, abbondantemente contenuto nell'acqua marina in cui ci bagniamo con piacere, non è. Ma tant'è: il demoniaco SLS è bandito e il cliente soddisfatto. Quindi, ora che ne sapete qualcosa di più, occhio all'etichetta.

4.9   Piccole, grandi emulsioni

Per quanto abbiamo detto, la detergenza si basa sulla possibilità di solubilizzare sostanze idrofobiche nel cuore idrofilico di una micella, ma questa capacità ha un limite. Come abbiamo visto, uno specifico tensioattivo vuole creare strutture con una precisa curvatura, determinata dalle dimensioni della testa e dalla lunghezza della coda: in pratica, ciò vuol dire che sostanze come i grassi possono solo ricavarsi un po' di spazio tra le catene idrofobiche, e non possono essere accumulate al di là di un certo limite, piuttosto basso, senza rigonfiare troppo la micella.

Tuttavia, ci sono moltissime applicazioni in cui vorremmo poter solubilizzare una quantità rilevante di olio in acqua, magari il dieci o il venti per cento. Se dovessimo contare solo sulla capacità dei tensioattivi di formare aggregati spontanei, ci sarebbe poco da fare, perché questi aggregati sono soggetti alle dure leggi della geometria di cui abbiamo parlato. Ma se i tensioattivi non hanno nessuna voglia di soddisfare *spontaneamente* i nostri desideri, possiamo almeno cercare di *costringerli* a farlo. In pratica, ciò vuol dire che dobbiamo "frullare" energicamente la miscela di acqua, grassi e tensioattivo, un po' come facciamo quando prepariamo la maionese: l'energia che forniamo alla soluzione miscelandola serve proprio a spezzettare l'olio in goccioline.

Se avessimo a che fare solo con olio e acqua, queste goccioline si riunirebbero in brevissimo tempo a riformare un unico *blob*, condizione molto più favorevole rispetto a quella di partenza perché la superficie di separazione tra le gocce e l'acqua costa tantissima energia (come sappiamo, proprio il prodotto tra l'area creata e la tensione interfacciale tra acqua e olio). Ma con il tensioattivo, che per la sua natura di intermediario andrà a ricoprire le gocce disponendosi con la testa verso l'acqua e le code verso l'olio, le cose cambiano, e di molto. Innanzitutto, inframmenzandosi tra olio e acqua, il tensioattivo abbassa la tensione interfacciale e quindi il costo energetico delle gocce. C'è però una ragione più sottile: due gocce che per caso si incontrino devono, per potersi fondere, "aprire" dapprima i film di tensioattivo che li ricoprono, in modo che questi possano formare un singolo film che ricopra la nuova gocciolona che si formerà. I film che ricoprono le gocce, un po' come quelli delle bolle di sapone, hanno tuttavia la prodigiosa tendenza ad "auto-ripararsi", ossia le molecole di tensioattivo corrono in soccorso delle regioni dove il film tende a lacerarsi. Per questa ragione, il processo con cui due gocce si fondono (o, come si dice più propriamente, *coalescono*) viene sensibilmente rallentato.

Un sistema di questo tipo, costituito da gocce di olio in acqua ricoperte da tensioattivo, viene detto *emulsione* e presenta alcune differenze importanti rispetto a una soluzione di aggregati come le micelle che si formano spontaneamente. Innanzitutto le gocce sono molto più grandi degli aggregati micellari e hanno un diametro che tipicamente può andare da qualche micron in su (dei giganti quindi, sulla scala delle micelle): quanto più energico è il modo con cui frammentiamo le gocce, tanto minore è la loro dimensione. Quest'ultimo poi è solo un diametro medio perché le gocce possono essere anche molto diverse l'una dall'altra. Ma soprattutto, la differenza fondamentale è che, diversamente dalle micelle, un'emulsione non è una struttura stabile, perché olio e acqua tendono inevitabilmente col tempo a separarsi per ragioni che presto vedremo. Tuttavia, usando opportune precauzioni, si può fare in modo che un'emulsione rimanga stabile per tempi decisamente lunghi, o comunque sufficienti per gli scopi del loro impiego.

Più propriamente, quella che abbiamo descritto è una "emulsione olio-in-acqua" (o emulsione O/W, dall'inglese *oil-in-water*): possiamo però fare anche il contrario, ossia stabilizzare gocce di *acqua* in olio, ottenendo così quella che si dice emulsione W/O

(da *water-in-oil*). Ovviamente, i tipi di tensioattivo che favoriscono la formazione di emulsioni W/O sono diversi da quelli che formano emulsioni O/W. Anzi, per chi si occupa di emulsioni il tratto
somatico più importante di uno specifico tensioattivo è proprio la
sua maggiore o minore propensione a formare l'uno o l'altro tipo
di emulsione. Ciò viene di solito riassunto in un singolo numerino
dal misterioso acronimo HLB (*Hydrophylic-Lipophylic-Balance*), che
viene applicato a ogni piè sospinto dai miei amici chimici, mentre
lascia un po' perplessi noi fisici. Comunque, in pratica, tensioattivi
molto più solubili in acqua che in olio come per esempio l'SDS tendono a formare emulsioni O/W, mentre le emulsioni W/O richiedono tensioattivi più "oleofilici", come quelli che tendono a formare
micelle inverse.

Un gran numero di prodotti di uso comune come creme di bellezza, pomate, lozioni, creme solari, sono emulsioni stabilizzate da
tensioattivi. In generale, nelle applicazioni cosmetiche, si usano
emulsioni O/W basate su tensioattivi anionici e non ionici per rilasciare oli o sostanze cerose che forniscono protezione, idratazione
o semplicemente morbidezza alla pelle. Nell'industria farmaceuti-
ca, emulsioni di diversa natura (soprattutto basate su tensioattivi
nonionici, più biocompatibili, ma anche cationici, per le loro proprietà antibatteriche) sono usate per controllare accuratamente il
dosaggio di medicinali o semplicemente per renderli più accetta-
bili per il palato. In agricoltura, molti insetticidi, fungicidi e pesticidi
sono poi dispersi sotto forma di emulsioni per poter usare grandi
sistemi di irrigazione pur mantenendo limitata la quantità effettiva
che di queste sostanze viene erogata. Anche i pigmenti e le vernici,
quando non sono costituiti da particelle solide ma da goccioline
liquide, sono in generale emulsioni[27].

Ma il settore dove le emulsioni, sia naturali che prodotte industrialmente, giocano un ruolo senza dubbio primario è quello alimentare. C'è in primo luogo un'emulsione senza la quale non solo la specie umana, ma l'intera classe dei mammiferi a cui appar-
teniamo non esisterebbe: proprio quella magica sostanza, il latte,
che ci ha accompagnato fin dal primo capitolo, e che è costituita

---

[27] A dispetto del nome, *non sono* invece propriamente "emulsioni" le emulsioni
fotografiche, che sono piuttosto dispersioni di particelle solide di alogenuro d'argento (il materiale sensibile alla luce) in gelatina, depositate su un film di supporto
di acetato di cellulosa.

da una sospensione acquosa di nutrienti idrofobici come i grassi. Naturalmente, ciò che in questo caso stabilizza le gocce non sono tensioattivi (credo che a nessuna mamma piacerebbe vedere il proprio neonato emettere bolle di sapone dopo essere stato allattato), ma proteine, che vedremo nel capitolo finale presentare notevoli affinità con le molecole anfifiliche[28] (quando, per evidenziare la diffusione di luce azzurra da parte di una sospensione di particelle, vi ho suggerito di utilizzare latte scremato, l'ho fatto perché in questo caso sono assenti proprio le gocce di dimensione maggiore, che darebbero a una soluzione di latte in acqua un'apparenza torbida e biancastra). Oltre al latte, alcuni esempi di alimenti emulsionati sono la maionese, la *vinaigrette* (dove gli emulsionanti sono le proteine della senape) i gelati e molte salse, che si formano e devono la loro stabilità alla presenza di proteine, di molecole anfifiliche di origine naturale o, in molti prodotti industriali, dall'aggiunta di tensioattivi "commestibili" come i polisorbati.

Considerando tutte queste applicazioni, potete capire che prolungare per più tempo possibile la vita di un'emulsione è un obiettivo tecnologicamente importante: a nessuno piace scoprire che una crema solare acquistata l'anno precedente si è ridotta a un miscuglio inutilizzabile di acqua e sostanze oleose separate. Ma perché muore un'emulsione? Come abbiamo detto, il processo più importante è quello della coalescenza di gocce, che avviene quando due gocce rimangono a contatto abbastanza a lungo da permettere ai film di tensioattivo di fondersi insieme. Perché ciò avvenga non è ovviamente sufficiente che le gocce si incontrino in modo sporadico ed effimero nel loro casuale zigzagare browniano (che per altro, quando sono grandi, è molto limitato), bensì è necessario che la gravità le spinga a rimanere vicine facendole sedimentare sul fondo nel caso di emulsioni W/O, dove le gocce d'acqua sono più dense dell'olio, o piuttosto *cremare*, cioè venire a galla, nel caso opposto di emulsioni O/W.

Sembrerebbe quindi naturale pensare che la strategia vincente sia quella di ottenere emulsioni particolarmente fini, con gocce così piccole da sedimentare o cremare con molta lentezza (magari aggiungendo un invito al consumatore ad agitare prima dell'uso). Di fatto questo funziona abbastanza bene, come è altrettanto uti-

---

[28] Del resto, anche il lattice di caucciù è un'emulsione stabilizzata non solo da tensioattivi naturali, ma anche da proteine.

le aggiungere sostanze come i polimeri che in qualche modo aumentino la viscosità del solvente, o meglio ancora usare come stabilizzanti dei tensioattivi polimerici, che rendono il film superficiale particolarmente robusto allungando notevolmente la vita all'emulsione. Tuttavia, per quanto possa apparire davvero strano, un'emulsione va incontro a una morte lenta anche *in assenza* di processi di coalescenza, ossia senza che le gocce debbano in alcun modo incontrarsi. Il meccanismo che dà origine a questo progressivo invecchiamento ha a che fare con la pressione di Laplace di una goccia, combinata col fatto che, per quanto piccola, la solubilità di una sostanza idrofobica nell'acqua non è del tutto nulla[29]. La pressione di Laplace è maggiore per le gocce piccole e, come compreso originariamente da Lord Kelvin (padre tra l'altro della previsione della "morte entropica" dell'Universo), ciò comporta che l'olio contenuto in tali gocce sia *un po' più solubile* nell'acqua circostante: così l'olio pian piano tende a essere espulso dalle bolle più piccole per rientrare, passando attraverso l'acqua, in quelle più grosse. A meno che le gocce non siano veramente minuscole, questo aumento di solubilità è molto limitato[30] e quindi il processo è davvero molto lento, ma, come per le bolle di sapone, il processo in qualche modo si autoalimenta perché la pressione, quando le gocce rimpiccioliscono, aumenta ancora di più, mentre si riduce per quelle che si rigonfiano assorbendo olio. Questo effetto, che si dice "maturazione di Ostwald" (*Ostwald ripening*), porta a far crescere quindi le gocce grandi a scapito di quelle piccole, che progressivamente scompaiono, e la competizione naturalmente va avanti fino a che, in linea di principio, ne resterà soltanto una. Un esempio curioso di maturazione di Ostwald è il cosiddetto "effetto ouzo" che avviene quando l'omonimo liquore greco, il Pastis francese, o la sambuca italiana, vengono rapidamente diluiti in acqua. Come molti di voi avranno visto, la soluzione diviene immediatamente torbida e diffonde molta luce: ciò è dovuto al fatto che l'anetolo, l'olio essenziale dell'anice, non è solubile in acqua, dalla

---

[29] Qui discutiamo il caso di un'emulsione O/W, ma lo stesso discorso vale per gocce d'acqua in olio.

[30] Ciò che stabilisce la dimensione delle gocce per cui l'effetto è rilevante è il rapporto $\gamma v/kT$, dove v è il volume di una molecola d'olio, che se provate a fare i conti è proprio una lunghezza, in genere dell'ordine di pochi nanometri. Quindi l'effetto è trascurabile per gocce di dimensione micrometrica, ma è comunque la principale causa di morte per le nanoemulsioni, di cui parleremo tra poco.

quale si separa però sotto forma di gocce di emulsione, con una dimensione iniziale attorno al micron, che poi crescono lentamente proprio per le ragioni che abbiamo detto[31].

Ma è possibile ottenere delle gocce che siano invece davvero stabili *per sempre*? Abbiamo detto che il limite principale è quello della curvatura spontanea, che non permette alle micelle di gonfiarsi più di un tanto. Il problema può essere risolto con un trucco abbastanza semplice, che è quello di aggiungere alla soluzione degli alcol di peso molecolare abbastanza alto, come per esempio il pentanolo. Queste molecole assomigliano ai tensioattivi nel fatto di avere una coda idrofobica, ma hanno una testa davvero molto piccola, che non gli permette di formare micelle, tanto è vero che in acqua sono quasi insolubili. Se tuttavia è presente del tensioattivo, si vanno a inframmezzare a esso nelle micelle, che divengono aggregati misti di tensioattivo e alcol. La piccola testa degli alcol fa però sì che questi aggregati abbiano una curvatura spontanea *minore* e quindi siano molto più felici di gonfiarsi. In questo modo nasce quella che si chiama *microemulsione*, costituita da gocce che possono arrivare fino a una decina di nanometri (in termini di volume, decine di volte quello di una micella). Che le microemulsioni siano una soluzione stabile è suggerito dal fatto che si formano spontaneamente, senza bisogno di fornire energia mescolando con vigore: in pratica, lo possono essere per molti anni. È ancora più facile ottenere microemulsioni acqua-in-olio utilizzando tensioattivi come l'AOT: in questo caso, la curvatura degli aggregati può essere variata entro limiti abbastanza ampi perché le due code del tensioattivo si possono "aprire" o "chiudere" spontaneamente, regolandola in modo opportuno: il raggio di una micella inversa di AOT può quindi essere aumentato di quasi dieci volte semplicemente aumentando il rapporto tra acqua aggiunta e tensioattivo.

La stabilità e la semplicità di preparazione delle microemulsioni ha fatto sì che negli ultimi anni esse abbiano progressivamente

---

[31] Adesso che ci penso: anche il limoncello diviene immediatamente torbido non appena l'alcol in cui sono state fatte macerare le bucce di limone viene versato nell'acqua zuccherata, il che testimonia la presenza di una fase emulsionata (chi di voi come me lo ha preparato può confermarlo), ma poi rimane *stabile* per lungo tempo, a parte la formazione di un'eventuale (e brutta) coroncina attorno al collo della bottiglia. Come mai? Non ho trovato nessun riferimento in letteratura: forse è il caso che ci dia io un'occhiata…

sostituito le emulsioni tradizionali non solo in molte applicazioni cosmetiche, dove lo stato di dispersione ultrafine permette un rilascio molto più efficace dei composti attivi, o nella formulazione di pesticidi, ma soprattutto in settori tecnologici avanzati. Per esempio, farmaci antirigetto come le ciclosporine, che permettono di sopravvivere a lungo a chi ha subito un trapianto, vengono somministrati sotto forma di microemulsioni. Utilizzando tensioattivi particolarmente biocompatibili, si possono poi formulare microemulsioni iniettabili che possono mescolarsi senza problemi al sangue, utilizzando quindi piccole dosi di principi attivi che vengono rilasciate solo nei tessuti "bersaglio": per questa ragione, esse sono il veicolo di trasporto di molti farmaci innovativi. Inoltre, le microemulsioni vengono estesamente utilizzate nei processi chimici, dove si comportano come dei veri e propri "microreattori liquidi", o nelle biotecnologie, dove consentono di intrappolare proteine o far avvenire reazioni enzimatiche in microambienti controllati. In tutt'altro settore, la presenza di piccole quantità d'acqua sotto forma di microemulsione nel gasolio riduce notevolmente l'emissione di ossidi d'azoto e di monossido di carbonio, perché la vaporizzazione dell'acqua riduce la temperatura di combustione, aumentando il rendimento del combustibile e riducendo la formazione di particolato. Per segnalare poi un'applicazione di particolare interesse per il nostro Paese, il gruppo di ricerca dell'Università di Firenze guidato da Piero Baglioni, noto chimico della materia soffice e mio buon amico, usa da molti anni le microemulsioni in tecniche avanzate di restauro delle opere d'arte, con splendidi risultati.

Una delle ragioni per cui le microemulsioni sono così versatili dal punto di vista applicativo è la ricchezza del loro comportamento. Uno stesso sistema può infatti trasformarsi da microemulsione O/W a W/O variando il rapporto tra olio e acqua e passando spesso per una complessa fase intermedia, detta bicontinua, in cui olio e acqua in quantità comparabili sono mischiati intimamente, senza separarsi, proprio grazie alla presenza di interfacce di tensioattivo: l'avanzamento nella scienza della materia soffice è stato fondamentale per comprendere in pieno le possibilità che si aprono nella formulazione di sistemi acqua+olio+tensioattivo. Proprio questi sviluppi stanno portando oggi alla realizzazione di nuovi sistemi, le *nanoemulsioni* che, combinando insieme tensioattivi con diverso HLB, permettono di ottenere gocce stabili per lunghissimi periodi, ma con dimensioni che possono raggiungere la frazione di micron[32], superando in questo modo uno dei principali limiti applicativi delle microemulsioni.

Una delle applicazioni delle emulsioni, ma anche delle microemulsioni, dove colloidi, polimeri e tensioattivi mostrano il loro legame più intimo è quello della sintesi di particelle colloidali. Nel primo capitolo abbiamo parlato di particelle colloidali "polimeriche", come per esempio quelle di polistirolo, che possono essere ottenute in forma perfettamente sferica e con diametri che differiscono l'uno dall'altro di non più del 3-5%. Vedremo presto che particelle di questo tipo sono essenziali per comprendere alcuni aspetti di fondo della fisica della materia: ma come è possibile ottenere questo risultato? Prendiamo per esempio proprio il polistirolo: il monomero che lo costituisce, lo stirene, è totalmente insolubile in acqua, che dunque è un *cattivo* (anzi, pessimo) solvente per il polimero. Non è quindi possibile sintetizzare il polistirene direttamente in acqua e d'altronde, se la sintesi venisse fatta in un buon solvente, otterremmo come sappiamo dei gomitoli frattali, non certamente delle palline rigide! Il trucco è allora proprio quello di aggiungere un tensioattivo, anche il semplice SDS, e sfruttare le micelle come "reattore" in cui far avvenire la polimerizzazione. In presenza dell'SDS, il monomero si solubilizza infatti nel cuore delle micelle, e se a questo punto si aggiunge un "iniziatore" e si scalda la soluzione, dando il via alla reazione, le catene cominciano a formarsi all'interno di esse. Le micelle quindi si gonfiano e diventano progressivamente delle emulsioni il cui interno però, quando il peso molecolare delle catene cresce a sufficienza, diviene *solido*. Si forma così progressivamente un vero e proprio grumo di plastica compatto di forma sferica che costituisce la particella colloidale. Parte dell'SDS utilizzato rimane intrappolato, dando origine così (insieme all'iniziatore, anch'esso carico) alla carica superficiale delle particelle, mentre il tensioattivo in eccesso può essere poi rimosso, o essere lasciato a ricoprire le particelle, fornendo un'ulteriore stabilizzazione.

---

[32] Per una curiosa inversione, dovuta allo sviluppo storico di questi sistemi, le *nano*emulsioni sono quindi molto più grandi delle *micro*emulsioni, formate invece da gocce nanometriche.

4.10 Oro nero

Per chiudere il capitolo, voglio dedicare qualche riga a un fluido di fondamentale importanza la cui composizione, estrazione e tecnologia d'impiego riassumono molte problematiche dei materiali soffici che abbiamo incontrato: il petrolio, l'oro nero che influisce così profondamente non solo sullo sviluppo della società, ma anche sulle strategie geopolitiche del mondo d'oggi. Cominciamo col fugare qualche idea confusa. Innanzitutto, c'è petrolio e petrolio: si va dal pregiato petrolio arabo, che in generale nero non è, ma giallo paglierino, ed è molto poco viscoso, agli oli pesanti neri e molto viscosi, estratti in altri giacimenti del pianeta come per esempio in Venezuela, fino al bitume, che è addirittura un *solido* contenuto nelle sabbie e nelle scisti bituminose di paesi come il Canada. Un giacimento di petrolio è poi qualcosa di *estremamente* più complesso di una cavità nel sottosuolo piena del prezioso liquido. Il petrolio è infatti finemente disperso all'interno di rocce microporose dove si è accumulato nel corso delle ere geologiche insieme a idrocarburi gassosi come il metano e, pressoché sempre, ad acqua. Come si sia formato e soprattutto perché sia arrivato proprio lì, e non per esempio nel giardino di casa nostra, è ancora in parte un mistero (se lo sapessimo, sarebbe più facile trovarlo o capire quanto ne rimane).

Proprio per il modo in cui il petrolio è disperso, non è per nulla facile tirarlo fuori. Il fortunato texano che si limita a scavare un po' nel suo appezzamento di terreno per vedere d'improvviso sgorgare prorompente una fontana di oro nero è solo un personaggio da film, perché le cose stanno in maniera molto diversa. In effetti all'inizio il petrolio sgorga spontaneamente, spinto dalla pressione interna del sottosuolo, ma solo per un breve periodo: poi la spinta si esaurisce e, se ci limitassimo a sfruttare la pressione interna, la grande maggioranza delle risorse petrolifere se ne rimarrebbe lì sotto, intrappolata per sempre. Per farne uscire almeno un po' di più, il metodo più comune e meno costoso è di dargli un aiutino, pompando nel pozzo acqua o vapore sotto pressione che lo spingano fuori. Ma anche questo sistema funziona solo fino a un certo punto perché, mentre si riesce a spingere un liquido meno viscoso come l'acqua con uno più viscoso come il petrolio, il contrario non funziona. Per ragioni fisiche precise, il liquido meno viscoso riesce infatti progressivamente ad aprirsi una strada, formando delle specie di "dita" che si lasciano indietro quello più viscoso: come risultato, dopo un po' pompate acqua ed estraete acqua.

Fino agli anni '70 del secolo scorso, quando il petrolio era ancora a buon (buonissimo) mercato, questo non era un problema: quando un pozzo cominciava a sputare acqua, lo si abbandonava senza problema. Ma a partire dalla prima crisi petrolifera, le cose sono cambiate drasticamente: le aziende petrolifere hanno cominciato a chiedersi (dove "chiedersi" significa investire parecchi soldi in ricerca) se per esempio non valesse la pena di aggiungere al petrolio residuo dei tensioattivi, per estrarlo insieme all'acqua *in forma emulsionata*, da separare poi con comodo in superficie, seguendo quella che si chiama una strategia di recupero *assistito* del petrolio (o *Enhanced Oil Recovery*, EOR). Facile a dirsi, ma costoso a farsi, perché il prezzo dei tensioattivi, per quanto necessari in piccola quantità, avrebbe inciso drasticamente sul costo di un barile: tanto è vero che, passata la buriana, i grandi gruppi petroliferi smisero presto di gettar soldi in quello che sembrava un... pozzo senza fondo.

Come ben sappiamo, il nuovo millennio ha visto sorgere problemini geopolitici non indifferenti che stanno spingendo l'industria del petrolio a ripensare un po' su questa decisione[33]. Oggi tuttavia, con il rapido sviluppo della scienza dei fluidi complessi, le strategie EOR sono molto diverse: la ricerca si concentra per esempio sullo sviluppo di metodi di *water shutoff*, ossia di tecniche che cerchino proprio di bloccare i canali attraverso cui l'acqua vorrebbe uscire lasciandosi alle spalle il petrolio. Un modo potrebbe essere quello di introdurre nel giacimento particelle colloidali idrosolubili costituite da una specie di gel polimerico e, in condizioni opportune, di farle rigonfiare in modo che agiscano da tappo per i pori attraverso cui passa l'acqua: considerato quanto abbiamo detto sulla nostra scarsa conoscenza dei problemi di filtrazione colloidale, la strada sembra tuttavia ancora lunga. In ogni caso, l'uso di particelle colloidali, materiali polimerici e tensioattivi nell'industria del petrolio è molto esteso, e va dalla formulazione dei fanghi di perforazione usati nella trivellazione, alla realizzazione di cementi particolarmente resistenti all'acqua, allo sviluppo di additivi che proteggano i materiali dalla corrosione (un problema

---

[33] Vi sarà chiaro perché noi ricercatori del settore non siamo del tutto infelici se il prezzo del barile va alle stelle (non come privati cittadini, tuttavia).

serio, considerate le condizioni di temperatura, pressione e salinità di un pozzo petrolifero).

Per la scienza della materia soffice, comunque, al di là dei problemi estrattivi (o anche di trasporto), il petrolio è un fluido molto interessante di per sé. Uno dei problemi più rilevanti è che spesso, anche se non gli aggiungiamo proprio niente, il petrolio esce sotto forma di emulsioni molto viscose, che è estremamente difficile "rompere", cosa che si deve fare sul campo, sia perché non si può vendere al posto della benzina una melassa piena d'acqua, sia soprattutto poiché non è bello scaricare in mare o nei fiumi liquidi non proprio amici dell'ambiente (i limiti di legge sul contenuto di olio nelle acque di scarico sono per fortuna molto bassi). Cosa ancor peggiore, emulsioni simili si formano spontaneamente in seguito a riversamenti in mare di greggio, per esempio dalle petroliere: sbarazzarsi di queste appicicaticce fanghiglie è molto più difficile che eliminare uno strato di idrocarburi (come ben sanno i cormorani).

Ma come è possibile che il petrolio formi spontaneamente emulsioni, quando *non* contiene tensioattivi? L'abbiamo capito da poco. Anche se costituiti prevalentemente da idrocarburi di varia lunghezza e da acqua, i fluidi che escono da un pozzo contengono sempre un gran numero di particelle solide, soprattutto argille, che sono prevalentemente idrofiliche, ma non *del tutto*. Come conseguenza di questa loro natura un po' ambigua, tendono ad aderire all'interfaccia tra le gocce di olio e l'acqua (è una specie di legge universale della scienza delle superfici che lo sporco vada sempre all'interfaccia), dove stanno decisamente meglio. Le particelle ovviamente non diminuiscono apprezzabilmente la tensione interfacciale come fa un tensioattivo, ma in ogni caso creano una barriera, una sorta di muraglia, che costituisce un serio ostacolo alla coalescenza tra gocce. Perché due gocce possano fondersi le particelle devono infatti farsi prima da parte, e ciò può essere particolarmente difficile per la presenza all'interfaccia anche di certe grosse molecole organiche, gli asfalteni, proprio quelle che danno il colore nero al petrolio e che costituiscono ovviamente il componente principale dell'asfalto, che rendono molto viscoso lo strato di particelle. In generale, emulsioni di questo tipo, stabilizzate non da un tensioattivo ma da particelle colloidali si dicono emulsioni di Pickering, e il loro studio è oggetto di intensa ricerca perché potrebbero avere risvolti applicativi molto interessanti.

Capitolo 5

Nanoarchitettura

Keplero, Bernal e il vostro ortolano: perché alla fine val la pena di essere un po' ordinati – Opali, cristalli colloidali e computer di domani – Sull'attenti, ma in ordine sparso: le variopinte truppe dei cristalli liquidi – Dai vetri ai gel: viaggio tra i solidi che solidi non sono – Questioni di forma: quando per sapere che cosa è un vetro si deve fare la risonanza magnetica alle M&M's – Sabbie, polveri e granaglie: quando le sospensioni perdono il sospensorio – Castelli di sabbia e sabbie mobili: dai silos alle clessidre, dai sacchetti di noci alle code autostradali.

Credo che molti di voi abbiano vissuto quel momento topico, critico, talora deprimente che si accompagna spesso alla partenza per una desiderata vacanza: quello in cui scopriamo che, nonostante tutti i nostri sforzi, il bagaglio straborda senza speranza dal baule dell'auto. Scopo di questo capitolo è di fare in modo che, la prossima volta che vi capiterà, ciò non costituisca solo un pretesto per reciproche recriminazioni coniugali, ma piuttosto un'occasione per ricordare che quella di "impacchettare" le cose è un'arte sottile che, anche nei casi più semplici, può dare seri grattacapi a fior fiore di pensatori.

In precedenza ci siamo imbattuti in un gran numero di sistemi che, per la loro struttura o per il modo in cui rispondono a una sollecitazione meccanica, possono a buon diritto essere considerati sistemi sovramolecolari, fluidi complessi, o materiali soffici, imparandone soprattutto a conoscere alcune delle innumerevoli applicazioni. Nel far ciò, tuttavia, abbiamo un po' trascurato un aspetto che avevo cercato di sottolineare nella premessa, e cioè che, al di là del loro interesse applicativo, questi sistemi forniscono una splendida occasione per affrontare alcuni problemi di fondo riguardanti il modo in cui la materia è intimamente organizzata. Ora cercheremo proprio di porre rimedio a questa mancanza. Vedremo che, a tutti gli effetti, molti di questi problemi fondamentali possono essere analizzati a partire dal modo in cui gli oggetti di cui abbiamo parlato possono essere "impacchettati". Quindi non parleremo tanto di nuovi materiali, quanto delle complesse *architetture* in cui anche i sistemi più semplici che abbiamo già incontrato si organizzano: in deroga a quanto mi ero ripromesso, ho premesso a esse il prefisso *nano*, perché spesso in questo caso è giusto, appropriato ed efficace. Incontreremo però almeno di sfuggita due tipi di materiali, i cristalli liquidi e i fluidi granulari che, anche se non sono strettamente materia soffice (i primi sono spesso piccole molecole, i secondi mancano di una componente essenziale, il solvente), di essa sono parenti prossimi.

Gli argomenti che affronteremo, ma soprattutto il modo in cui lo faremo, dovrebbero quindi essere particolarmente graditi ai nostri "teomatti", che abbiamo un po' snobbato fino a questo punto e che, probabilmente, sono piuttosto insoddisfatti di quanto ho scritto fino a ora. Questo capitolo è quindi dedicato a loro, ma anche a quanti di voi ritengono che la ricerca scientifica, oltre a far funzionare le cose, debba servire anche a farci capire *perché* funzionano, e ancor di più a chi crede che dedicarci alla scienza, oltre a permetterci di dare un piccolo contributo allo sviluppo tecnologico e culturale, sia anche un modo per mantenere viva quella curiosità che tutti abbiamo da bambini. Tra costoro vi sono parecchi ricercatori che, proprio perché condividono con me questa visione, considero molto più amici che colleghi: non perderò certamente l'occasione di presentarveli.

5.1 Keplero, Bernal e il vostro ortolano

Avete mai osservato il vostro ortolano mentre prepara una cassa di arance, cercando di riempirla il più possibile? Se è così, credo siate d'accordo sul fatto che inizierebbe a riempirla più o meno nel modo indicato a sinistra in Fig. 5.1, sistemando accuratamente le arance secondo uno schema ordinato in cui ogni arancia è circondata da altri sei frutti che formano un esagono regolare (naturalmente, se si tratta di una cassetta di quelle con gli imballaggi già predisposti, ciò non richiede nessuno sforzo mentale, ma qui supponiamo invece che sia solo un contenitore vuoto). Per disporre il secondo strato, l'ortolano sfrutterà sicuramente gli incavi presenti nel primo, ottenendo quindi un secondo piano di esagoni sfalsati rispetto ai primi.

Se ora la cassa è sufficientemente profonda, ci sarà spazio per mettere un terzo strato, ma a questo punto sorge il dilemma, perché in realtà esistono *due* modi per farlo. L'ortolano potrebbe infatti disporre le arance esattamente al di sopra delle prime, ripetendo esattamente lo schema iniziale: andando avanti così, strato dopo strato, si avrebbe una sequenza di piani di tipo "A" e "B" alternati. Se ritorniamo a guardare il primo strato, tuttavia, ci accorgiamo che esistono due tipi di incavo ben distinti, che ho rappresentato rispettivamente in nero e in bianco, di cui abbiamo sfruttato *solo i primi* per disporre gli altri strati, tant'è vero che nella sequenza ABABAB… sono presenti dei "buchi" proprio in corrispondenza di quelli bianchi. Ma se il vostro ortolano è particolarmente creativo potrebbe scegliere diversamente, disponendo il terzo strato secondo lo schema "C", che non si sovrappone al primo: a questo punto, potrebbe ripetere il procedimento, ottenendo l'impaccamento ABCABCABC…, che è *diverso* dal primo e che, se continuaste ad aggiungere strati restringendo sempre di più quello supe-

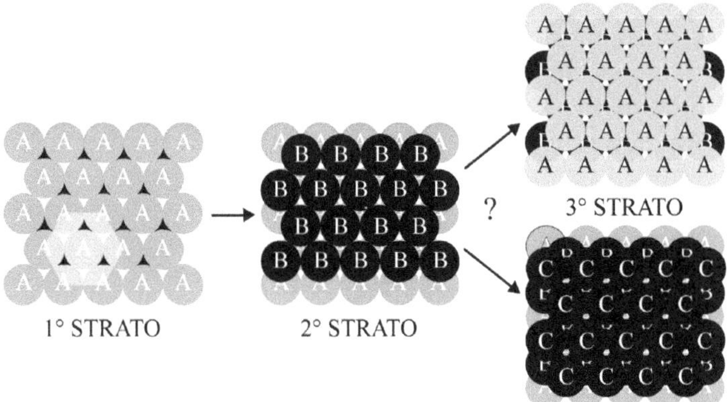

Fig. 5.1. Due modi per riempire una cassa d'arance in modo ordinato

riore in modo da ottenere una piramide, è la tecnica con cui, per esempio, si impilano le palle di cannone (o le arance in bella vista sul banco dell'ortolano). Come vedete, anche impaccare delle sfere non è del tutto banale. Comunque, un buon ortolano sa per esperienza che, dal punto di vista del numero di arance che riesce a rifilarvi, i due procedimenti sono del tutto equivalenti. In entrambi i casi, infatti, si può mostrare che le arance occupano circa i 3/4, o più precisamente, il 74,05%, del volume della cassa: nessuno lo convincerà mai che si possa far di meglio.

Convincere gli ortolani è una cosa, e anche i fisici non si fanno in genere troppi problemi nel prendere per buono quanto ci dice l'esperienza quotidiana, ma con i matematici è tutt'altro discorso. Il primo che si pose il problema di quale sia il migliore impaccamento di un sistema di sfere (che supporremo *rigide*, cioè che non si schiacciano, cosa abbastanza vera per le arance) fu nel 1611 Keplero, lo scienziato cui dobbiamo le leggi che governano le orbite dei pianeti, che prese a modello proprio i mucchi di palle da cannone (a Praga, dove allora si trovava, le arance scarseggiavano) per descrivere come mai i fiocchi di neve, se ingranditi, mostrino sempre una chiara simmetria esagonale. Dato che, per quanto maniaco della geometria, era anche un po' fisico, Keplero ritenne pressoché ovvio che questo modo di arrangiare delle sfere fosse il più compatto possibile. Ma non lo è per nulla: per quasi quattro secoli questa, che ora viene detta *congettura di Keplero*, ha rovinato le notti a molti matematici di prim'ordine.

Per capire come mai il problema sia tutt'altro che banale, cominciamo a studiare come siano organizzate nello spazio le arance nei due casi, identici dal punto di vista del *packing*, che abbiamo considerato. È molto più facile nel caso ABC dove, come ho cercato di mostrare in Fig. 5.2, possiamo suddividere lo spazio della cassa (che ora ovviamente pensiamo come davvero molto grande, per evitare problemi con le pareti) in tanti cubetti affacciati l'uno all'altro, in ciascuno dei quali c'è una sfera su ciascun vertice e una al centro di ogni faccia[1]

---

[1] Ovviamente, ogni sfera su di una faccia si divide a metà tra due cubi adiacenti, mentre ciascuna di quelle sui vertici appartiene a ben otto cubi. In questo modo, ogni cubo contiene di fatto il volume di quattro sfere. Dato che il cubo ha come lato il doppio del diametro di una sfera, non dovrebbe esservi difficile calcolare che la frazione del volume del cubo occupata dalle sfere è pari proprio a $\pi/\sqrt{18} = 0,74048\ldots$

(se non riuscite a vederlo così facilmente, compratevi un po' di arance, che fanno bene anche alla salute). Siamo quindi proprio di fronte a una struttura cristallina con quella che si dice una *cella elementare* cubica a facce centrate o FCC, da *face centered cubic*. Per l'impaccamento ABA invece, che è detto HCP (*hexagonal close-packing*) e che abbiamo visto consistere in una serie di piani di esagoni sfalsati che si alternano, la cella elementare è molto più complessa e meno facile da visualizzare: comunque anche in questo caso, come per l'FCC, ogni sfera è circondata da ben altre dodici.

In matematica è meglio non porre limiti alla fantasia: potrebbero esistere celle ancora più complicate, magari contenenti decine di sfere, che permettano di costruire un cristallo più denso. Ci volle il più grande genio matematico di tutti i tempi, Friedrich Gauss, per dimostrare che FCC e HCP sono i più densi impaccamenti *cristallini*, ossia con un ordine ripetitivo, possibili. Ma questo non è ancora niente, perché non sappiamo ancora che cosa dire su quelli che *non sono* ordinati. Qualche dubbio potrebbe sorgerci, tenendo conto del fatto che se prendiamo quattro sfere e le mettiamo ai vertici di una piramide a base triangolare (quello che si dice un *tetraedro*), otteniamo un gruppetto con un *packing* un po' migliore, dato che le sfere occupano quasi il 78% del volume della piramide. Con dei tetraedri non è però possibile riempire lo spazio in modo regolare, ossia costruire un cristallo, e quindi questo valore non è raggiungibile, ma potremmo sempre pensare di aggiungere qualche sfera per "riempire i buchi", ottenendo comunque un valore superiore al 74%. Solo nel 1998 Thomas Hales, dell'Università del Michigan, dopo aver ridotto il problema all'analisi di "solo" un po' più di 5.000 situazioni possibili, annunciò di aver dimostrato che la congettura di Keplero è esatta, e ci vollero altri quattro anni a un comitato di matematici per annunciare che la prova di Hales era corretta "almeno al 99%" (anche perché questa occupava circa 250 pagine)[2]: non provate a raccontarlo al vostro ortolano, se ci tenete alla reputazione.

---

[2] Oggi Hales pensa che si possa trovare una dimostrazione più diretta, senza dover esaminare uno per uno tutti i casi, e confida che si possa riuscire, lavorando sodo (e in tanti) per una… ventina di anni.

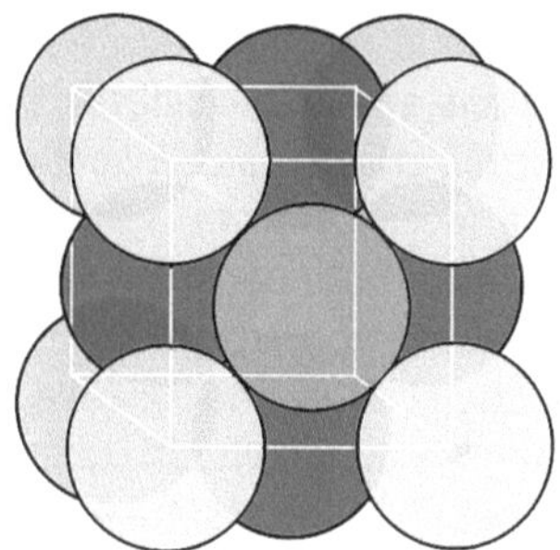

Fig. 5.2. Struttura cubica a facce centrate (FCC), con delinata la cella unitaria

Dato per buono che delle sfere rigide e ben ordinate riescono a impaccarsi fino a una frazione del volume totale pari a circa il 74%, possiamo ora chiederci qual è il massimo volume che possono occupare se sono completamente *disordinate*: in parole povere, quante arance riuscirà a mettere l'ortolano nella cassa se le butta dentro a caso? Questa è a dire il vero una domanda abbastanza fumosa, perché è tutt'altro che semplice dire che cosa sia completamente "a caso". Anzi, per i matematici parlare di *massimo* impacchettamento casuale è per certi aspetti contraddittorio, proprio perché vuol dire che questa è una situazione *molto speciale*, che soddisfa a un preciso requisito, e il caso, quello vero, non conosce regole (cosa non ancora compresa dai sistemisti del Superenalotto). Non sorprende quindi che, a differenza che nel caso della congettura di Keplero, i matematici abbiano sempre snobbato questo problema.

Ci voleva un fisico sperimentale irlandese, John Desmond Bernal, molto noto anche tra i biologi, per dare una risposta davvero sorprendente al problema. Oltre che uno scienziato di valore, Bernal fu un personaggio davvero multiforme: spirito brillante di sangue misto italo-portoghese-ispanico-ebraico, acceso e attivo comunista[3] che comunque si impegnò strenuamente nella difesa del suo paese durante la battaglia d'Inghilterra e nell'operazione Overlord, uomo dalla vita sentimentale ricca e complessa, fu quanto di più diverso si possa immaginare dallo steoreotipo del

---

[3] Il che, almeno scientificamente, non gli fu di grande aiuto, visto che finì per aderire alle ridicole teorie anti-darwiniane di Trofim Lisenko, il tronfio contadino trasformato da Stalin in eroe della scienza sovietica.

topo di laboratorio o di biblioteca. *Sage*, "il saggio" Bernal, come era comunemente chiamato, diede un contributo fondamentale alla nascita della cristallografia, ossia dello studio delle strutture cristalline, e ciò fu possibile proprio grazie al suo grande interesse per i problemi di *packing*.

Noncurante della latitanza dei matematici, Bernal si mise a fare ciò che ogni sperimentale sa fare: per l'appunto, sperimentare, riempiendo contenitori di ogni forma di oggetti sferici e contando quanti riuscisse a infilarcene. C'é ovviamente un numero stratosfericamente grande di modi diversi di disporre "a caso" delle sfere in un certo volume, e in linea di principio potremmo aspettarci che i risultati che si ottengono possano essere i più disparati. Ciò che Bernal scoprì è che invece, purché si usi qualche precauzione ben nota agli speziali e ai venditori di granaglie da tempo immemorabile, i valori che si ottengono sono sorprendentemente simili: la frazione di volume occupata dalle sfere era sempre, o comunque nella stragrande maggioranza dei casi, attorno al 62-64%. Da allora, innumerevoli altri esperimenti, relativi ai sistemi più disparati (soprattutto colloidali, come vedremo, e quindi costituiti da sfere davvero microscopiche), hanno confermato i risultati di Bernal, al punto che oggi nessuno dubita più che si possa definire, almeno dal punto di vista sperimentale, una frazione massima di impaccamento casuale di sfere, detta *random close-packing* (RCP), che ha un valore attorno a 0,64. Perché il valore di RCP sia così ben definito, e soprattutto quale significato fisico veramente abbia, è tuttavia una questione ancora fortemente dibattuta, che va al cuore della nostra (in)comprensione di che cosa siano veramente l'ordine e il disordine.

Ma che cosa hanno a che vedere la congettura di Keplero e gli esperimenti di Bernal con i solidi, i liquidi, e soprattutto la materia soffice? Per spiegarvelo, devo raccontarvi un'altra storia, dove l'importanza dei colloidi come sistemi "modello" per la fisica della materia si manifesta in tutta la sua pienezza.

5.2 Quando l'entropia ordina di ordinarsi: i cristalli colloidali

Lo studio dei liquidi è terribilmente più complicato di quello dei solidi, e il perché, almeno a grandi linee, non è difficile da capire.

I solidi e i liquidi, ossia quella che chiamiamo la materia *condensata*, esistono perché tra gli atomi e le molecole agiscono delle forze, come quelle di dispersione o quelle di natura elettrica, che in generale dipendono dalla distanza: tanto più lontane due molecole sono, tanto meno si sentono. Nei solidi, gli atomi sono più o meno bloccati in posizioni fisse, secondo un ordine che è proprio quello del cristallo, e quindi le distanze tra essi sono note. Per valutare quanto per esempio un cristallo assorba calore, o quale sia la sua elasticità, è sufficiente sapere quanto gli atomi "oscillino" rispetto a queste posizioni, cosa che si può fare conoscendo quali forze agiscono tra loro: proprio perché sappiamo dove ogni atomo si trova, ciò è possibile, anche se magari non facile. Per i liquidi le cose stanno in maniera molto diversa, perché atomi e molecole sono liberi di muoversi da ogni parte e quindi *cercano* le posizioni più adatte, in modo tale che l'energia (per l'esattezza quella che abbiamo chiamato energia libera) complessiva sia la più piccola possibile: in altri termini, le posizioni delle molecole sono *determinate* dalle forze agenti. Sorge allora un problema apparentemente insormontabile, dato che per calcolare il valore della forza che agisce tra due molecole dobbiamo sapere a che distanza sono, ma questa distanza è a sua volta stabilita proprio dalla forza stessa: insomma, è davvero il gatto che si morde la coda.

Per altro, non è facile capire neppure *perché* i liquidi debbano esistere: come mai alla Natura non basta un solo stato disordinato della materia, il gas? Perché l'acqua si trasforma di colpo in una cosa molto diversa, il vapore, quando bolle in pentola? Fu per primo Johannes Diderik van der Waals, lo stesso che introdusse le forze di dispersione, a comprendere che, perché ciò avvenga, è sufficiente che vi siano delle forze *attrattive* tra le molecole: per effetto di esse, un gas raffreddato condensa sotto forma di liquido. Ma van der Waals capì qualcosa di più: ciò è vero solo al di sotto di una certa temperatura e pressione, al di sopra delle quali gas e liquido non si distinguono più ed esiste *un solo* stato fluido indistinto della materia. Se portassimo l'acqua a 400 °C nelle profondità oceaniche, per esempio, questa non sarebbe né "acqua" in senso convenzionale né vapore, ma un fluido totalmente diverso e con delle caratteristiche chimiche davvero particolari, al punto di poter solubilizzare senza alcun problema oli, grassi e persino materie plastiche[4]. La differenza tra un liquido e un gas, pur così diversi nel loro aspetto visibile (un liquido può essere per esempio migliaia di volte più denso che un gas e, come abbiamo visto, comportarsi meccanicamente quasi come un solido), è davvero molto sottile. Non stupisce allora che la fisica dei liquidi si sia sviluppata molto più tardi di quella dei solidi.

Uno dei pionieri dello studio dei liquidi fu, a partire dagli anni '30 del secolo scorso, un grande fisico e chimico americano, John Gamble Kirkwood. Più che ricerca scientifica, per quei tempi occuparsi di questi problemi poteva sembrare un gioco d'azzardo con in palio il prestigio scientifico di chi lo intraprendeva ma, visto anche il significato inglese del suo *middle name*, Kirkwood non si fece intimorire. Per non complicarsi troppo la vita, cominciò però a occuparsi proprio di capire come vanno le cose per un gas costituito da particelle sferiche tra le quali non si esercita alcuna forza, se non il fatto che le sfere si respingono quando urtano tra loro come se fossero palle da biliardo: ciò è proprio quello che intendiamo quando parliamo di un sistema di sfere rigide, che differisce da quello che i fisici chiamano un gas "ideale" solo per il fatto che le molecole non sono puntiformi, ma occupano un certo volume.

Non essendoci forze attrattive, per le sfere rigide non esiste la differenza tra gas e liquido, e Kirkwood sperava in tal modo di comprendere più facilmente come cambia la struttura man mano che il fluido diviene più denso, cioè quando cresce progressivamente la frazione del volume totale occupato dalle sfere. Per far questo, sviluppò alcuni strumenti matematici, ancora oggi usati per studiare i liquidi, che si rivelarono subito molto utili per capire come le molecole si distribuissero nel fluido, almeno fino a quando la frazione di volume di sfere non era troppo alta. Tuttavia, si accorse ben presto di un fatto molto strano: al di là di una certa concentrazione, non solo il calcolo diventava molto più complesso, ma sembrava addirittura che non potesse *esistere* alcuna soluzio-

---

[4] Queste condizioni probabilmente si verificano nelle caldissime sorgenti del fondo oceanico dette camini idrotermali (*hydrothermal vents*), che di conseguenza ospitano nei dintorni un ecosistema quasi alieno, costituito da batteri "estremofili", che non sfruttano la luce solare per produrre energia come tutti gli altri esseri viventi (magari indirettamente, mangiando chi, come una mucca, mangia l'erba, la quale lo fa direttamente), ma metano e prodotti sulfurei.

ne al problema. Con un'intuizione geniale, già nel 1939 Kirkwood scrisse quindi che

> […] si è tentati di concludere che esiste una densità limite, oltre la quale una distribuzione propria di un liquido e la struttura liquida stessa non possono esistere. Al di sopra di questa densità, sono quindi possibili solo strutture con un ordine cristallino a lunga distanza.

Era però un'idea troppo prematura per i tempi, e il problema di che cosa succeda a un sistema di sfere rigide per concentrazioni elevate rimase nel dimenticatoio, anche perché i conti erano tanto difficili da far temere di prendere qualche abbaglio.

Verso la metà degli anni '50, tuttavia, lo sviluppo dei primi computer cambiò le carte in tavola, perché i fisici cominciarono a *simulare* un sistema, cioè a darlo in pasto al calcolatore, chiedendo *a lui* di usare le leggi della fisica per vedere come si sarebbe comportato. Così, in un breve articolo del 1957, Bernie Alder e Tom Wainwright, due padri fondatori della simulazione al computer, comunicarono al mondo un risultato fondamentale: al di sopra di una certa concentrazione, un fluido di sfere rigide si ordina *spontaneamente* sotto forma di cristallo. E fu subito *bagarre*, perché molti teomatti non credevano assolutamente che ciò fosse possibile. Il loro ragionamento era più o meno questo: se per tenere insieme delle molecole in un liquido sono necessarie delle forze attrattive, come è possibile che un solido, in cui esse sono ancora *meno* libere di muoversi, possa nascere in assenza di qualunque legame che le tenga insieme? Tutto sommato, non è facile dar loro torto, perché il fatto che delle palle da biliardo si mettano in ordine spontaneamente è tutt'altro che intuitivo. Ma i computer, che nel frattempo divenivano rapidamente più potenti, confermarono in breve tempo il risultato di Alder e Wainwright, e anzi stabilirono con precisione che ciò deve avvenire necessariamente quando la frazione di volume occupata dalle sfere supera circa la metà del totale.

La ragione di fondo per cui molti teorici non potevano accettare questo risultato è probabilmente legata alla confusione sul significato dell'entropia, e in particolare alla sua identificazione con il "disordine" a cui abbiamo accennato. Un cristallo è più ordinato di un liquido, cioè *sembra* avere un'entropia minore, quindi solo un'energia attrattiva può costringere le sfere ad andare controcorrente ordinandosi. E invece no: al contrario, anche se il cristallo è ordinato, la sua entropia è *maggiore* di quella del fluido e le sfere, nel cristallizzare, non fanno altro che aumentare la propria entropia, come vuole la termodinamica. Per capirlo, basta usare invece la *nostra* idea di entropia come "libertà di movimento", tenere conto di quanto sa il nostro ortolano, e fare due più due. Che cosa vuol dire infatti che le sfere si impaccano meglio ordinate che disordinate? Semplicemente che, se le mettiamo in ordine, ciascuna sfera ha più spazio per muoversi. È facile capirlo se consideriamo una frazione di volume pari a 0,64: nello stato disordinato tutte le sfere sono bloccate mentre, se le mettiamo in ordine come le arance, ci avanza ancora un dieci per cento di spazio per aggiungere altre sfere. Le sfere preferirebbero quindi andarsene in giro per tutto il volume come in un fluido, e finché non ce ne sono troppe in giro questo funziona, ma se l'ambiente si fa troppo affollato e si ostacolano troppo a vicenda, diventa conveniente per loro mettersi d'accordo: confinandosi spontaneamente in una celletta del cristallo, perdono sì la libertà di spaziare per tutto il volume, ma in realtà ciascuna di esse acquista singolarmente *più spazio* per muoversi. In questo caso, come vedete, ordine è libertà: possibile che lo capiscano delle palle da biliardo e non noi disordinati latini?

Gli atomi e le molecole del mondo vero sono tuttavia molto più complicati delle sfere rigide, e il modo con cui interagiscono è ben diverso dagli urti tra palle di biliardo. Quello di Alder e Wainwright rischiava quindi di rimanere un risultato carino, confinato nel mondo virtuale dei computer, o al più un passatempo per i teomatti. Ma è qui che entrano in gioco i colloidi, perché, anche se la natura è stata avara, le sfere rigide possiamo costruircele noi. Vediamo come. In primo luogo, meglio lavorare in un solvente diverso dall'acqua, per toglierci dalle scatole le forze elettrostatiche. Sospendere delle particelle in un solvente non polare non è facile, ma abbiamo visto che se le rendiamo "pelose" facendo aderire alla superficie della particella del tensioattivo, o magari appiccicando a essa delle catene polimeriche corte per cui questo solvente sia un buon solvente, la sospensione diviene stabile. A dire il vero restano ancora un po' di forze di dispersione, ma abbiamo visto che queste possono essere rese molto piccole utilizzando particelle e solvente con un indice di rifrazione simili (oltretutto, questo è l'unico modo per vederci dentro qualcosa, altrimenti la sospensione, per effetto dello scattering, sarebbe bianco latte).

Questa è la strada che seguirono Peter Pusey e William van Megen[5], utilizzando delle sfere di PMMA disperse in una miscela di solventi organici, per ottenere la migliore approssimazione possibile di sfere rigide che esista fuori dalla memoria di un computer: i risultati sono riassunti, almeno visivamente, nella Tavola 6, che Peter mi ha gentilmente fornito, dove sono mostrate una serie di sospensioni preparate a una frazione di volume, che indicheremo con la lettera greca Φ (fi), che aumenta dal 48% a quasi il 64% muovendosi da sinistra a destra. Nella prima fila in alto, che mostra i campioni subito dopo essere stati mescolati vigorosamente, potete vedere come le sospensioni abbiano inizialmente un colore uniforme, ben più intenso però dall'azzurro pallido che abbiamo visto per il latte diluito, perché lo scattering da una sospensione concentrata è molto diverso da quello di una diluita. Concentriamoci però su quanto si può osservare dopo un giorno (fila centrale): come potete vedere, finché Φ è inferiore a poco meno di 0,5 (cioè al 50%), la sospensione mantiene un aspetto uniforme, ma per valori leggermente superiori nascono d'improvviso tanti brillantini iridescenti che, aumentando ulteriormente Φ, invadono progressivamente la cella, fino a riempirla completamente per $\Phi \simeq 0{,}55$. Questi *spot* colorati testimoniano proprio la presenza di piccoli *cristalli colloidali*, ossia dei granelli costituiti da particelle colloidali ordinate su di un reticolo cristallino.

Da dove nasce questa cascata di colori? Quando su di un cristallo viene inviata della radiazione che abbia una lunghezza d'onda paragonabile alla distanza tra i diversi "piani" del cristallo (pensate alle arance), questa viene *diffratta*, cioè deviata dalla direzione originale. La diffrazione è un fenomeno strettamente legato allo scattering, anzi in realtà è proprio lo scattering da una struttura *ordinata*, dove la radiazione, anziché essere diffusa in tutte le direzioni, viene deviata solo a certi angoli particolari, che riflettono la particolare simmetria del cristallo. Analizzando queste direzioni di diffrazione, che si dicono *picchi di Bragg*, si può anzi ottenere

---

[5] Peter è un vero *gentleman* inglese, dotato di una naturale modestia che lo fa spesso confessare innocentemente di non aver capito qualcosa, dote non comune tra gli scienziati di prima classe del suo pari (per questo poi le cose le capisce a fondo, prima e meglio degli altri). Bill, olandese di nascita ma australiano d'adozione e di fatto, è davvero unico per quanto riguarda l'originalità e la sottile vena di positiva pazzia che lo fa assomigliare a un *Crocodile Dundee* della fisica. L'improbabile combinazione di questi due personaggi così diversi (seppur ottimi amici), ha generato splendidi risultati per la scienza della materia.

proprio la struttura del cristallo, per esempio se sia FCC, HCP o un cristallo più complesso: per questa ragione, la diffrazione è la tecnica principe su cui si fonda la cristallografia. Nei cristalli atomici o molecolari le distanze tipiche tra i piani cristallini sono di qualche decimo di nanometro e pertanto, per osservare la diffrazione, è necessario usare dei raggi X, che hanno una lunghezza d'onda paragonabile. Ma nel caso dei cristalli colloidali, la distanza caratteristica è dell'ordine della dimensione delle particelle, e quindi è la *luce visibile* a essere diffratta. I colori diversi sono dovuti a singoli cristallini orientati in modo da mostrare piani differenti che diffrangono dunque lunghezze d'onda diverse, mentre tra uno spot e l'altro non è che non vi siano cristalli: semplicemente, nessun picco di Bragg è diretto in modo tale da raggiungere l'obiettivo della fotocamera. Dato che esistono due tipi fondamentali di cristalli di sfere rigide, qual è allora la struttura di questi cristalli colloidali? Semplice, è una miscela equilibrata delle strutture FCC e HCP, in cui le sequenze AB e ABC si susseguono secondo un ordine casuale e in modo democratico, così da essere equamente rappresentate.

Nel 1986 il fatto che dei colloidi potessero ordinarsi sotto forma di cristalli era noto ormai da oltre un decennio, ma l'esperimento di Pusey e van Megen, che concordava pienamente con quanto previsto dalla simulazione al computer sia per quanto riguarda il massimo valore di Φ per cui si ha ancora un fluido, che per quello in cui tutto il campione diviene cristallino, mostrò finalmente che le sfere rigide non esistevano solo nel mondo virtuale[6]. Come per molte altre scoperte e invenzioni, Peter e Bill erano però stati preceduti da lungo tempo dalla Natura, anzi, non è da escludersi che qualche mia lettrice porti in questo momento al dito uno degli esempi esteticamente più piacevoli di cristallo colloidale: un *opale*.

Queste gemme iridescenti si formano attraverso un processo di precipitazione di silice dall'acqua sotto forma di palline, con una dimensione tipica compresa tra 150 a 300 nm, seguito da una lentissima evaporazione dell'acqua che avviene su scale di tempo geologiche e porta alla progressiva concentrazione delle sfere,

---

[6] Nel mio piccolo, ho contribuito anch'io a questa storia. Pochi anni più tardi infatti ho mostrato, insieme a Vittorio Degiorgio e a Tommaso Bellini, che non solo la cristallizzazione, ma l'intero comportamento termodinamico (quella che si chiama "equazione di stato") di una sospensione colloidale può accordarsi in pieno con quanto previsto per delle sfere rigide.

fino a che queste formano un cristallo sempre più compatto. È importante che l'evaporazione sia davvero molto lenta, altrimenti gli stress dovuti alla tensione superficiale dell'acqua porterebbe all'immediato disfacimento del cristallo: per questo, la maggior parte degli opali (la cui estrazione è concentrata per oltre il 97% in Australia) si trova in sedimenti geologici del Cretaceo che hanno più di cento milioni di anni. Un altro requisito fondamentale è che i diametri delle sfere che costituiscono il cristallo non differiscano per più di circa il 10%, altrimenti si forma una struttura solida ma disordinata di cui presto ci occuperemo: di fatto, una parte considerevole, detta *potch*, degli opali naturali non mostra colori, ma ha un aspetto biancastro, dovuto allo scattering normale (non di Bragg) da una struttura disordinata, e pertanto non ha alcun valore commerciale. Ovviamente poi, come noto ai gioiellieri, gli opali sono gemme piuttosto fragili e soprattutto molto sensibili all'umidità. Pertanto, sono spesso preparati sotto forma di sottili fogli racchiusi tra una lastrina di vetro o quarzo e un supporto di pietra nera come l'ossidiana, che ne esalta i colori. È interessante notare come la sonda spaziale *Mars Reconnaissance Orbiter* della NASA abbia rilevato nel 2008 la possibile presenza di opali su Marte, testimoni della presenza di acqua liquida sul pianeta in tempi remoti, ma più vicini di quanto si ritenesse in precedenza.

Quanto sono "duri" i cristalli colloidali, se paragonati a quelli ordinari? Cerchiamo di sfruttare ancora una volta i suggerimenti che possono venirci dall'analisi dimensionale. Il modulo elastico e il carico di rottura di un materiale hanno come dimensioni quelle di una forza divisa per una superficie: dato che un lavoro, o un'energia, sono dati da una forza per uno spostamento, che è una lunghezza, non è difficile capire che queste sono anche le dimensioni di un'*energia per unità di volume*. Per i cristalli ordinari l'energia tipica sarà quella dei legami che tengono insieme gli atomi nel cristallo, mentre nel caso dei colloidi l'unica energia caratteristica che abbiamo a disposizione è quella termica kT. La cosa più importante è però che il volume che dobbiamo inserire al denominatore non potrà essere che quello della cella elementare del cristallo, ossia qualcosa che è dell'ordine del cubo della distanza media tra le particelle, la quale, per una struttura fortemente impaccata, è prossima della dimensione delle particelle stesse. La differenza fondamentale tra i cristalli colloidali e i loro equivalenti atomici è che il raggio delle particelle colloidali è pari a migliaia di volte quello di un atomo: il modulo elastico e la "robustezza" di un cristallo colloidale sono quindi *miliardi* di volte inferiori a quelle di un cristallo atomico, al punto che, se agitate con vigore una delle cellette in Tavola 6, i picchi di Bragg scompaiono, a testimonianza del fatto che i cristalli "fondono", per poi riformarsi con lentezza[7].

Notate bene che le molecole del solvente rimangono libere di muoversi, e nonostante ciò il cristallo "sta insieme": anzi, proprio molli i cristalli di sfere rigide non sono e, per scioglierli, bisogna agitare le cellette con vigore. I cristalli colloidali possono tuttavia essere anche molto più soffici. Visto che la formazione di cristalli può avere luogo anche in assenza di forze attrattive, che cosa può accadere se rendiamo ancora *più repulsive* le particelle, per esempio caricandole? In questo caso, dato che le nuvole di controioni vogliono evitare di compenetrarsi, è come se ciascuna particelle occupasse un volume "effettivo" sensibilmente maggiore: per colloidi molto carichi e in assenza di sale aggiunto, ciò può condurre alla formazione di cristalli colloidali anche quando Φ è estremamente bassa, in taluni casi addirittura inferiore all'1%. Questi cristalli, che talora possono avere anche una struttura diversa da quelle che abbiamo visto[8], sono davvero soffici, al punto di poter essere tranquillamente *versati* come se fossero (quasi) acqua: ciò che accade in realtà è che, se rovesciamo il contenitore, i cristalli fondono sotto il proprio peso e fluiscono, per poi riformarsi (più rapidamente che nel caso di sfere rigide) una volta che il fluido è fermo. Potete vedere qualche esempio "fatto in casa" (dove qui la casa sono i miei laboratori) di questi cristalli dagli splendidi colori in Tavola 7.

I cristalli colloidali sono rapidamente divenuti un vero e proprio banco di prova per le teorie sulla formazione e la struttura dei cristalli, e quindi sono di estremo interesse per la fisica della materia. Ma esistono anche applicazioni pratiche di queste strutture? In prospettiva sì: la strada da fare è ancora lunga, ma il premio finale sarebbe davvero notevole, dato che i cristalli colloidali potrebbero giocare un ruolo importante nello sviluppo di computer di domani che, anziché utilizzare circuiti elettronici, si basino su circuiti ottici

---

[7] Proprio la lentezza con cui si formano i cristalli, insieme al fatto di poter sfruttare la luce visibile per studiarli, fa sì che la nascita e la crescita di un cristallo si possano studiare molto più facilmente per i sistemi colloidali che per quelli atomici.

[8] È la struttura cubica a corpo centrato, o BCC, dove non ci sono sfere sulle facce, ma solo una al centro del cubo, e che ha un *packing* massimo più basso, pari al 68%.

dove è *la luce*, e non la corrente elettrica, a trasportare l'informazione. In questi circuiti il passaggio o meno di un fascio luminoso verrebbe regolato proprio controllando le proprietà di diffrazione di una struttura ordinata. Di fatto, circuiti ottici abbastanza semplici vengono già da tempo realizzati all'interno delle fibre ottiche, che come sappiamo sono attualmente il modo più rapido ed efficiente per trasportare informazione, ma la possibilità di realizzare interruttori, commutatori o addirittura transistor non in una, ma in *tre* dimensioni, è davvero allettante perché questi, permettendo non solo il trasporto ma l'elaborazione di informazione, aprirebbero frontiere illimitate allo sviluppo dell'informatica. Il primo passo necessario in questa direzione è la realizzazione di *cristalli fotonici*, cioè strutture tridimensionali che regolino il passaggio di luce di diversa lunghezza d'onda proprio attraverso la diffrazione di Bragg. Uno dei modi in cui si cerca di farlo attualmente è proprio quello di utilizzare i cristalli colloidali come stampi, sostituendo il solvente con una matrice solida senza modificare la posizione delle particelle. Queste vengono poi a loro volta rimosse lasciando dei veri e propri "buchi", cosa necessaria per creare la maggior differenza di indice di rifrazione possibile con la matrice, amplificando così i fenomeni di diffrazione: si otterrebbe in questo modo una sorta di "groviera ordinato", che selezionerebbe in maniera opportuna quali lunghezza d'onda siano trasmesse e quali deviate. Come dicevo, la strada per arrivare a un utilizzo pratico sembra essere ancora molto, molto lunga: ma sviluppi impensabili fino a un decennio or sono, come la realizzazione di riproduttori MP3 o di E-paper, ci hanno insegnato che con la tecnologia è meglio non improvvisarsi Cassandra.

5.3 Vetri e gel: quando odio e amore sortiscono effetti simili

Ritornando alla Tavola 6, possiamo notare come, quando Φ cresce ulteriormente, abbiano luogo altri evidenti cambiamenti nell'aspetto dei campioni. Prima di tutto, una volta che i cristallini hanno invaso tutta la sospensione, gli *spot* diventano dapprima meno evidenti, per venir poi sostituiti da una trama totalmente diversa, fatta come di "foglietti" sospesi, che testimonia un evidente cambiamento nella morfologia dei cristalli colloidali. Ciò che è davvero sorprendente è quanto accade subito dopo, quando Φ supera il 58% circa: la sospensione torna a essere di un colore uniforme, dapprima verde e poi blu, come se non fosse più presente alcun cristallino, anche se la sospensione è meccanicamente ancora *più rigida* di quanto fosse il cristallo colloidale. Con il loro esperimento, Pusey e van Megen avevano messo in luce la nascita di un *vetro* di sfere rigide, ossia di uno stato "meccanicamente" solido, ma completamente disordinato.

Da dove ha origine questa trasformazione a uno stato vetroso? Quanto succede per concentrazioni lievemente minori ci dà un chiaro indizio di che cosa stia avvenendo. Le particelle *vorrebbero* ordinarsi su di un cristallo (in fondo possono farlo fino a concentrazioni molto maggiori), ma per poterlo fare devono potersi muovere e riorganizzare, e ciò diventa sempre più difficile perché, concentrate come sono, si ostacolano sempre di più a vicenda. Di fatto, i cristalli a foglietto che si osservano appena prima della transizione vetrosa non nascono più nel cuore della sospensione ma all'esterno, in prossimità delle pareti, l'unica regione in cui ciò è ormai possibile. Se Φ aumenta ancora un po' anche questo meccanismo viene soppresso, perché ogni particella rimane imprigionata in una gabbia formata da quelle che le stanno intorno, da cui non può uscire a meno che tutte queste non si muovano in maniera coordinata, lasciando aperta una via di fuga. come ho cercato di mostrare in Fig. 5.3B. Questo modo di vedere le cose suggerisce che un vetro non sia una vera fase stabile della materia, ma piuttosto uno *stato arrestato*, per uscire dal quale possono essere necessari tempi lunghissimi.

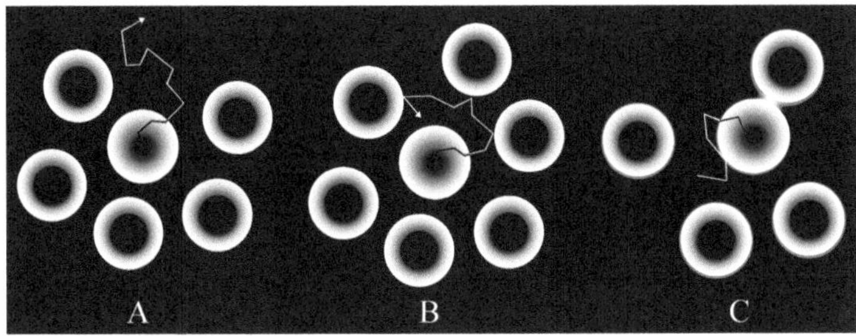

Fig. 5.3. Diffusione di una particella in un fluido (A), in un vetro "repulsivo" (B) e in un vetro "attrattivo" (C)

Abbiamo già incontrato fasi vetrose, in particolare parlando dei polimeri: per essi (e ancor di più per i "vetri molecolari" come il semplice vetro di una finestra) il problema è più complicato, perché si ha a che fare con cose molto più complesse di un sistema di sfere rigide, ma il meccanismo di fondo che porta alla nascita di un vetro è lo stesso. Di fatto, molti aspetti del comportamento dei vetri polimerici e molecolari[9], come per esempio l'andamento della viscosità o il modo in cui questi sistemi possono vibrare, hanno un preciso corrispettivo per un sistema di palle da biliardo. Proprio per la loro semplicità, i vetri di sfere rigide sono rapidamente diventati un sistema modello per investigare l'origine e la struttura dei vetri comuni. Molti aspetti fondamentali sono tuttavia ancora da chiarire: per esempio, è davvero scontato che il sistema si arresti? Nelle simulazioni al computer, sembra al contrario che, prima che questo avvenga, qualche cristallino inevitabilmente si formi, portando alla rapida cristallizzazione di tutto il sistema. In fondo, gli stessi campioni utilizzati da Pusey e van Megen sembrano cristallizzare se preparati e mescolati nello spazio, a bordo della Stazione Spaziale Internazionale. Una volta riportati a terra, tuttavia, se rimescolati, ritornano in uno stato vetroso: sembra quindi che i piccoli effetti di sedimentazione associati alla presenza della gravità abbiano un effetto importante sulla formazione o meno del cristallo. In fondo, se osservate l'ultima fila delle Tavola 6, anche i campioni di Pusey e van Megen, dopo qualche giorno, cominciano a cristallizzare a partire dalla superficie libera superiore del campione. Molto probabilmente quindi, un sistema di sfere rigide in realtà cristallizza sempre. Tuttavia, l'esperimento che abbiamo esaminato mostra che, attorno a $\Phi = 0{,}58$, qualcosa di particolare succede: se poi si utilizza un sistema dove le sfere hanno diametri lievemente diversi tra loro, anche solo del 10%, il cristallo scompare davvero del tutto, permettendo così di studiare il comportamento di un vetro per tempo indefinito.

Negli ultimi anni, i fisici si sono resi conto del fatto che uno stato arrestato può avere origine per ragioni molto diverse. Per capirlo, dobbiamo considerare un modello lievemente più complesso delle sfere rigide, ossia quello che viene detto un sistema di *sfere*

---

[9] O perlomeno di un'ampia classe di sistemi vetrosi, detti vetri "fragili".

rigide adesive o, più familiarmente, di "palle appiccicose". L'idea è quella di introdurre anche delle *attrazioni* tra le particelle, ma di tipo molto semplice: una specie di "strato di colla" spalmato sulla superficie che, quando due sfere vengono a contatto, le leghi con una certa energia che può essere controllata. Ciò può essere fatto in modo abbastanza semplice, aggiungendo per esempio alla sospensione dei tensioattivi o dei piccoli gomitoli polimerici, che danno proprio origine a forze attrattive tra le particelle colloidali. Anche se non indagheremo a fondo su queste interazioni, dette "forze di svuotamento" o *depletion forces* (che ritroveremo in azione nei sistemi biologici), vi basti sapere che nascono ancora una volta dall'esigenza di massimizzare l'entropia delle particelle che aggiungiamo. Queste sono piccole, ma *tante* e molto infastidite dalla presenza delle grosse, che gli tolgono libertà di movimento: pertanto si coalizzano cercando di radunare tutti insieme gli ingombranti ospiti indesiderati, cosicché occupino meno spazio (è vero, le particelle grosse così perdono entropia, ma sono poche e contano come il due di picche). In termini pratici è come se le particelle grosse, in questo solvente "speciale" fatto di particelle piccole, si attirino, appiccicandosi l'una all'altra. Per quanto ancora semplice, un sistema di questo tipo presenta un comportamento molto più ricco di quello delle sfere rigide, dato che l'energia della colla può essere fatta variare tra valori molto bassi, per esempio pari all'energia termica, e molto alti, prossimi a quelli dovuti alle forze di dispersione: per esempio, in certe condizioni la sospensione si separa in due fluidi distinti, equivalenti a quello che sono un gas e un liquido per un sistema molecolare[10].

Come mostrato in Fig. 5.3C, in presenza della colla superficiale non è più necessario che attorno a una particella si formi una gabbia completa perché il sistema si arresti: ogni particella potrebbe in teoria uscire dal gruppo di quelle che la circondano, ma viene bloccata perché, nel corso del suo zigzagare browniano, prima di uscire tocca un'altra particella, rimanendole incollata. L'arresto può quindi avvenire anche per frazioni di volume molto inferiori a quelle necessarie per le sfere rigide e, se la colla è dav-

---

[10] Come vedremo, il modello di sfere rigide appiccicose si è rivelato estremamente utile per comprendere alcuni aspetti fondamentali di problemi complessi quali la cristallizzazione delle proteine o addirittura l'origine della ricotta.

vero "forte", il tutto può bloccarsi anche per concentrazioni estremamente basse, magari inferiori all'1%. Naturalmente, le strutture disordinate che si vengono a formare sono molto più "aperte" di quelle presenti in un vetro di sfere rigide: anzi, sono davvero simili a quelle degli aggregati frattali che si formano nell'aggregazione colloidale. Tutto ciò ci spinge a pensare che questi sistemi arrestati, che si dicono vetri *attrattivi*, per distinguerli dai vetri di sfere rigide (detti *repulsivi*), siano in qualche modo un prototipo di quelli che abbiamo chiamato *gel* colloidali: gli aggregati che hanno origine dalle forze di van der Waals quando si aggiunge sale a una sospensione di particelle cariche non sarebbero altro che una situazione limite, che si ottiene quando l'adesione a contatto diventa grandissima.

Questo modo di guardare alle cose permette quindi di inquadrare in una visione unitaria tutti quei solidi disordinati come i vetri, i gel e gli aggregati colloidali, che per lungo tempo sono stati considerati separatamente. Naturalmente, stiamo ancora parlando di sistemi con una geometria molto più semplice di una melassa di catene polimeriche, ma la strada sembra essere quella giusta. In particolare, ciò che caratterizza una rete polimerica, come per esempio una gomma vulcanizzata, non è solo il fatto che i legami che tengono insieme le catene siano molto forti, ma che i monomeri che si legano tra loro siano molto pochi rispetto al totale. Anche di questo, tuttavia, cominciamo a farci qualche idea. Francesco Sciortino, per esempio, un bravissimo teomatto dell'Università "La Sapienza", studia da tempo il comportamento di sfere che possono aderire l'una all'altra solo in certi punti particolari, come se la colla, anziché essere spalmata uniformemente sulla superficie, fosse concentrata solo su alcuni spot ben localizzati. Al variare del numero e della forza degli spot, le sfere di Francesco mostrano un comportamento davvero ricchissimo, e in certe condizioni possono comportarsi proprio come monomeri, formando lunghe catene che a loro volta si saldano l'una all'altra in pochi punti per formare una rete elastica. Le proprietà di queste reti rispecchiano molti aspetti delle gomme: anzi, il modello che le descrive è del tutto equivalente a quello sviluppato dai teorici dei polimeri. Come potete vedere, giocando con i semplici mattoncini di questo Lego, i fisici riescono alla fine a improvvisarsi un po' "piccoli chimici"!

5.4 Il mondo non è (solo) una palla

Abbiamo speso un bel po' di tempo per descrivere il modo con cui delle sfere possano impaccarsi e quali conseguenze questo abbia sul modo in cui si organizzano spontaneamente in soluzione. Per quanto piacciano molto ai nostri teomatti, dobbiamo però ricordarci che la realtà non è fatta solo di sfere, rigide o appiccicose. Come si impaccano quindi oggetti di forma diversa? Naturalmente, le forme geometriche che potremmo considerare sono tante, ma noi ci concentreremo soprattutto su due tipi di geometria, quella di una bacchetta e quella di un "ovetto" o, per meglio dire, di quello che chiameremo un ellissoide: vedremo che entrambe queste situazioni ci possono insegnare molto sul modo in cui la materia si organizza.

Una decina di anni or sono mi trovavo a Utrecht, in Olanda, per discutere un po' di risultati con alcuni colleghi, tra cui Albert Philipse, un chimico dei colloidi abilissimo a sintetizzare magnifiche particelle delle forme più disparate. Entrando nello studio di Albert mi accorsi di un fatto a dir poco curioso: la stanza era piena di contenitori, all'interno dei quali si trovavano pastiglie, chiodi, stuzzicadenti, spezzoni rigidi di filo di rame; a questi si aggiungevano una serie di provette che contenevano anch'esse, come Albert mi fece notare, degli oggetti a forma di bacchetta, ma di dimensione microscopica, e che erano in realtà sospensioni colloidali di ematite e altri minerali inorganici. Ciò che Philipse stava facendo era proprio analizzare come si impaccano in modo casuale oggetti di questa forma, cercando di determinare in particolare come la massima frazione di volume di impaccamento dipendesse dal rapporto tra lunghezza L e diametro D delle bacchette, una sorta di analogo del valore di RCP per le sfere.

Ciò che gli esperimenti mostrano è che il valore di RCP decresce molto rapidamente al crescere del rapporto L/D (si veda il quadro a sinistra in Fig. 5.4): per delle bacchette cinque volte più lunghe che spesse, la massima frazione di impaccamento scende già a circa il 30%, mentre se si infilano a caso delle bacchette *molto* lunghe, con $L/D \simeq 100$, non si riesce a riempire più del 5% del contenitore. Come italiani che sicuramente hanno avuto a che fare con gli spaghetti, la cosa non dovrebbe stupirvi troppo: a meno di non infilarceli dentro ben "ordinati", di spaghetti in una pentola ce ne stanno ben pochi, almeno fino a quando sono crudi. Proprio l'esempio degli spaghetti ci può far capire che, come nel caso delle sfere, la difficoltà di essere messe alla rinfusa, con ciascuna bacchetta che fatica enormemente a ricavarsi spazio tra le altre[11], può spingere le bacchette ad accordarsi per garantirsi a vicenda più libertà di movimento. In questo caso, però, la soluzione di compromesso non è quella di organizzarsi in una fase cristallina, perché i centri delle bacchette possono essere disposti a piacere, senza alcun ordine speciale: ciò che conta è che, come in una scatola di spaghetti, le *direzioni* degli assi delle bacchette siano quanto più simili possibile. Siamo allora di fronte a una specie di mondo di mezzo fra i liquidi e i solidi: le bacchette possono fluire liberamente, come in un liquido, purché rimangano *orientate* in maniera opportuna. Questi mondi di mezzo, dove esiste un ordine delle orientazioni ma non necessariamente delle posizioni, si dicono *cristalli liquidi*, e ancora una volta la loro origine sta nel fatto che, in questo modo, il sistema può avere maggiore libertà di movimento, cioè maggiore entropia.

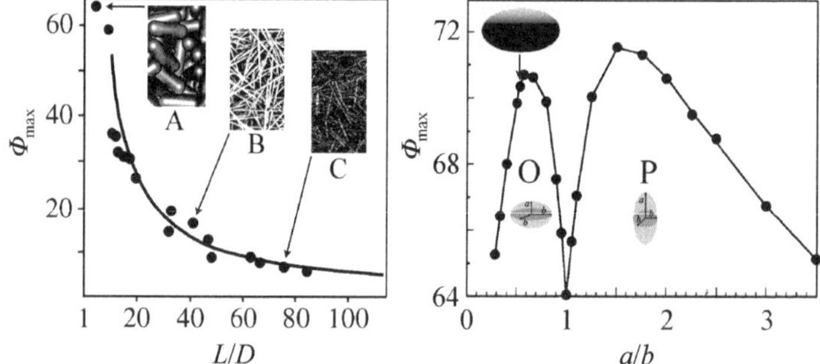

Fig. 5.4. A sinistra: frazione massima di impaccamento di particelle a bacchetta in funzione del rapporto tra lunghezza e diametro (gli inserti mostrano alcune delle particelle effettivamente usate da Philipse). A destra: frazione massima di impaccamento per ellissoidi prolati e oblati (la freccia mostra la posizione sul grafico delle M&M's)

---

[11] In fondo, pensateci bene, facendola ruotare su se stessa una bacchetta "spazza" un volume pari a quello di una sfera di diametro *L*, che è *molto* più grande di quello della bacchetta stessa: quindi, per potersi muovere senza alcun impedimento, avrebbe davvero bisogno di molto spazio libero.

Dei cristalli liquidi avrete naturalmente sentito parlare, anzi, tra schermi di computer, televisori, orologi digitali, magari termometri, ne avrete sicuramente parecchi esempi sotto gli occhi. I cristalli liquidi di uso pratico non sono però costituiti da particelle colloidali, ma da molecole abbastanza piccole: in questo caso ciò che dà origine all'orientazione spontanea non è tanto (o non solo) la forma di queste molecole, quanto il fatto che le *forze* che agiscono tra loro agiscono preferibilmente in una certa direzione. Per certi versi, tuttavia il fenomeno è molto simile, anche perché in natura esistono dei veri e propri cristalli liquidi *colloidali*: alcuni aspetti interessanti della fisica dei cristalli liquidi sono stati per esempio esplorati proprio studiando sospensioni di certi virus "a bacchetta" che incontreremo proprio alla fine di questo libro. Alcune macromolecole biologiche, come per esempio il collagene, il colesterolo o le proteine che costituiscono la seta, di cui parleremo, sono a loro volta organizzate sotto forma di cristallo liquido. Infine, proprio per la loro forma molto allungata, anche molte molecole di tensioattivo possono formare cristalli liquidi, cosa che però avviene per concentrazioni molto più elevate di quelle a cui formano micelle.

Esistono in realtà diverse strutture di cristallo liquido che in qualche modo spaziano per l'intera terra di mezzo tra liquidi e solidi, tanto da venir dette, appunto, *mesofasi*. Alcune di queste sono mostrate in Fig. 5.5. Nel caso più semplice, dove le molecole (o le particelle colloidali) sono orientate mediamente in una direzione, mentre le loro posizioni spaziali sono completamente a caso come in un liquido, si parla di cristalli liquidi *nematici*. Ma le molecole, oltre ad avere un ordine nelle orientazioni, possono organizzarsi anche in piani, all'interno dei quali sono disposte a caso, ma tra i quali esiste una precisa spaziatura: questi sono i cristalli liquidi *smettici*, che poi possono essere di diverso tipo a seconda di come è disposto l'asse di orientazione rispetto ai piani. Le cose possono essere poi ancora più complicate quando l'asse di orientazone non mantiene una direzione fissa, ma ruota progressivamente da piano a piano, cosicché le molecole si dispongono lungo una sorta di elica: questi cristalli liquidi, detti *colesterici* proprio perché assomigliano a quelli formati dalle molecole di colesterolo, hanno un grandissimo interesse tecnologico, perché il "passo" dell'elica può essere controllato applicando una tensione elettrica. Ciò che rende così interessanti i cristalli liquidi in generale e i colesterici in modo particolare, è proprio la possibilità di poter controllare rapidamente e punto per punto l'orientazione: dato che poi anche le loro proprietà ottiche sono molto particolari, ciò permette proprio di realizzare quei display a cui siamo oramai abituati. Come ho scritto nell'introduzione, quella dei cristalli liquidi è una scienza a sé, che richiederebbe da sola un intero libro, mentre qui devo limitarmi a questo brevissimo cenno: mi basta comunque che abbiate compreso come alcuni aspetti generali del loro comportamento siano strettamente connessi ai problemi di materia soffice che abbiamo affrontato.

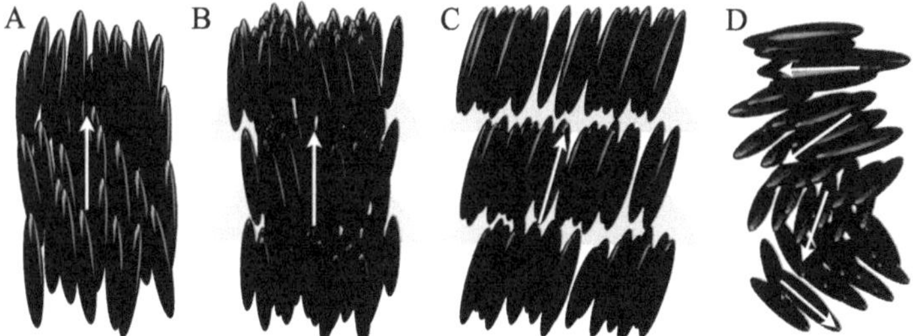

Fig. 5.5. Struttura dei cristalli liquidi nematici (A), smettici semplici (B) e "inclinati" (C), e colesterici (D). Fonte: *Wikimedia Commons*, rielaborata dall'autore

Le bacchette sono molto interessanti ma, dato che formano strutture molto diverse come i cristalli liquidi, non danno una risposta alla domanda chiave che ci vogliamo porre: possiamo ottenere, con oggetti di forma diversa, un impaccamento *migliore* di quello delle sfere? Consideriamo allora degli oggetti con una geometria abbastanza simile a quella delle sfere, diciamo delle sfere schiacciate, o al contrario allungate lungo un solo asse. Per visualizzare questi "ovetti", che si dicono *ellissoidi*, potete pensare di far ruotare un'ellisse (che spero abbiate visto qualche volta nella vita, magari imparando come siano fatte le orbite dei pianeti) attorno a un suo asse: se la fate ruotare attorno all'asse più lungo ottenete quello che si chiama un ellissoide *prolato*, che è una sfera allungata lungo un asse, mentre ruotandolo attorno all'asse minore ottenete un ellissoide *oblato*, cioè una sfera schiacciata ai poli (più o meno come la Terra). Un ellissoide è quindi una specie di "ovale simmetrico" con due assi uguali, che indicheremo con b, e il terzo, che chiameremo *a*, più corto o più lungo a seconda che si abbia rispettivamente un ellissoide oblato o prolato.

Gli ellissoidi si impaccano meglio o peggio delle sfere? Prima di noi, il problema se lo è posto Paul Chaikin, uno dei più geniali fisici della materia attualmente sul mercato, ma anche uno dei personaggi umanamente più brillanti, simpatici e originali che io conosca, in particolare quando sfoggia grandi baffi arricciati che ne fanno quasi un sosia scientifico di Salvador Dalì. Baffi a parte, la sua originalità scientifica consiste però nel cercare sempre di occuparsi di argomenti che, anche se apparentemente semplici, nascondono in sé questioni delicate e spesso profonde: come vedremo, quello del packing degli ellissoidi è proprio un problema di questo tipo. Gli uffici di chi si occupa di materia soffice sono davvero pieni di sorprese. Abbiamo già parlato dello studio di Philipse, ma quello di Paul alla New York University è ancora più sorprendente: in mezzo a modellini, materiali curiosi e ammennicoli di ogni tipo, che non sfigurerebbero in un asilo d'infanzia, spicca un grosso bidone giallo, completamente pieno di confezioni di… praline al cioccolato. Non praline qualsiasi, tuttavia, ma specificamente (e qui devo necessariamente fare un po' di pubblicità) quelle che passano sotto il ben noto nome commerciale di M&M's.

Per capire che cosa ci faccia un bidone di praline nello studio di un luminare della fisica, a parte come *dispenser* di omaggi per gli ospiti (io ne ho usufruito spesso), dobbiamo dare un'occhiata alle simulazioni che Paul e alcuni colleghi hanno fatto sul *packing* di ellissoidi. Il quadro a destra in Fig. 5.4 mostra che la frazione di massimo impaccamento Φ_{max} ha un comportamento davvero singolare: non appena il rapporto a/b è lievemente maggiore o minore di uno (il valore per una sfera), Φ_{max} cresce molto in fretta rispetto al valore $\Phi_{max} \simeq 0{,}64$ che si ha per le sfere, raggiungendo rapidamente un valore superiore a 0,7, per poi ridiscendere quando il rapporto tra gli assi è minore di circa 0,5 o rispettivamente maggiore di 1,5. Cosa davvero curiosa (e sperimentalmente molto utile), la forma delle M&M's, che sono degli ellissoidi oblati, si avvicina moltissimo a quella che corrisponde al massimo impaccamento[12]. Gli ellissoidi non troppo panciuti né troppo allungati

---

[12] Quando questi risultati vennero diffusi (non solo sulle riviste scientifiche, ma anche dalla CNN), Paul ne informò la dirigenza dell'azienda che produce queste praline, sperando di ottenere qualche contropartita (il che, per un ricercatore, significa qualche supporto *tangibile*) per questa pubblicità gratuita al prodotto: ricevette, per l'appunto, il bidone di cui abbiamo parlato…

si impacchettano dunque decisamente meglio che le sfere. Come mai? Forse perché in realtà non sono disposti a caso, ma si orientano come in un cristallo liquido e in questo modo occupano meglio lo spazio? No, questo non funziona: come vedremo, gli assi di ellissoidi così poco pronunciati sono orientati a caso. Inoltre abbiamo visto che se li rendiamo molto lunghi o molto schiacciati, facendoli assomigliare rispettivamente a dei cilindri o a delle monete, le cose vanno *peggio*: di fatto, anche se delle monete si impilano per esempio molto bene in modo ordinato, la loro frazione massima di impaccamento casuale è decisamente più bassa di quella delle sfere. La vera ragione è che un ellissoide può orientarsi in modo tale da *riempire i buchi* presenti in un *packing* casuale (movimento inutile per una sfera, che per quanto ruoti rimane sempre dov'era).

C'è forse un modo più intuitivo per capire perché gli ellissoidi debbano stare più raccolti che le sfere. Per capirlo, dobbiamo introdurre un concetto dal nome molto carino, il *kissing number*, che è il numero di particelle che, in una certa configurazione, toccano una particella fissata. Per esempio, nel caso dei cristalli FCC e HCP, il *kissing number* K vale 12, che è anche il massimo valore che si possa ottenere per un arrangiamento di sfere. Per un *packing* meno denso il numero sarà decisamente minore e in generale K sarà diverso da sfera a sfera. Ha comunque senso chiederci qual è il numero minimo di contatti che si hanno in condizioni di RCP. Il problema è complesso, ma una congettura ragionevole dovuta a Shlomo Alexander e Sam Edwards ipotizza che K sia in media pari al doppio del numero di "vincoli", ossia di condizioni, che dobbiamo porre per bloccare una particella[13]. Per esempio, per bloccare una sfera dobbiamo impedirne il movimento lungo le tre direzioni dello spazio, e quindi si ha $K = 2 \times 3 = 6$: di fatto, già dagli esperimenti di Bernal si sa che in condizioni RCP il numero medio di contatti per sfera è lievemente superiore a sei. Per gli ellissoidi questo tuttavia non basta, perché bisogna anche impedire loro di ruotare: non è difficile vedere che, per degli ellissoidi sia prolati che oblati, basta bloccare la posizione di due assi e quindi i vincoli diventano in totale cinque. Per impaccarsi a dovere, gli ellissoidi devono avere allora almeno *dieci* contatti e, pertanto, la struttura

---

[13] Ciò si ha per quelle strutture che gli ingegneri civili chiamano strutture *isostatiche*.

deve essere sicuramente più densa. La congettura di Alexander ed Edwards funziona? Per scoprirlo, anzi per fare molto di più, Paul ebbe l'idea geniale di riempire di M&M's una sfera di vetro di dimensioni un po' maggiori di quelle di una testa (potete vedere il "testone di praline" originario in Tavola 8) e, d'accordo con un amico medico, di infilarla di soppiatto nella strumentazione per la risonanza magnetica (all'alba naturalmente, per non rubare tempo ai pazienti veri). In questo modo è possibile ricavare la disposizione delle particelle una per una, constatare che effettivamente gli assi sono disposti a caso, e ricavare per esempio tutti i singoli valori di K, che risulta in media lievemente *inferiore* a dieci (non sappiamo ancora bene perché, ma probabilmente ha ancora a che vedere con l'entropia).

Il valore di Φ_{max} per gli ellissoidi prolati e oblati è comunque *inferiore* sia a quello per un cristallo di sfere rigide che a quello, lievemente superiore, che si ottiene per un packing ordinato di oggetti di questa forma. Si può fare di meglio? L'idea di Alexander ed Edwards spinse Chaikin a considerare ellissoidi ancora meno simmetrici, con *tutti e tre* gli assi diversi, che richiederebbero un numero minimo di vicini pari a dodici. Scoprì così che, scegliendo i tre assi nel rapporto 1,25:1:0,8 si ottiene un valore di Φ_{max} di 0,747, questa volta *maggiore* di quello delle strutture FCC e HCP. Purtroppo, ciò non è vero per la struttura cristallina che possono formare *queste* particelle, che è almeno pari a 0,757 (scoprire quale sia il valore massimo richiederà probabilmente a Hales e colleghi il prossimo milione di anni). Come mai ho scritto "purtroppo"? Perché il confronto tra la densità di una struttura disordinata e quella del cristallo corrispondente nasconde in sé un problema fondamentale per la fisica della materia. Abbiamo visto infatti che un vetro di sfere rigide è solo una struttura "arrestata" perché, non appena lo possono fare, le sfere preferiscono ordinarsi su di un cristallo, dove massimizzano la propria entropia. Per gli ellissoidi le cose vanno allo stesso modo, anche se la vicinanza dei valori trovati rende molto meno "instabile" il vetro. Se trovassimo tuttavia una forma geometrica che ha un packing disordinato *migliore* di quello cristallino, questo non sarebbe più vero: per particelle di questo tipo, il vetro smetterebbe di essere un "accidente" della natura e assumerebbe status di vera fase stabile della materia, risultato che per noi fisici sarebbe davvero importante. Per ora Paul non c'è riuscito, anche se sta tentando con forme molto promettenti come i tetraedri: conoscendolo, tuttavia, so che non vi rinuncerà così facilmente.

Una parentesi curiosa. L'anno scorso, mentre stavo accingendomi a rientrare nella sala conferenze di un congresso per ascoltare le comunicazioni, fui bloccato da Daan Frenkel, forse il maggior esperto al mondo di simulazione al computer, almeno per quanto riguarda le cose di cui ci occupiamo (ma non solo), che mi fermò dicendomi che dovevo *assolutamente* vedere un'immagine prima di entrare. L'immagine, che riporto in Fig. 5.6, mostra delle cosiddette *briquette* di carbone, di quelle che si usavano comunemente per le stufe, ciascuna del peso di circa 50 grammi. Queste *briquette* non sono però dei semplici "ovetti": sono degli ellissoidi con tutti i tre assi diversi, rispettivamente pari a 55, 42 e 34 millimetri, ossia con l'asse maggiore e quello minore che sono circa pari rispettivamente a 1,3 e 0,8 volte l'asse intermedio. Il rapporto tra l'asse maggiore e quello intermedio è solo del 4% più grande di quello dell'ellissoide ideale di Chaikin, mentre per quello minore questo rapporto è addirittura esatto! Questi ovetti, dunque, se buttati a caso in un sacco, si impacchettano nel miglior modo possibile, facendo quindi risparmiare un sacco di spazio. Non si sa chi abbia trovato questa soluzione e, soprattutto, *come* l'abbia trovata, ma di certo si sa che questa è la forma usata comunemente da almeno un secolo. Il che mi fa sospettare che, spesso, noi fisici non facciamo altro che riscoprire... l'uovo di Colombo.

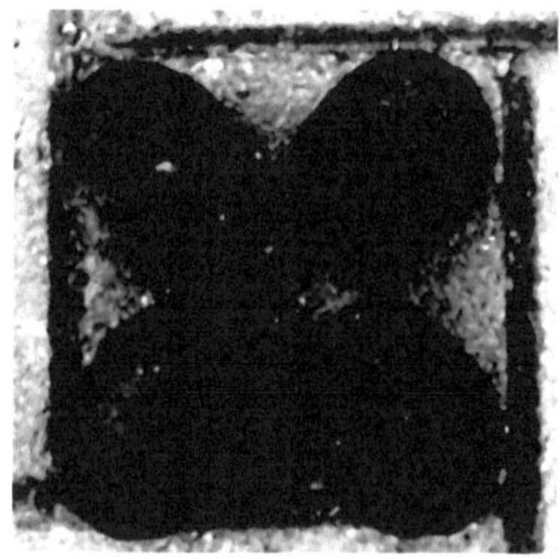

Fig. 5.6. *Briquettes* per stufe a carbone (fonte: *Wikimedia Commons*)

5.5   Castelli di sabbia e sabbie mobili

Forse la frase che conclude l'ultimo paragrafo è un po' troppo autolesionistica. I problemi di *packing*, oltre a essere delle curiosità stimolanti, hanno in realtà un interesse enorme sia nelle applicazioni scientifiche che in quelle industriali. Un esempio particolarmente importante per la chimica e la biologia è quello delle tecniche cromatografiche, che costituiscono uno dei metodi più importanti per l'identificazione o separazione di composti che vanno dalle molecole semplici alle proteine. In esse si fa uso di colonne in cui vengono impaccati dei grani più o meno sferici e spesso porosi capaci di "catturare la preda" che si vuole identificare, o più semplicemente di creare una matrice che influenza la rapidità con cui molecole più o meno grosse la possono attraversare[14]. Ma, al di là dei laboratori scientifici, pensate a quanti materiali, dal riso alle granaglie, dai chicchi di caffè al *muesli*, dalle sabbie ai detersivi in polvere, sono sotto forma di grani, e quanto possa essere quindi importante per l'industria comprendere non solo come possano essere immagazinati, compattati o al contrario mantenuti sufficientemente soffici per evitare che i grani si incollino l'uno all'altro (un problema serio per i materiali igroscopici), ma anche trasportati per esempio in una tubatura. Pertanto, negli ultimi decenni lo studio di questi materiali, che si dicono *granulari*, è diventato una scienza a sé, cui si dedicano numerosi fisici e ingegneri, e che ha riservato notevoli sorprese.

Che cosa c'è di così diverso tra un materiale granulare e una sospensione colloidale, magari molto concentrata, visto che in entrambi i casi si tratta di particelle? Verrebbe da dire (e si dice spesso) che i materiali granulari non sono altro che "sospensioni che hanno perso il sospensorio", cosa che sicuramente è vera se paragonate a una dispersione di particelle in un liquido. Ma a pensarci bene un "solvente" c'è ed è l'aria, che è sempre presente tra i grani, *esattamente* come nel caso di un aerosol. La differenza la fanno però le dimensioni dei grani: un granello di sabbia o ancor di più un chicco di riso, di fronte a una tipica particella di aerosol, sono come Polifemo di fronte a Ulisse. Ciò che quindi è davvero diverso, è che l'energia termica trasmessa dal solvente che, ricordiamo, è *sempre*

---

[14] Curiosamente, in molti casi sono le molecole *più piccole* a impiegarci di più, perché si soffermano a vagare tra i pori dei grani, che invece quelle grandi snobbano completamente.

kT, qualunque siano le sue dimensioni, è una quisquilia di fronte agli effetti del peso. Trascinate verso gli inferi dal proprio peso, incapaci di riorganizzarsi spontaneamente perché l'energia termica che hanno a disposizione non gli consente di fare neanche un minuscolo saltino verso l'alto, le particelle si "incriccano" l'una sull'altra, formando ponti, archi, strutture che le bloccano senza permettere loro di raggiungere quella che sarebbe una vera struttura di equilibrio. Peraltro lo abbiamo visto, delle arance (un materiale granulare con grani davvero esagerati) buttate a caso in una cassa formano una struttura disordinata e non un cristallo, che sarebbe lo stato preferito, mentre i piccoli colloidi spesso ce la fanno. Dato che *kT* è così piccola rispetto a tutte le altre energie in gioco, i materiali granulari possono quindi essere considerati come dei sistemi "atermici", dove la temperatura non conta proprio per nulla[15].

Proprio perché sono sempre sistemi "fuori equilibrio", i materiali granulari hanno un comportamento meccanico ed elastico davvero speciale. Abbiamo già fatto cenno alle proprietà dilatanti della sabbia, ossia al fatto che, se la schiacciate, per potersi deformare deve *aumentare* di volume. Cosa che spiega per esempio perché, quando camminate in riva al mare, essa si *asciughi* in corrispondenza alla vostra orma. Un altro aspetto importante è che, a differenza di un liquido la cui pressione cresce proporzionalmente alla profondità ed è la stessa in tutte le direzioni (se avete mai fatto un'immersione, ciò dovrebbe esservi evidente), la distribuzione degli sforzi dovuti al peso in un materiale granulare è molto più complicata. Per esempio, in un silos per il grano (che in maniera semplificata possiamo pensare come a un cilindro con sotto un cono) la pressione sul fondo *non aumenta più* una volta che l'altezza diviene pari a poche volte il diametro. Dove è andata a finire la spinta di tutto il resto del materiale? Sulle *pareti*, che in questo modo reggono gran parte dello sforzo, cosa che ovviamente deve sapere bene chi progetta un silos. Pensate poi a che cosa suc-

---

[15] L'energia potenziale dovuta alla forza pesa può essere centinaia di miliardi di volte superiore a quella termica. Anche se il concetto usuale di temperatura non si applica a un materiale granulare, l'entropia rimane comunque una grandezza fondamentale, che ha sempre a che vedere con il numero di diverse "configurazioni" che può assumere il materiale: ciò permette di definire una specie di "temperatura efficace", che in sostanza dice come l'entropia varia con il volume del materiale, ossia con la sua "compattezza".

cede se cercate di formare una montagnetta di sabbia facendola cadere su un tavolo da una mano. Man mano che la sabbia cade, si forma un conetto sempre più alto, la montagnetta però non diviene mai troppo ripida, perché a un certo punto, per un preciso valore dell'angolo al vertice del cono, cominciano a generarsi delle slavine che abbassano il cono allargandone la base: questi eventi "catastrofici" sono così improvvisi e imprevedibile da aver attratto l'attenzione di molti fisici e matematici, per la loro connessione sia con eventi simili, come per esempio la formazione delle valanghe, che anche apparentemente del tutto diversi.

Le cose più sorprendenti riguardano però il modo in cui un fluido granulare scorre, perché anche la sabbia o il riso scorrono, ma in maniera *molto diversa* da quella di un liquido. Ripensate alla montagnetta di sabbia: se inclinate il tavolino, questa a un certo punto scivola. Ma non *tutta* la sabbia scorre, bensì solo uno strato superficiale, che precipita ancora come una piccola valanga. Per quanto abbiamo detto sulla pressione dell'acqua in un serbatoio, inoltre, se fate un buco sul fondo essa esce prima impetuosamente e poi, man mano che il recipiente si svuota, sempre più piano. Con la sabbia no: la velocità con cui questa esce è sempre *la stessa*, qualunque sia il suo livello nel serbatoio (provate a chiedervi che cosa c'entri questo con le clessidre)[16]. Ancora più diverso dal comportamento di un liquido semplice è ciò che succede se fate scorrere della sabbia lungo un tubo verticale molto lungo. Anziché un flusso regolare, ottenete qualcosa che assomiglia molto di più al traffico intenso su un'autostrada, con improvvisi rallentamenti in alcuni punti, che non sembrano avere alcun motivo[17] e la cui posizione istantanea si muove *all'indietro* rispetto alla direzione del flusso, che si risolvono improvvisamente, di nuovo senza alcun motivo: il legame tra il flusso dei fluidi granulari e il traffico è così forte che più di un fisico e di un matematico si occupa di entrambi i problemi come se fossero (quasi) la stessa cosa.

---

[16] Naturalmente, per la sabbia, la forma del fondo deve essere progettata bene, come in un silos, altrimenti il flusso può interrompersi per la presenza di grumi dovuti alla formazione di strutture ad "arco" tra i grani che bloccano il foro di uscita. Inoltre, se l'imboccatura del foro non è studiata a dovere, il flusso può interessare solo una parte del materiale, mentre il resto rimane fermo all'interno del contenitore.

[17] Perlomeno nessun motivo facilmente individuabile: quando mi trovo in queste situazioni, faccio ancora fatica a spiegare a mio figlio che non ci deve essere necessariamente davanti a noi un ottantenne col cappello calato in testa, il cui stile di guida provoca inevitabilmente la paralisi del traffico.

Dato che di per sé i fluidi granulari non hanno agitazione termica, il modo naturale per smuoverli e quindi permettere loro di esplorare diverse configurazioni è quello di "fluidizzarli". Ciò può essere fatto per esempio soffiando del gas in modo uniforme verso l'alto dal fondo del recipiente che li contiene, una tecnica ampiamente usata nell'industria per evitare che il materiale si compatti eccessivamente, oppure facendoli vibrare. Gli effetti delle vibrazioni sui fluidi granulari hanno attirato l'attenzione di molti ricercatori, perché spesso danno origine a fenomeni curiosi e inaspettati. Il più noto di questi effetti fu messo in luce in un articolo pubblicato ormai una ventina di anni fa sulla più prestigiosa rivista di fisica, la *Physical Review Letters*, dal titolo curioso "Perché le noci del Brasile stanno sempre in cima", che è stato ripreso da centinaia di altri studi. Quando si agita o si fa vibrare una *miscela* di grani di dimensione diversa, quelli più grossi, contrariamente a quello che potreste aspettarvi, vengono *a galla* (ciò capita appunto alle noci amazzoniche, che sono particolarmente grandi, nei sacchetti di frutta secca mista). In altri termini, la miscela si separa spontaneamente e i diversi tipi di grani si *segregano* in regioni diverse. La spiegazione elementare è che, quando li agitate, i grani grossi possono risalire facilmente, ma non altrettanto scendere, perché non trovano spazio, cosa che invece riesce più facile ai grani piccoli, che riescono a infilarsi nei buchi lasciati da quelli grossi. Tuttavia, ci sono ancora molti aspetti non chiari nel fenomeno, tanto che in certe situazioni si può verificare anche la situazione opposta. Comunque, se non ci credete, potete fare una semplice prova, usando dello zucchero raffinato insieme a quello grezzo di canna. Disponete prima lo zucchero di canna in un contenitore e versateci lentamente *sopra* dello zucchero raffinato. Ora agitate un po', in modo da cercare di mescolare i due tipi di grani (non ci riuscirete troppo bene) e poi continuate a picchiettare sul fondo. In Fig. 5.7 potete vedere che cosa dovreste osservare alla fine.

Lo studio del flusso granulare ha interesse anche sulle grandi scale dei fenomeni geologici e addirittura astronomici. Ovviamente, la segregazione delle particelle a seconda della loro dimensione è di interesse per i processi di sedimentazione, ma pensate anche a quanto sia complesso il modo in cui si muovono le dune nel deserto. Un altro fenomeno di grande interesse per la geologia planetaria sono i processi di fluidizzazione del terreno che hanno luogo per le oscillazioni provocate dai terremoti o per le forti

Fig. 5.7. Da sinistra a destra: miscela di zucchero raffinato (bianco) e di canna (scuro) così come preparata all'inizio, dopo una prima rapida miscelazione, e dopo aver pazientemente picchiettato il fondo del recipiente sul tavolo

"onde d'urto" associate agli impatti meteorici. Per finire, uno spettacolare laboratorio di flusso granulare sono gli anelli di Saturno, composti da una miriade di grani (soprattutto di ghiaccio) con una dimensione che in genere va dal centimetro a qualche metro: spiegare l'incredibile complessità di questi anelli, rivelata dalla sonda Cassini, che contengono infinite suddivisioni e che sono per di più perturbati da Encelado, un satellite di Saturno che li attraversa, è ancora molto al di là delle nostre possibilità.

Capitolo 6

Il titolo, per l'appunto

Tutti insieme appassionatamente: l'happy hour della materia soffice – Quando Giano bifronte diventa anche bicoda: le membrane biologiche – Venti piccoli indiani esperti in origami: eliche, nastri e acrobazie degli aminoacidi – Chimici, architetti, portieri, camionisti, antennisti, badanti, sentinelle, qualche volta anche killer: le mille professioni delle proteine – Celle solari, turbine molecolari e funamboli cellulari: le nanomacchine biologiche – Una pausa pranzo decisamente proteica – La cellula: tecniche di respirazione yoga – Il Grande Vecchio dalla memoria di ferro e il suo fedele sciamano dalle mille magie – Le fabbriche dei sogni – Polvere del tempo o polvere di stelle?

Se ce l'avete fatta a seguirmi (magari arrancando un po') fino a questo punto, credo che non ve ne pentirete, perché siamo davvero giunti al momento *clou* della nostra chiaccherata, quello in cui, davvero, toccheremo con mano la materia di cui sono fatti i sogni, e noi con essi. I sistemi viventi costituiscono infatti sotto ogni punto di vista l'apoteosi della materia soffice, dove tutti i personaggi della Terra di Mezzo cooperano per dare origine a un'incredibile varietà di strategie e soluzioni geniali per sopravvivere e popolare ogni angolo di questa stupenda valle di lacrime. Ritroveremo così polimeri, molecole anfifiliche e particelle di dimensione colloidale che cooperano per costruire strutture, governare processi, girare il mondo commerciando con ciò che le circonda, in un ambiente così frenetico e affollato da aver spinto i biologi a coniare l'espressione *macromolecular crowding*, "affollamento macromolecolare", per rappresentare in maniera efficace l'intricata realtà di quella che è la più semplice unità vivente, la cellula.

A dire il vero, un organismo biologico è costituito pressoché *per intero*, o perlomeno in tutte le sue parti cruciali, da materia soffice, ma materia soffice in qualche modo "attivata". Gli esseri viventi hanno imparato infatti a fare molto bene soprattutto tre cose, ossia a) *distinguersi* dal resto del mondo, b) succhiare da questo *energia* e, soprattutto, c) *investire* quest'ultima, monetizzandola in una forma molto flessibile che consente loro di utilizzarla quando e come necessario (magari per il futuro dei propri discendenti). È soprattutto quest'ultimo punto di merito del curriculum dei sistemi biologici che permette loro di *governare* la materia soffice, plasmandola ai fini del programma scritto al loro interno (vedremo come) e moltiplicandone all'infinito le potenzialità. La scienza, quando è davvero tale, non pretende di dare risposte complete alle grandi domande esistenziali, come per esempio che cosa sia davvero la vita, limitandosi con modestia, ma anche con caparbietà, a cercare di spiegare più i piccoli "come" che i grandi "perché". Tuttavia, tassello dopo tassello, qualche aspetto del quadro generale comincia a intravvedersi. Ciò che in fin dei conti si può sicuramente dire, è che la vita sembra soprattutto una strenua lotta contro l'entropia, questa volta interpretata sì come disordine, un epico tentativo di affermare che l'inevitabile e gelida fine dei tempi che Kelvin preconizzava se c'è, è ancora lontana. È ironico che le armi con cui questa lotta viene combattuta siano costituite proprio da materiali, come quelli che abbiamo imparato a conoscere, la cui organizzazione e il cui funzionamento sono così intimamente connessi con l'entropia. Come direbbero a Napoli, di fronte alla vita l'entropia è in qualche modo "cornuta e mazziata".

Questo però non è un libro di biologia, e certamente non ho né il tempo, né il modo, né soprattutto la competenza per raccontarvi gli infiniti modi in cui la materia soffice si organizza nei sistemi biologici. Chiedo anzi fin d'ora perdono agli amici chimici e biologi per questa un po' indebita intromissione e per le tante, tantissime semplificazioni e le inevitabili (ma speriamo poche) cantonate che l'accompagneranno. Se questo può giustificarmi, considero come mio obiettivo più modesto solo quello di mostrare come molti dei concetti che abbiamo sviluppato nei capitoli precedenti possano servire da linee guida per intuire qualcosa delle stupende, ma anche intricatissime macchine biologiche.

6.1 *Concludo, ergo sum*

No, non ho deciso d'improvviso di chiuderla qui e tanti saluti: per quanti di voi (probabilmente molti) non hanno familiarità con la lingua dei nostri antenati, o per chi (certamente quasi tutti, me compreso) l'abbia a lungo trascurata, ricordo che *concludere* in latino sta anche per racchiudere, contenere, o anche con*chiudere*, nel bell'italiano che non si usa più. Il titolo di questa sezione, che quindi potrebbe leggersi "(mi) rinchiudo, quindi sono", vuol fare il verso al celeberrimo, anche se dal mio punto di vista (ma soprattutto da quello delle rose, delle volpi o dei baobab) un po' presuntuoso, *cogito ergo sum* di Cartesio, sostenendo che, per essere tale, ciò che chiamiamo "io" deve proprio, molto prima che pensare, porsi dei limiti.

La materia vivente gode infatti di molte proprietà che la rendono completamente diversa da tutto quanto costituisce il mondo inanimato, la più nota e peculiare delle quali è sicuramente quella di replicarsi. Qualunque sia il vostro credo filosofico, religioso, o politico, credo tuttavia che possiate concordare con me su di un fatto: prima di potersi replicare, un individuo, proprio per essere "individuale", deve saper distinguere con chiarezza ciò che sta *dentro* da ciò che sta *fuori*. In altre parole, il primo passo verso l'io consiste necessariamente nell'erigere una barriera che ci *separa* dal resto del mondo. Come fa allora un organismo elementare, costituito da una sola cellula, a incapsulare ciò che gli serve e che a tutti gli effetti lo costituisce, lasciando fuori ciò che gli è estraneo? La strategia universale adottata dagli esseri viventi è quella di costruire una membrana cellulare, o **membrana plasmatica**. Questa, nella sua struttura portante, non è altro che una vescicola costituita da molecole anfifiliche a doppia catena che racchiude il cosiddetto **citoplasma**.

Esiste una varietà stupefacente di anfifili biologici con caratteristiche chimiche molto diverse, che consentono loro di adempiere a una vasta gamma di funzioni, ma le loro strutture di base, proprio per la tendenza dei sistemi viventi a mantenere e consolidare nel corso dell'evoluzione soluzioni che si sono dimostrate vincenti, sono sorprendentemente poche. A grandi linee, possiamo distinguerli in due grandi classi, i **glicofosfolipidi** (o fosfogliceridi) e gli **sfingolipidi**, oltre ad altri composti, di cui il principale rappresentante è il **colesterolo**, che non sono propriamente degli anfifili perché sono molto poco idrofilici e quindi pressoché insolubili in acqua, la cui funzione impareremo a conoscere. Questi tre tipi di sostanze, insieme alle proteine di membrana, ospiti fissi e numerosi di cui parleremo estesamente, costituiscono la quasi totalità delle molecole presenti nella membrana plasmatica. Fin dal primo passo, dunque, la vita sfrutta una delle caratteristiche più notevoli delle molecole anfifiliche, quella di formare spontaneamente degli aggregati, in questo caso strutture come le vescicole che, per come sono fatte, un dentro e un fuori lo definiscono naturalmente. Sono però vescicole molto speciali, per una serie di motivi che ora cercheremo di comprendere.

Innanzitutto, la membrana plasmatica non può essere una scatola rigida, ma deve piuttosto comportarsi come un sacchetto flessibile, consentendo alle cellule di assumere forme distinte e di mutarle, quando necessario. Questo è vero anche per un'ameba, ma lo è molto di più per le cellule che costituiscono esseri pluricellulari come noi: pensate solo a quanto sia diverso un globulo rosso, con la sua forma a ciambella che deve continuamente modificarsi per passare nei capillari, da un neurone degli organi di senso, che trasmette gli impulsi nervosi attraverso un "cavo di trasmissione", l'*assone*, che può andare dall'alluce alla spina dorsale, con una lunghezza abbondantemente superiore al metro. Per una cellula, cambiare forma è poi essenziale volto ad aderire a una superficie, moltiplicarsi, o anche semplicemente crescere. Spesso, le vescicole sintetiche non sono così flessibili: la ragione è che, all'interno del doppio strato che le costituisce, le catene anfifiliche non sono disordinate, ma abbastanza ben allineate, in modo simile a quanto succede in un cristallo liquido (*sono*, in fondo, dei cristalli liquidi "a due dimensioni").

Per ovviare a questo problema, alcuni tipi di glicofosfolipidi sono la soluzione perfetta, per una ragione squisitamente legata alla loro forma: delle due gambette idrofobiche, una è sempre un po' più corta e per di più "storta", cosa che impedisce alle catene di impaccarsi in modo regolare nella membrana. La coda che le rende claudicanti, infatti, contiene sempre due carboni legati con un doppio legame: dallo studio dei polimeri, sappiamo che ciò impedisce alle molecole di assumere una configurazione lineare a zigzag, essenziale perché le catene possano allinearsi decentemente. Di conseguenza, l'interno delle vescicole formate da glicofosfolipidi può essere visto come un film liquido molto sottile (lo spessore della membrana, che è circa il doppio della lunghezza della catena, è di pochi nanometri) completamente disordinato e molto flessibile. Un esempio importante di queste molecole claudicanti è la lecitina, più propriamente detta **fosfatidilcolina**, mostrata in Fig. 6.1.

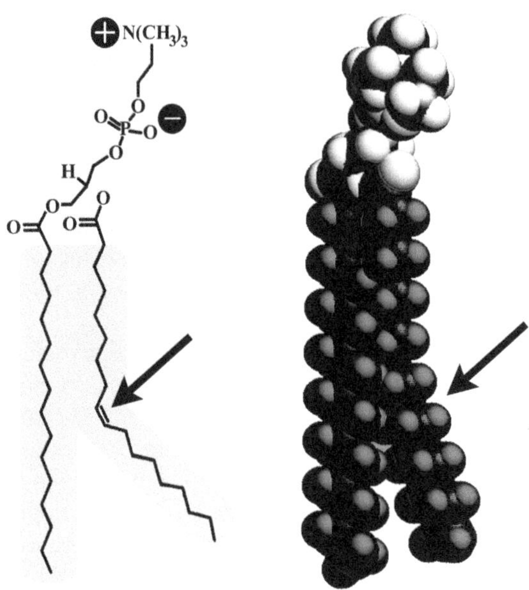

Fig. 6.1. Molecola di fosfatidilcolina. A sinistra è mostrata la struttura chimica, con la presenza di cariche di entrambi i segni, mentre a destra la sua effettiva struttura tridimensionale

La membrana plasmatica è qualcosa di molto più ricco, in cui gli altri lipidi contribuiscono a creare regioni più o meno flessibili, queste ultime utili a ospitare come vedremo le proteine di membrana. Inoltre, la presenza di lipidi di tipo diverso permette di realizzare membrane asimmetriche, in cui la composizione dello strato rivolto verso il citoplasma è per esempio diversa da quella dello strato rivolto verso l'esterno della cellula. C'è tuttavia un secondo gruppo di funzioni che rende la flessibilità ancora più essenziale. A una cellula non basta tener dentro le proprie cose, deve anche poter far entrare quanto le interessa (almeno il cibo!) e uscire ciò che deve scartare: la membrana plasmatica deve cioè poter *scambiare* con l'esterno. Per le cose piccole (sali, molecole semplici, anche energia) ci pensano, come vedremo, quelle magnifiche macchine molecolari che sono le proteine di membrane, ma *fagocitare* un'altra cellula (come un'ameba fa regolarmente) è tutta un'altra cosa, e i mezzi di trasporto devono essere ben diversi. In realtà questi processi, detti di **endocitosi** ed **esocitosi**, attraverso cui la cellula fa rispettivamente entrare o uscire qualcosa, vanno ben al di là dell'assunzione di cibo e dell'espulsione di rifiuti, giungendo fino al punto di essere un'arma essenziale per l'esercito preposto a difendere gli organismi superiori, il sistema immunitario, dove cellule specializzate come i macrofagi fagocitano (e digeriscono) pericolosi invasori, nonché un meccanismo essenziale per il trasporto dei segnali da parte dei neuroni. Spesso una cellula è poi *costretta*, volente o nolente, all'endocitosi e all'esocitosi quando un virus riesce a penetrarla per poi moltiplicarsi e ripartire all'attacco delle sue vicine.

Come vedremo, sono dei veri e propri motori molecolari, costituiti da un'estesa rete di filamenti che controlla la membrana come una marionetta, a guidare e gestire i grandi cambiamenti di forma. Tuttavia, molti processi di endocitosi, sia spontanei che assistiti da speciali proteine, richiedono la formazione di "fossette" molto piccole nella membrana, con un diametro di poche decine di nanometri e quindi un'elevata curvatura. Per quanto abbiamo visto, un'enorme vescicola come una cellula, le cui dimensioni possono andare dalle poche centinaia di nanometri di batteri come i micoplasmi ai 12 cm di diametro di un uovo di struzzo (per non parlare di quelle dei dinosauri), non ha seri problemi di curvatura, dato che i lipidi possono tranquillamente assemblarsi mantenendo il corretto valore dell'area per testa idrofilica. C'è ovviamente un costo da pagare anche per creare ampie curvature in una membrana (che, abbiamo visto, si comporta come un elastico), ma questo è abbastanza abbordabile e può essere sostenuto senza troppa difficoltà da quelle strutture "muscolari" interne alla cellula che presto incontreremo. Creare incavi di piccole dimensioni (e quindi con forte curvatura) è però tutta un'altra storia.

La Natura, comunque, ha trovato una valida soluzione, facendo in modo di poter *controllare* la curvatura locale. Nella membrana sono infatti generalmente presenti sia lipidi come la lecitina con una testa idrofilica piuttosto ingombrante e quindi un parametro geometrico $g < 1$ (una specie di "cono" con la punta rivolta verso il citoplasma), sia, in minore quantità, lipidi con una testa decisamente più piccola e $g > 1$, come per esempio la cefalina, o **fosfatidiletanolamina**, che potremmo piuttosto rappresentare come un "cono rovesciato". Come abbiamo detto, all'interno della membrana i lipidi diffondono abbastanza liberamente, e pertanto questi due tipi di anfifili possono essere trasportati e riarrangiati, formando strutture con una curvatura variabile che favoriscono la formazione di invaginature. Nei processi di endocitosi, queste invaginature si accentuano sempre più, fino a formare delle vere e proprie vescicole che si *staccano* dalla membrana plasmatica e penetrano nel citoplasma: la membrana cellulare ha dunque "figliato". Dove vanno a finire queste vescicole? Per capirlo, dobbiamo dare una prima occhiata alla struttura complessiva di una cellula, per scoprire che alla membrana plasmatica si aggiunge una spettacolare zoologia di membrane, vescicole, doppi strati di lipidi presenti all'interno del citoplasma, strutture che ospitano tutti i processi vitali della cellula. Le membrane lipidiche sono quindi per molti aspetti le "culle" della vita, senza le quali essa non sarebbe possibile.

Cominciamo col distinguere due tipi molto diversi di cellule biologiche, che separano gli esseri viventi in due grandi classi. Come sicuramente già sapete e come vedremo meglio in seguito, la molecola più preziosa per una cellula è il **DNA**, che è un po' l'*hard disk* su cui sono raccolti i programmi e le informazioni che fanno funzionare un essere vivente. Negli organismi più semplici, i **procarioti** (dal greco "prima del nucleo"), il DNA è libero di fluttuare ovunque nel citoplasma, anche se le sue caratteristiche di polimero molto speciale gli permettono di organizzarsi in modo molto complesso. Fino all'ultimo decennio del secolo scorso, i procarioti venivano identificati con quelli che chiamiamo batteri, ossia si pensava che tutti gli organismi senza nucleo fossero tali. Era però una visione un po' di parte, che raggruppava questi organismi semplicemente sulla base di ciò che *noi* (oltre agli altri animali, alle piante, ai funghi e ad altri esseri unicellulari) abbiamo e loro no. Oggi sappiamo però che le cose stanno in maniera molto diversa: un altro intero regno di procarioti è costituito dagli **Archea**, a cui appartengono per esempio molti organismi precedentemente classificati come batteri "estremofili" per la loro caratteristica di vivere in ambienti estremi dal punto di vista della temperatura e di utilizzare sorgenti di energia davvero inusuali per il loro funzionamento o, come diremo, per il loro *metabolismo*. Batteri e *Archea* sono infatti piuttosto simili per quanto riguarda forma e struttura generale della cellula, soprattutto per il fatto di non contenere membrane o organelli interni. Entrambi poi, non avendo modo di controllare la forma della cellula attraverso quei "tiranti" presenti negli organismi superiori a cui abbiamo accennato, sono racchiusi da una parete cellulare rigida, che costituisce una sorta di guscio protettivo per la membrana[1]. Curiosamente però, dal punto di vista genetico e dei processi di base che regolano il metabolismo cellulare, gli *Archea* sono molto più simili agli **eucarioti**, che raggruppano tutte le altre specie viventi, al punto di farci sospettare di essere i nostri veri antenati.

Nella cellula eucariote ("dal buon nucleo"), il DNA viene accuratamente racchiuso nel **nucleo** e separato dal resto del citoplasma da ben *due* membrane. Questa è, come vedremo, un'importante distinzione rispetto ai procarioti, ma la vera, straordinaria differenza ha a che vedere con le dimensioni: anche se queste possono variare moltissimo, le cellule eucariote tipiche hanno un diametro attorno ai 10-20 μm, almeno una decina di volte maggiore di quelle dei procarioti. Ciò significa che il loro volume è più di un *migliaio* di volte superiore: da questo punto di vista, una cellula batterica sta a una cellula del nostro corpo come un individuo sta a un comune italiano di media dimensione. Per questa ragione la complessità organizzativa delle cellule eucariote, rispetto a quella dei batteri, è davvero enorme e in questa organizzazione un ruolo centrale è svolto proprio dalle membrane.

Una rappresentazione molto schematica di una cellula eucariote (in particolare di una cellula animale, perché quelle vegetali presentano alcune importanti differenze) è mostrata in Fig. 6.2, dove ho cercato soprattutto di mettere in evidenza le funzioni svolte dai principali "organelli" presenti nel citoplasma. Molti di questi organelli sono proprio separati dal resto della cellula, o addirittura formati per intero, da membrane e doppi strati lipidici. Abbiamo già

---

[1] I lipidi di membrana degli *Archea* sono tuttavia molto diversi da quelli di tutti gli altri organismi, mentre la parete cellulare è costituita da polimeri diversi dalla *mureina*, che è il componente principale di quella dei batteri. Anche nei batteri, per altro, la parete cellulare può avere una struttura molto variabile, molto spessa e rinforzata da altri polimeri per i cosiddetti batteri *gram-positivi*, molto più sottile e a sua volta racchiusa da una seconda membrana esterna per quelli gram-negativi (anche per questa ragione, le infezioni derivanti da queste due classi di batteri richiedono spesso di essere affrontate con antibiotici di tipo diverso).

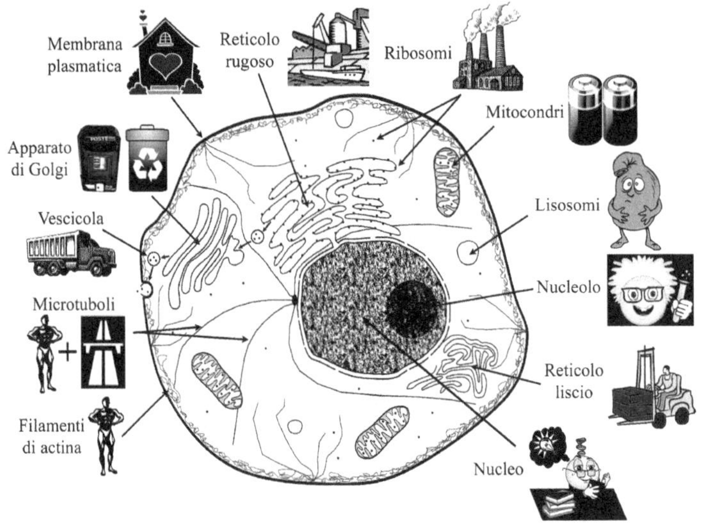

Fig. 6.2. Cellula eucariote (animale) con alcuni dei principali organelli

fatto cenno al nucleo, occupato in gran parte dal DNA sotto forma di quella che chiameremo **cromatina**. Per quanto sia la "struttura di comando", dove hanno luogo i più importanti processi che riguardano la trasmissione di informazione e la riproduzione della cellula, il nucleo non ne costituisce più del 10% del volume. Al suo interno non sono presenti organelli più piccoli avvolti da membrane: lo stesso nucleolo, infatti, la cui funzione è come vedremo soprattutto quella di "manipolare" un importante compagno di viaggio del DNA, l'**RNA**, non è fisicamente separato dal resto del nucleo.

Usciamo ora dal nucleo attraverso uno di quei "pori" che forse intravedete in figura, che come vedremo sono proprio le porte attraverso cui l'RNA viene scambiato col citoplasma, cercando di identificare in quest'ultimo le sedi principali delle funzioni vitali. Ovviamente, una funzione primaria è quella di produrre energia e di trasformarla in una "moneta" adeguata, di cui parleremo, che possa essere spesa per svolgere tutti i processi vitali. A differenza delle piante, che traggono direttamente energia dalla luce solare, gli organismi animali devono produrla a partire da composti chimici che costituiscono quello che chiamiamo "cibo", e il modo più efficiente per farlo è sfruttare delle reazioni che coinvolgono l'ossigeno e che, nel loro complesso, costituiscono quella che si dice *respirazione* cellulare. Chi "respira" tuttavia non è la cellula stessa, ma quegli organelli che vengono detti **mitocondri**, di forma e dimensioni tali da sembrare delle piccole cellule. Con una cellula, del resto, un mitocondrio ha molti aspetti in comune: non solo è avvolto da una propria membrana lipidica, contenendone all'interno molte altre che formano quella complessa struttura ondulata schematizzata in figura, ma soprattutto è dotato di un proprio piccolo DNA, totalmente *diverso* da quello racchiuso nel nucleo[2]. Di fatto, i biologi sono oggi abbastanza certi che i mitocondri fossero originariamente degli organismi procarioti del tutto autonomi, tra i primi ad avere imparato a "respirare" ossigeno, che la cellula avrebbe inglobato nella membrana plasmatica, "addomesticandoli" e trasformandoli in vere e proprie centrali di energia interna. In una cellula tipica, di queste centrali di energia ce ne sono molte, al punto che i mitocondri possono occupare fino a un quarto del volume cellulare. Questa forma di "imperialismo coloniale" sembra essere una delle strategie vincenti degli eucarioti: le piante avrebbero fatto lo stesso con i **cloroplasti**, che sono proprio le centrali a energia solare utilizzati dai vegetali per compiete quella che si chiama **fotosintesi**[3].

Prima di poterlo utilizzare per produrre energia attraverso la respirazione, il cibo va naturalmente prima digerito, dove con questa espressione non ci riferiamo alla pre-digestione "alla grossa" che avviene negli organi degli esseri superiori, ma a una vera e propria trasformazione nei composti chimici elementari essenziali per la cellula. Questi processi avvengono soprattutto all'interno dei **li-**

---

[2] Nella riproduzione sessuata, il DNA mitocondriale viene ereditato solo dalla *madre* attraverso i mitocondri presenti nell'uovo: studiandone la composizione, ricostruiamo quindi l'albero genealogico per parte di madre.

[3] La "scoperta" della fotosintesi da parte di organismi come le alghe azzurre ebbe conseguenze ambientali devastanti, proprio perché produceva ossigeno. Per la sua straordinaria reattività quest'elemento, che oggi siamo abituati a considerare il simbolo stesso della vita, era in realtà un terribile veleno per i primi organismi, che non "respiravano" ossigeno (del resto pressoché assente nell'atmosfera primordiale): l'aver inglobato i mitocondri, trasformando così un pericolo mortale in una brillante forma di sfruttamento dell'energia, è stato così il risultato del disperato tentativo da parte dei primi eucarioti di sopravvivere a questa "rivoluzione ambientale".

sosomi, vescicole lipidiche con un diametro attorno a 0,2-0,4 µm che contengono principalmente enzimi, un tipo fondamentale di proteine che presto incontreremo. Dove però i lipidi si scatenano in una prorompente fantasia di membrane e doppi strati dalla geometria estremamente ricca e intricata sono quelle complesse strutture chiamate **reticolo endoplasmatico** e **apparato di Golgi**. La funzione di queste strutture molto più "eteree" degli altri organelli, che vennero visualizzate al microscopio solo grazie alle geniali tecniche di colorazione ideate dal nostro Camillo Golgi, si è chiarita solo di recente. Potete pensare al reticolo endoplasmatico come a una sorta di magazzino, contenente una grande quantità di vere e proprie "cisterne" in cui vengono accumulati complessi di proteine, successivamente assemblati nelle strutture che svolgono le funzioni primarie, come per esempio i lisosomi. Un particolare sottogruppo del reticolo, detto rugoso, è poi una sorta di "porto", un bacino di carenaggio simile ai *docks* di Londra o Liverpool a cui sono attraccati miriadi di **ribosomi**, quei piccoli puntini neri apparentemente insignificanti che sono in realtà delle vere e proprie *fabbriche* molecolari, adibite a costruire le proteine, di cui presto ci occuperemo. Dal reticolo le proteine vengono trasferite all'apparato di Golgi, che ha un po' la funzione di "ufficio postale" della cella: in esso le proteine vengono selezionate, marcate con l'indirizzo di destinazione, assemblate in vescicole e spedite. A parte questi compiti di posta ordinaria, l'apparato svolge anche quelli di "posta internazionale", assemblando vescicole contenenti quelle proteine che, per diverse ragioni, devono essere fatte uscire dalla cellula attraverso i processi di esocitosi. Tra l'altro, quindi, l'apparato di Golgi, diviene anche un po' la discarica dove i rifiuti vengono preliminarmente accumulati per poi procedere al riciclo o all'eliminazione differenziata. Di fatto, tra la membrana plasmatica e l'apparato di Golgi, ma anche tra questo e il reticolo endoplasmatico, c'è un continuo e intensissimo traffico, che coinvolge operazioni estremamente complesse di distacco e fusione delle vescicole, mediate da proteine come la **clatrina**, che assistono la loro formazione ricoprendole con eleganti strutture "decorate", o che segnalano i punto di attracco specifici sulla membrana.

Ovviamente, tutte le complesse operazioni di trasporto compiute dalla cellula, oltre che quelle necessarie a modificarne la forma, non potrebbero avvenire se il citoplasma fosse solo una sacchetto fluido, tenuto insieme da una membrana floscia: c'è bisogno di qualcuno che faccia il lavoro meccanico pesante. Questo è il compito del **citoscheletro**, costituito sia da filamenti di una incredibile proteina, l'**actina**, che da funi molto più robuste e potenti, i **microtubuli**, veri e propri campioni di *body building* (nel senso originale di costruzione del corpo della cellula), ma anche preziose autostrade per il traffico cellulare: impareremo poi a conoscere meglio questi sistemi, che sono uno splendido esempio di motore molecolare. Per fare ciò, tuttavia, dobbiamo prima imparare a conoscere quelle macromolecole che sono davvero, insieme al DNA e all'RNA (ossia quelli che chiameremo **acidi nucleici**), le molecole biologiche per eccellenza: le proteine.

6.2   Origami molecolare: le proteine

Quando ci siamo occupati di polimeri, abbiamo visto che è spesso conveniente sintetizzare macromolecole composte da più di un tipo di monomero: i copolimeri infatti ampliano notevolmente le possibilità applicative, in particolare quando hanno una natura anfifilica. Da questo punto di vista tuttavia, la Natura ha deciso veramente di strafare, dato che le proteine sono in effetti copolimeri, ma costituiti non da due né da tre, bensì da una *ventina* di monomeri diversi, gli **aminoacidi**. In realtà, come potete vedere nella Fig. 6.3, tutti gli aminoacidi hanno una struttura chimica di base simile: tre dei quattro legami di un atomo di carbonio centrale sono sempre costituiti da un atomo di idrogeno e, da parti opposte, da quelli che si dicono terminale *carbossilico* COOH e terminale *amminico* NH_2. È però il quarto gruppo, detto *residuo* e indicato di solito con R, a rendere gli aminoacidi diversi tra loro: si può andare da residui semplici costituiti da un solo atomo di idrogeno, come

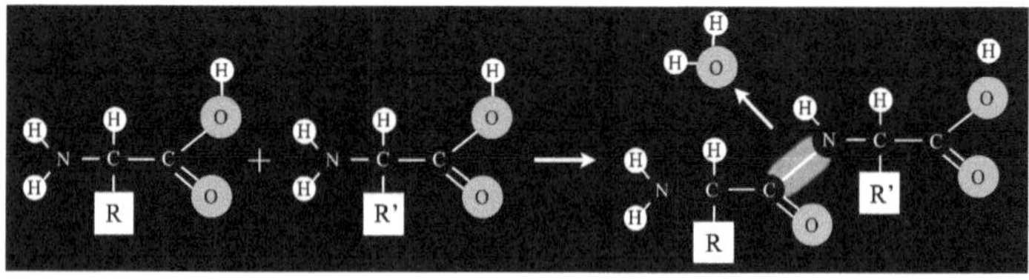

Fig. 6.3. Struttura chimica generale degli aminoacidi e formazione del legame peptidico

nel caso della glicina, ad aminoacidi come il triptofano, dove R è un gruppo organico piuttosto complesso.

Gli aminoacidi sono di per sé dei composti chimici abbastanza speciali, perché mentre il terminale carbossilico vorrebbe comportarsi come un acido, quello amminico vorrebbe viceversa comportarsi come una base. Gli aminoacidi hanno dunque in sé una doppia natura di acido e base: come risultato, quando messi in una soluzione fortemente basica (per esempio di soda) si comportano come acidi, rilasciando un gruppo H^+ e caricandosi negativamente, mentre se sciolti in un acido forte si comportano come basi cariche positivamente. La cosa più interessante è tuttavia che, come un acido e una base tendono a "neutralizzarsi" a vicenda, così due aminoacidi possono legarsi unendo un terminale carbossilico a uno amminico attraverso quello che si chiama un *legame peptidico* e generando così, come potete vedere in figura, una struttura che ha *due* residui R ed R', che saranno diversi se diversi sono gli aminoacidi di partenza. Notate bene che la reazione produce una molecola d'acqua: pertanto, se c'è già molta acqua attorno non avviene spontaneamente, ma deve essere "aiutata" fornendo energia.

Possiamo ora pensare alla sequenza dei due residui RR' come a una parola di due lettere, che possiamo scegliere tra le venti disponibili (i tipi di aminoacidi, che sono più o meno tanti quanti le lettere dell'alfabeto): dunque, con solo *due* aminoacidi, possiamo formare $20 \times 20 = 400$ "parole" diverse. Ma questa nuova molecola ha *ancora* un terminale carbossilico e uno amminico: la reazione può quindi andare avanti e altri aminoacidi si possono unire, generando in questo modo un polimero che si dice **polipeptide** e che costituisce la cosiddetta "struttura primaria" di una proteina. Come le lettere dell'alfabeto generano la miriade di parole che costituiscono una lingua, così i diversi polipeptidi che possiamo formare sono davvero un numero incalcolabile, in particolare se teniamo conto che questa particolare "lingua" ha delle parole molto lunghe, dato che le proteine sono in genere formate da *centinaia* di amminoacidi. È facile vedere che, anche tenendo conto che due di queste parole sono identiche se lette da sinistra a destra o viceversa, sono sufficienti solo *sette* aminoacidi per generare più combinazioni di quelle possibili al Superenalotto!

La tabella che segue mostra i venti aminoacidi che vengono direttamente "codificati" dal DNA per la sintesi delle proteine, se-

Aminoacido	Simbolo	Q	HI	CODONE (RNA)
Acido aspartico	Asp/D	–	–3,5	GAU, GAC
Acido glutammico	Glu/E	–	–3,5	GAA, GAG
Alanina	Ala/A	0	1,8	GCU, GCC, GCA, GCG
Arginina	Arg/R	+	–4,5	CGU, CGC, CGA, CGG, AGA, AGG
Asparagina	Asn/N	0	–3,5	AAU, AAC
Cisteina	CysC	0	2,5	UGU, UGC
Fenilalanina	Fen/F	0	2,8	UUU, UUC
Glicina	Gly/G	0	–0,4	GGU, GGC, GGA, GGG
Glutammina	Gln/Q	0	–3,5	CAA, CAG
Isoleucina	Ile/I	0	4,5	AUU, AUC, AUA
Istidina	His/H	+	–3,2	CAU, CAC
Leucina	Leu/L	0	3,8	UUA, UUG, CUU, CUC, CUA, CUG
Lisina	Lys/K	+	–3,9	AAA, AAG
Metionina	Met/M	0	1,9	AUG
Prolina	Pro/P	0	–1,6	CCU, CCC, CCA, CCG
Serina	Ser/S	0	–0,8	UCU, UCC, UCA, UCG, AGU, AGC
Tirosina	Tyr/Y	0	–1,3	UAU, UAC
Treonina	Thr/T	0	–0,7	ACU, ACC, ACA, ACG
Triptofano	Trp/W	0	–0,9	UGG
Valina	Val/V	0	4,2	GUU, GUC, GUA, GUG

Tabella 6.1. I venti aminoacidi fondamentali, con i loro simboli, il segno della carica in condizioni fisiologiche (Q), l'indice di idrofobicità (HI) e le diverse "triplette" di nucleotidi che li codificano

condo una procedura che vedremo[4]. Al di là delle specifiche differenze chimiche, i residui presenti sui vari amminoacidi possono essere divisi in alcune grandi classi. In primo luogo, alcuni di essi si ionizzano in soluzione, e pertanto le proteine sono dei *polielettroliti* che, come abbiamo visto, possono avere un comportamento molto diverso da quello dei polimeri neutri. Per di più, quali e quanti aminoacidi si ionizzino dipende dall'acidità o dalla basicità della soluzione e quindi la carica totale di una proteina dipende

---

[4] Vi sono in realtà almeno altri due aminoacidi che giocano un ruolo biologico, il primo non direttamente codificato dal DNA, il secondo prodotto solo da alcuni *Archea*.

dalle condizioni del solvente. La tabella mostra per esempio quali siano gli aminoacidi carichi in condizioni fisiologiche e quale segno abbia la loro carica. Ma la cosa più importante, che gioca un ruolo fondamentale nello stabilire come un polipeptide si organizza a formare una proteina, è che alcuni residui (ovviamente quelli carichi, per esempio) sono fortemente *idrofilici*, mentre altri sono fortemente *idrofobici*: si può anzi definire in modo empirico un "indice di idrofobicità" HI, mostrato in tabella il cui valore è tanto maggiore quanto più un aminoacido è idrofobico, mentre assume valori negativi per residui polari idrofilici (l'ultima colonna riguarda la trascrizione degli aminoacidi nel codice genetico, di cui ci occuperemo alla fine del capitolo).

Abbiamo ampiamente visto come la schizofrenia derivante dalla compresenza di gruppi chimici con queste due nature spinga gli anfifili a formare aggregati, così da schermare le parti idrofobiche dal contatto con il solvente. Qui però le cose sono molto più complicate, perché non esistono regioni *separate* che permettano di distinguere una "testa" idrofilica da una "coda" idrofobica: al contrario, aminoacidi di entrambi i tipi possono susseguirsi nella sequenza in modo molto complesso e (apparentemente) caotico. Guardate per esempio la sequenza di aminoacidi del **lisozima**, una proteina con funzioni battericide (attacca la mureina, componente principale della parete cellulare batterica) abbondantemente presente nelle lacrime, nella saliva, o nell'albume d'uovo, mostrata in Fig. 6.4: come vedete, gli aminoacidi idrofobici, indicati con i pallini neri, sono sparsi lungo tutta la catena, spesso in prossimi-

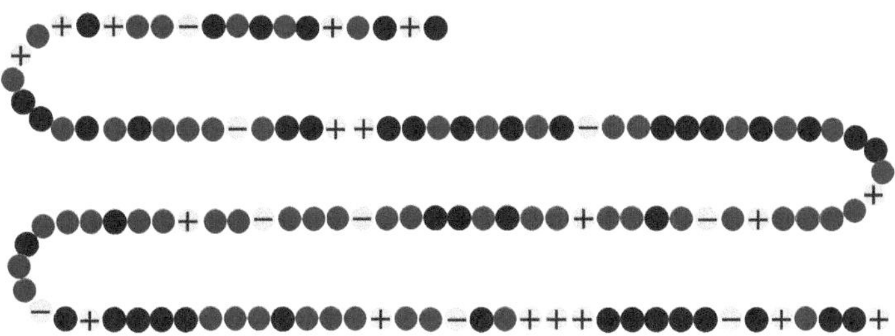

Fig. 6.4. La catena di 130 aminoacidi che costituisce il lisozima umano. Gli aminoacidi idrofobici sono indicati in nero, quelli polari in grigio e quelli carichi con il loro segno

tà di gruppi carichi. Qui, più che di schizofrenia, si dovrebbe forse parlare di *autismo* molecolare, dato che la proteina deve probabilmente concentrare tutta l'attenzione sul proprio complicato mondo interno per venire a capo del problema.

Quali strategie mettono dunque in atto le proteine per "raggomitolarsi", mantenendo per quanto possibile schermate dal solvente e prossime tra loro le regioni idrofobiche? Il modo di ripiegarsi (o come si dice il *folding*) di una proteina è infinitamente più complesso di quello del tutto casuale di un semplice polimero: miliardi di anni di evoluzione hanno però selezionato una "tecnica di montaggio" molto generale, che per certi aspetti ricorda quella che noi usiamo per costruire un prefabbricato, dove non partiamo dai singoli mattoni ma da alcuni specifici elementi già preassemblati. Per capire perché esistano e quali siano questi elementi di base, che costituiscono quella che si dice la *struttura secondaria* di una proteina, dobbiamo però considerare un secondo aspetto fondamentale, che riguarda non tanto i residui, quanto lo "scheletro" della catena polipeptidica. Con la formazione del legame peptidico, viene meno la tendenza a ionizzarsi dei terminali, che sono di per sé dei gruppi fortemente idrofilici. Tuttavia, se riguardate la Fig. 6.3, potete notare come agli atomi N di azoto rimanga attaccato un solo atomo d'idrogeno, mentre del gruppo carbossilico rimane un atomo di ossigeno solo soletto. Quando abbiamo parlato dell'acqua, abbiamo visto che l'ossigeno, per la sua natura polare, ama molto legarsi in modo debole agli idrogeni appartenenti ad altre molecole, dando origine a quel gioco di "compartecipazione" degli idrogeni che è responsabile di tutte le proprietà speciali dell'acqua. Gli ossigeni hanno dunque una gran sete d'idrogeno: si dà il caso che gli atomi di azoto siano molto generosi, accettando anch'essi di buon grado di mettere in comune il proprio piccolo tesoro con un atomo di ossigeno per formare un legame idrogeno. Sempre dalla Fig. 6.3 è facile capire che ciò non è però possibile con l'ossigeno più vicino, perché questo "guarda dall'altra parte", ma lo è con ossigeni appartenenti ad altri aminoacidi. Si possono così formare legami tra *diverse* parti della catena, che la rendono molto più compatta di quanto sarebbe un polimero semplice.

Nelle proteine, questi legami non si formano tuttavia a caso, ma in modo estremamente regolare. Esistono infatti due modi fondamentali che consentono di soddisfare nel miglior modo possibile questo desiderio di legami e che costituiscono le due sotto-strutture principali presenti nelle proteine. La prima di queste strutture, che è mostrata a sinistra nella Fig. 6.5, si dice **alfa-elica**: la catena si avvolge su se stessa in modo tale che ogni atomo di ossigeno trovi sotto di sé l'atomo di azoto che appartiene a quattro aminoacidi *prima* nella sequenza. Come vedete, l'elica ha un "passo" estremamente regolare, e per tale ragione è una struttura molto compatta e robusta, estremamente comune nelle proteine. Quanto sia idrofilica o idrofobica, dipende naturalmente *dai residui*: così, nel "cuore" di una proteina si trovano alfa-eliche composte da aminoacidi con residui prevalentemente idrofobici, mentre il contrario avviene per quelle eliche esposte in parte sulla superficie. Per lo meno, comunque, la natura polare degli ossigeni è soddisfatta, ed essi non fanno obiezione a starsene lontani dal contatto con l'acqua. C'è però un modo ancora più semplice di creare un gran numero di legami idrogeno, ossia quella di ripiegare su se stessa la catena su di un *piano*, creando una struttura simile ai lenti meandri di un fiume e permettendo in tal modo ad atomi di ossigeno e azoto molto più lontani di accoppiarsi. Questi piani saldamente connessi da legami idrogeno, mostrati a destra in figura, si chiamano **foglietti beta**. I foglietti beta forniscono un'occasione molto ghiotta per nascondere residui idrofobici: se si fa in modo che questi stiano tutti *dalla stessa parte* del piano e si fanno affacciare due piani di questo tipo proprio da questo lato, si ottiene una specie di "sandwich" ripieno proprio di sostanze idrofobiche schermate dall'esterno. Per questo motivo, i foglietti beta costituiscono uno dei metodi di impaccamento migliore nel cuore delle proteine di regioni a prevalenza idrofobica[5]. L'introduzione di queste due strutture fondamentali, che sono presenti in quasi tutte le proteine (qualche eccezione la incontreremo) è dovuta a William Astbury e soprattutto a Linus Pauling, il grande scienziato americano che, con la sua teoria del legame chimico,

---

[5] Quando, per ragioni che ancora non sappiamo, qualche proteina si ripiega in modo sbagliato, in modo tale che i foglietti beta siano esposti al solvente, sono *davvero* guai. Per via delle loro superfici idrofobiche, queste proteine "devianti" tendono ad aggregare molto facilmente formando delle "placche" dette *amiloidi*, che si accumulano nei tessuti infiammandoli. Le forme di *amiloidosi*, malattie verso le quali siamo ancora del tutto impotenti, sono molte, ma forse la più nota e tragica è il morbo di Alzheimer. Come potete vedere, i problemi di aggregazione colloidale (perché di questo si tratta, anche se sono fenomeni molto più complessi di quelli che abbiamo incontrato) non sono questioni puramente accademiche.

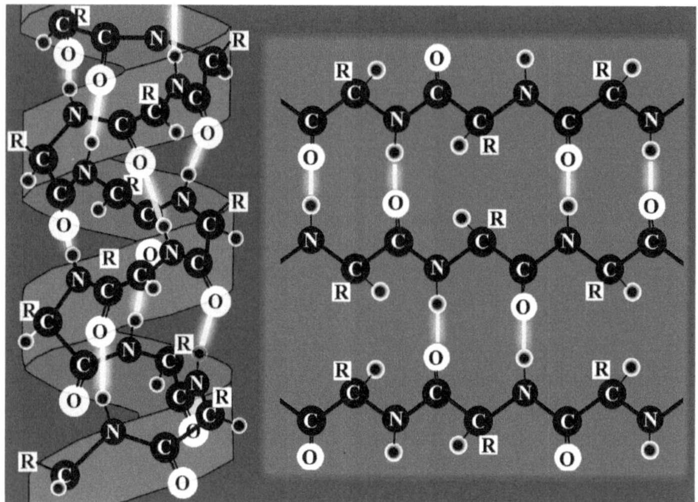

Fig. 6.5. Alfa-elica (a sinistra) e foglietto beta (a destra), con indicati i legami idrogeno tra atomi di azoto e di ossigeno

per primo gettò un ponte tra chimica e fisica atomica, oltre a essere uno dei soli quattro scienziati ad aver ottenuto non uno, ma *due* premi Nobel (per la chimica e per la pace, dato che fu anche uno dei più strenui oppositori della proliferazione delle armi atomiche)[6].

Alfa-eliche e foglietti beta non esauriscono ovviamente tutti gli aminoacidi presenti in una proteina. Un discreto numero di questi si organizza in semplici "filamenti", detti *loop*, che collegano insieme eliche e foglietti. I *loop* sono in gran parte localizzati in prossimità della superficie di contatto tra la proteina e il solvente acquoso, con il quale gli ossigeni possono soddisfare il loro bisogno di formare legami idrogeno e, pertanto, non c'é da stupirsi del fatto che siano costituiti prevalentemente da aminoacidi idrofilici. I loop permettono poi a eliche e foglietti di combinarsi insie-

---

[6] Pauling sostenne anche con decisione l'uso della vitamina C come agente di prevenzione dei tumori, consumandone egli stesso almeno tre grammi al giorno, esempio poi seguito anche dalla nostra Rita Levi Montalcini. Pauling visse fino a 93 anni e la Montalcini ha appena festeggiato il centenario: non stupitevi quindi se anch'io, nel mio piccolo, ne faccio abbondante uso (male comunque non fa, dato che è una vitamina idrosolubile e quindi l'eccesso viene sicuramente eliminato).

me per formare degli specifici "motivi strutturali", che i biochimici hanno imparato a riconoscere. Grazie a ciò, così come dai motivi caratteristici e dalle scelte costruttive è possibile classificare gli edifici architettonici, si è progressivamente sviluppata una vera e propria "zoologia" nella quale vengono raggruppate insieme proteine strutturalmente simili, cosa che ci permette tra l'altro di intuire il percorso evolutivo di queste fondamentali macromolecole biologiche. Questi motivi strutturali e la loro interorganizzazione costituiscono la *struttura terziaria* di una proteina, che è il più alto livello di organizzazione di una singola catena polipeptidica. Due specifici aminoacidi giocano però un ruolo particolare nella formazione della struttura terziaria. Da una parte c'è la **prolina** il cui gruppo aminico è diverso da quello degli altri aminoacidi: per questa ragione, può solo accettare legami idrogeno e non donarli, e pertanto disturba fortemente la formazione di eliche e foglietti. Al contrario, la **cisteina** ha la possibilità di contribuire fortemente alla robustezza della struttura perché contiene nella sua struttura un atomo di zolfo che può formare, con un'altra cisteina, dei "ponti" per certi versi simili a quelli che abbiamo incontrato nella gomma vulcanizzata.

L'esigenza di schermare i gruppi idrofobici è dunque la "forza trainante" nel *folding* delle proteine, ma sono i legami idrogeno, soprattutto quelli localizzati nel "cuore" della proteina, a farla da padrone per quanto riguarda il modo in cui ciò può avvenire. Tutte queste complesse fasi portano comunque a un risultato davvero stupefacente: mentre, come abbiamo visto, un polimero semplice può assumere uno sterminato numero di configurazioni equivalenti, costituite da tutti i cammini auto-escludenti con un numero di passi pari al numero di monomeri, una proteina ammette in genere *una sola*, o al più molto poche strutture terziarie stabili, ossia corrispondenti a un valore minimo dell'energia totale della catena. È questo il vero segreto delle proteine, che rende ciascuna di esse un "pezzo unico" specificamente adatto a una ben precisa funzione. Di fatto, ogni proteina, per poter funzionare correttamente, ha bisogno di ripiegarsi esattamente in questo modo: se va bene, un *folding* incorretto produce solo una proteina inattiva, ma nei casi peggiori pezzi difettosi di questa natura, come per esempio i cosiddetti prioni, danno origine a gravi patologie di cui il morbo di Creutzfeldt–Jakob (la versione umana di quello della "mucca pazza") è solo l'esempio più noto.

Come facciano le proteine a ripiegarsi in modo così preciso è un puzzle solo in parte risolto, anzi, il vero problema è *quanto poco* ci mettono a farlo. Se infatti una catena polipeptidica dovesse esplorare a caso tutte le configurazioni possibili, anche provandone una ogni miliardesimo di secondo, per trovare quella giusta ci metterebbe molto più dell'età dell'Universo: in realtà, l'intero processo ha spesso luogo in pochi *millesimi* di secondo (e in alcuni casi anche molto più in fretta)! Per di più, molte configurazioni sbagliate hanno un'energia che differisce di pochissimo da quella della struttura corretta, ed è molto strano che la proteina non venga "ingannata" rimanendo intrappolata in queste configurazioni quasi corrette. I biologi hanno ovviamente trovato da tempo molti indizi importanti che ci possono aiutare a spiegare questo apparente paradosso, per esempio mostrando che il processo di ripiegamento deve essere spesso "aiutato"[7]. Questo ruolo ausiliario viene svolto da altre proteine, le cosiddette **chaperonine** che, appunto, fanno loro da *chaperon* accompagnando le giovani catene al ballo delle debuttanti. Molte proteine inoltre, dopo essere state sintetizzate, vengono *modificate* all'interno del reticolo endoplasmatico o dell'apparato di Golgi, attaccando loro per esempio dei piccoli polimeri zuccherini con un processo detto *glicosilazione* che è essenziale per ottenere un *folding* corretto. Tuttavia certe proteine, anche se trattate male in modo da venire ridotte alla completa impotenza, ritornano spontaneamente, e in tempo brevissimo alla configurazione corretta se riportate nelle giuste condizioni. Probabilmente, il segreto di questa stupefacente abilità sta proprio nell'aver scelto il sistema di montaggio dei prefabbricati: anche se la proteina ha smesso di funzionare perché si è in parte "srotolata", molte sottostrutture sono in realtà ancora integre, e la ricostruzione diviene estremamente più facile. Molti aspetti di questo problema fondamentale sono comunque ancora aperti e non stupisce pertanto che un discreto numero di teomatti, abituati ad affrontare problemi astrusi di fisica fondamentale, siano diventati dei veri e propri *aficionados* dello studio della conformazione delle proteine.

---

[7] Del resto, quando bollite un uovo (o lo trattate malamente come abbiamo fatto nel primo capitolo) e poi lo lasciate raffreddare, l'albume non ritorna certo allo stato di partenza, segno che le proteine che lo costituiscono hanno subito dei cambiamenti irreversibili.

Due esempi di struttura terziaria relativi a proteine direttamente coinvolte nella sintesi o nella scissione del DNA, sono mostrati in Fig. 6.6. Il modo in cui sono rappresentate, particolarmente caro ai biochimici, evidenzia proprio e solo quegli elementi strutturali di cui abbiamo parlato, senza soffermarsi sugli incredibilmente complessi dettagli chimici della macromolecola.

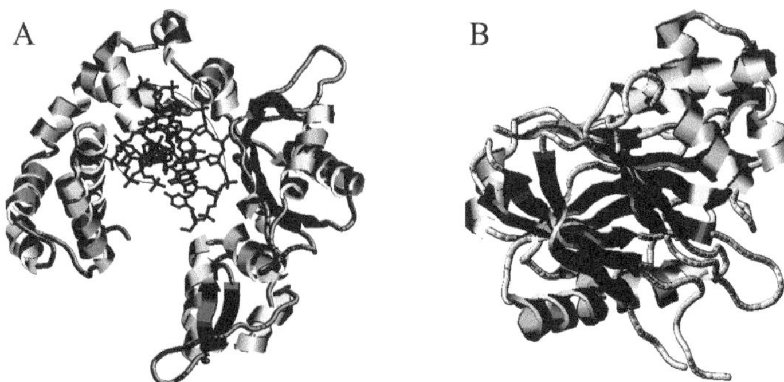

Fig. 6.6. Due esempi di rappresentazione di proteine a "eliche e nastri": A) DNA-polimerasi, l'enzima che catalizza la polimerizzazione del DNA (un frammento del quale è mostrato in grigio scuro); B) Desossiribonucleasi, che catalizza la scissione del DNA in singoli nucleotidi (fonte: *Protein Data Bank (PDB), strutture 7icg e 3DNI*)

Guardando le figura, viene naturale chiedersi come sia possibile determinare la struttura di molecole così complesse. In realtà, di queste proteine conosciamo la posizione di *ogni atomo* con una risoluzione che è dell'ordine del decimo di nanometro. La strategia più comune che si utilizza è quella di studiare dei *cristalli* di proteine, utilizzando ancora una volta la diffrazione (in questo caso, naturalmente, di raggi X, perché la dimensione di queste strutture è dell'ordine dei nanometri) e analizzando la posizione e l'intensità dei picchi di Bragg. Come le molecole semplici, anche le proteine infatti cristallizzano, anche se con *molta* più difficoltà (torneremo su questo problema tra poco). La differenza, tutt'altro che trascurabile, è che mentre la cella elementare di un cristallo delle prime contiene pochi atomi, in questo caso l'unità ripetitiva contiene *migliaia* di atomi. Le figure di diffrazione sono allora costellate da una miriade di *spot*, ed è davvero affascinante (e quasi incredibile) vedere come i bio-cristallografi riescano da essi a ricostruire, passo dopo passo, l'intera struttura[8].

Le eleganti ricostruzioni della Fig. 6.6 sono sicuramente di grande utilità per i biochimici delle proteine, che sono in grado di leggervi molte più informazioni di quante io possa trasmettervene o semplicemente capire. Tuttavia, lo studio dei sistemi colloidali ci ha suggerito che, per quanto riguarda il comportamento in soluzione di una proteina, ciò che conta non è tanto la complessa struttura interna, quanto la *superfice di contatto* con il solvente. È allora il caso di guardare come appaia una proteina quando, anziché usando nastri ed eliche, venga rappresentata mostrando proprio gli "ingombri" degli atomi che la compongono. Nella Tavola 9, in alto a sinistra, potete vedere come apparirebbe in questo modo una proteina molto semplice come il lisozima. La prima osservazione che possiamo fare è che, a differenza di un polimero semplice, la forma tridimensionale è molto *compatta*: proprio perché la struttura interna è tenuta insieme dai legami idrogeno, sono del tutto assenti quei "buchi" che caratterizzano la geometria frattale delle catene polimeriche. Per molti aspetti, la molecola di lisozima assomiglia a quella delle micelle globulari di tensioattivi, impenetrabili al solvente, ma con importanti differenze. In primo luogo, possiamo osservare che sulla superficie sono presenti *sia* cariche negative che positive (queste ultime molto più abbondanti, perché il lisozima si comporta, in condizioni fisiologiche, come una base), oltre a gruppi polari non carichi. Ricordiamo poi che le cariche sono sempre dei gruppi H^+ o OH^-, perché i residui carichi degli aminoacidi sono sempre acidi o basi. La cosa più importante però è che il tentativo di "nascondere" le regioni idrofobiche ha avuto un successo solo parziale: sono infatti presenti sulla superficie delle vere e proprie "pezze" idrofobiche (dei *patch*), che non gradiscono certo il contatto con l'acqua.

Una soluzione di lisozima assomiglia dunque a una sospensione di globuli abbastanza sferoidali, con una carica netta positiva ma anche dei *patch* idrofobici sulla superficie. Se la carica viene schermata, aggiungendo per esempio un sale, le particelle tendono dunque ad appiccicarsi per ridurre la superficie idrofobica

---

[8] In realtà è possibile ricostruire anche la struttura di proteine direttamente in soluzione, cioè senza aver bisogno di cristallizzarle, utilizzando tecniche di *risonanza magnetica nucleare* (simili a quelle a cui potrà esservi capitato di essere sottoposti), ma ciò può essere fatto purtroppo solo per proteine non troppo grosse.

esposta. In queste condizioni, le particelle si comportano quindi in modo simile alle sfere appiccicose di cui abbiamo parlato nell'ultimo capitolo. Come abbiamo visto, se la "colla" è abbastanza forte le particelle, prima di riuscire a ordinarsi su un cristallo, tendono a formare facilmente degli aggregati disordinati, che precipitano rapidamente dalla soluzione. Questa tendenza ad aggregare senza cristallizzare è il vero incubo dei bio-cristallografi, perché rende la produzione di cristalli di proteine più un'arte culinaria, nella quale si tramandano ricette e metodi che funzionano, che una scienza. Di fatto, la difficoltà di ottenere buoni cristalli è il vero "collo di bottiglia" nello studio della struttura delle proteine: conosciamo la sequenza primaria di un grandissimo numero di proteine, ma di solo meno dell'uno per cento di queste la struttura terziaria.

Negli ultimi anni, i fisici della materia soffice hanno mostrato che le analogie tra una soluzione di proteine globulari prossima alla cristallizzazione e una sospensione di sfere appiccicose è davvero molto profonda: tuttavia, esistono importanti differenze, sia perché il comportamento dei legami idrogeno con il solvente (che stabilizzano anch'essi la sospensione) è molto complesso, sia soprattutto per la natura *patchy* della loro superficie, che le rende più simili a quelle sfere con legami "direzionali" a cui abbiamo accennato. C'è tuttavia ancora moltissimo da capire sul comportamento colloidale delle proteine, anche se la possibilità di utilizzare nuove potentissime sorgenti di raggi X da "sincrotrone" ha ridotto considerevolmente il problema pratico di ottenere cristalli di grande dimensione (dove per grande si intende qualche millimetro!).

Il lisozima è solo un esempio veramente semplice di proteina: in realtà, come vedremo, molte proteine sono formate da *più* catene polipeptidiche associate insieme in modo opportuno per formare quella che si chiama la struttura *quaternaria* di una proteina. Per il momento, tuttavia, lasciamo da parte questa fugace e superficiale occhiata sui polipeptidi per chiederci a che cosa servono queste complicate strutture. La risposta è molto semplice: *a tutto*. Nel senso che tutte le funzioni biologiche fondamentali sono svolte, mediate o sostenute da proteine, tanto che lo scopo primario dell'informazione contenuta nel DNA è proprio questo: produrre, o meglio far produrre all'RNA proteine attraverso i "geni", che altro non sono se non pezzi di DNA che "codificano" per una specifica proteina. Sia in quelle complesse città che sono le cellule, che nelle campagne circostanti, le proteine svolgono ogni tipo di professioni, prestandosi al ruolo di ingegneri chimici e prestigiatori, camionisti e netturbini, chirurghi e badanti, antennisti e sentinelle, architetti e semplici muratori, banchieri e giornalisti, poliziotti e persino agenti con licenza di uccidere, se necessario. Al punto che viene da chiedersi se sia più realistica la prospettiva comune, che vede nel DNA "la" molecola della vita e nelle proteine i semplici esecutori materiali dei suoi ordini, o una diametralmente opposta, in cui sono le proteine a farla da padrone dopo aver trovato negli acidi nucleici un comodo metodo per trasferire l'informazione. Quello delle proteine è dunque un mondo estremamente ricco, che riserva infinite sorprese, e che sarebbe utopistico cercare di raccontare nelle poche pagine che ci rimangono. Cerchiamo però di delineare, almeno a grandi linee, il curriculum di qualcuno di questi professionisti.

6.3   Piccoli chimici

Abbiamo già parlato più volte dei catalizzatori, quelle particolari molecole che svolgono il ruolo di intermediari in una reazione chimica che, per quanto sia energeticamente favorita, non avviene o avviene molto lentamente perché richiede una notevole *energia di attivazione*, ossia, richiamando un'immagine semplice, richiede di investire (momentaneamente) energia per superare la collinetta che si frappone tra reagenti e prodotti. Supponiamo per esempio che un composto AB possa scindersi in due molecole A e B, ma che ciò avvenga con molta difficoltà, perché l'energia di attivazione è molto maggiore di quella termica. Un catalizzatore X può però unirsi ad AB a costo pressoché nullo per formare il "complesso" ABX e, successivamente, questo può scindersi in A+B, lasciando di nuovo libero X. Abbiamo così preso due piccioni con una fava, aggirando la collinetta e ritrovandoci alla fine con X di nuovo pronto per l'uso (i catalizzatori, cioè, *non si consumano* nella reazione). Per esempio l'acqua ossigenata (H_2O_2) tende spontaneamente a trasformarsi in acqua più ossigeno, con una reazione che rilascia la bellezza di $41kT$ per molecola, ma l'energia di attivazione è davvero molto alta, al punto che, anche se lasciate aperta la boccetta, in due settimane solo l'1% di H_2O_2 si deteriora (quella per uso domestico contiene comunque degli stabilizzanti). Se però aggiungete una piccola quantità di un catalizzatore come il biossido di manganese, una sostanza presente nelle batterie alcaline, la reazione diviene estremamente più veloce, tanto che l'acqua ossigenata comincia a "bollire" con vigore (non fatelo, comunque).

Proprio per questa loro caratteristica i catalizzatori sono, come abbiamo visto, tra i composti più ricercati dall'industria chimica. Tuttavia, questo per i sistemi viventi non è sufficiente, perché essi hanno bisogno di avere un controllo estremamente accurato delle reazioni chimiche interne, stabilendo con assoluta precisione quali fare avvenire e quali no, e soprattutto *quando* farle avvenire. Purtroppo i catalizzatori semplici non sono particolarmente "specifici", perché spesso catalizzano indifferentemente diverse reazioni chimiche. Inoltre, una volta che c'è in giro un po' di catalizzatore, la reazione avviene spontaneamente, con scarse possibilità di controllo della velocità con cui ha luogo. Infine, molte reazioni biochimiche sono così complesse che nessuna molecola semplice riesce a catalizzarle. Dove falliscono i catalizzatori semplici, tuttavia, trionfano gli **enzimi**, che costituiscono di gran lunga la classe più numerosa di proteine, dato che ogni enzima catalizza una, o al più un numero ristrettissimo, delle innumerevoli reazioni chimiche che avvengono in una cellula. Gli enzimi hanno inoltre un'efficienza straordinariamente maggiore dei catalizzatori semplici: per esempio, la **catalasi**[9], un enzima che catalizza proprio la decomposizione dell'acqua ossigenata (un pericoloso veleno per le cellule), aumenta la velocità naturale di decomposizione di *migliaia di miliardi* di volte: insomma, gli enzimi sono tipi che fanno una sola cosa, ma la fanno proprio bene.

Guardiamo per esempio la struttura di un semplice ma importante enzima, l'**anidrasi carbonica**, mostrato in Fig. 6.7. Questa proteina è presente soprattutto nei globuli rossi e ha il delicato compito di controllare con estrema precisione l'acidità del sangue (se non ci riuscisse, saremmo davvero fritti!) trasformando acqua e anidride carbonica (CO_2) in acido carbonico (H_2CO_3). Ingrediente fondamentale per questa reazione catalitica è un atomo di zin-

---

[9] Tutti gli enzimi hanno un nome che termina in *-asi*, anche se talora, come nel caso del lisozima (che è in realtà una *idrolasi*), si usano termini più specifici.

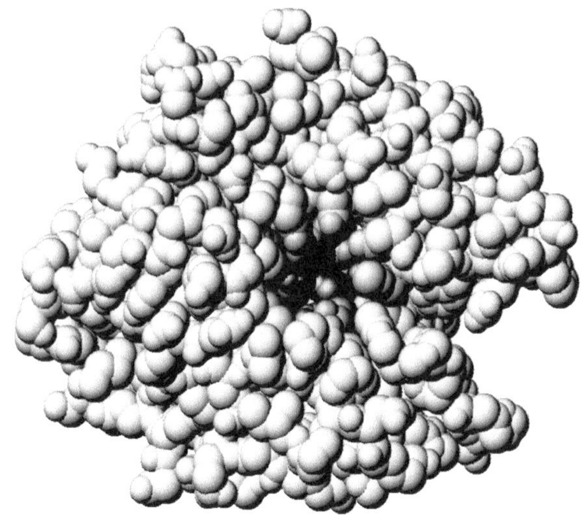

Fig. 6.7. Struttura dell'anidrasi carbonica (fonte: *PDB, struttura 1ca2*)

co, quel pallino nero in figura che si trova all'interno del *sito attivo*, rappresentato in grigio, costituito in questo caso da tre residui di istidina legati allo zinco. Quest'ultimo, come potete notare, risulta appena visibile, sprofondato com'è nel cuore della proteina, e non è quindi particolarmente esposto, proprio per poterne controllare adeguatamente l'azione. Comunque, è sufficientemente accessibile alla molecole d'acqua, da cui un quarto residuo di istidina può prelevare un idrogeno, lasciando legato allo zinco un gruppo OH^- che permette lo scambio di atomi che avviene nella reazione.

Come fanno gli enzimi a essere così selettivi e funzionali? Quando furono scoperti e riconosciuti come tali, si pensava che il meccanismo di base del loro funzionamento fosse del tipo "chiave-serratura", secondo cui il sito attivo avrebbe una geometria tale da permettere solo alle molecole che partecipano alla reazione (i *substrati*) di inserirsi esattamente, così come una chiave si inserisce in una serratura di precisione. Questa visione geometrica è tuttavia un po' *naïve*, soprattutto perché non spiega da dove derivi la riduzione della energia di attivazione. In realtà, il substrato *interagisce* con il sito attivo, modificandolo e modificandosi a sua volta. Sono proprio i legami tra il sito e il substrato a cambiare lievemente la forma e lo stato di quest'ultimo, quanto basta per abbassare considerevolmente l'energia di attivazione. Attraverso questi legami, il substrato quindi si "attiva" prendendo a prestito un po' di energia dall'enzima, che viene a esso poi restituita dai prodotti della reazione. Il fatto che gli enzimi funzionino mostra comunque quanto siano fondamentali i legami idrogeno tra gli aminoacidi: ricordiamo che la conformazione di un polimero semplice, senza legami tra monomeri non consecutivi, fluttua continuamente per effetto dell'agitazione browniana, cosa che gli impedirebbe di conservare un sito attivo ben definito, o che al più si adatta lievemente al substrato.

C'è un terzo aspetto, ancora più importante, che rende gli enzimi profondamente diversi dai catalizzatori semplici. Ai sistemi viventi non basta ovviamente catalizzare reazioni chimiche che avverrebbero spontaneamente rilasciando energia, se non ci fosse l'energia di attivazione: devono anche poter lavorare "contro natura", investendo energia per costruire composti *più energetici* e complessi. Caratteristica importante di molti enzimi è proprio di poter far avvenire reazioni in senso opposto a quello spontaneo, mettendoci di tasca propria l'energia in eccesso che posseggono i prodotti rispetto ai reagenti. Per esempio, mentre nei tessuti, dove la concentrazione di anidride carbonica è alta, l'anidrasi carbonica funziona come abbiamo visto, nei polmoni, dove l'anidride carbonica deve essere rilasciata come prodotto finale della respirazione, è l'acido carbonico a essere convertito in CO_2.

Dove vanno a prendere questa energia gli enzimi? Facciamo un breve intermezzo, per scoprire quali siano i meccanismi attraverso cui l'energia ottenuta dal cibo o, nel caso dei vegetali, ricavata direttamente dalla luce solare, viene accumulata, suddivisa, trasferita e scambiata dagli esseri viventi. Esiste una "moneta" pressoché universale preposta a questi scambi, costituita da una molecola abbastanza semplice, l'**adenosina trifosfato** (ATP). Senza entrare come al solito nei dettagli chimici, l'ATP è costituito da una base legata a uno zucchero detta adenosina, che vedremo essere uno dei costituenti fondamentali del DNA, a cui sono attaccati tre gruppi fosfato, simili a quelli presenti nella testa dei fosfolipidi. All'interno della cellula, una molecola di ATP può *idrolizzarsi*, ossia unirsi all'acqua perdendo un gruppo fosfato: in questo modo si trasforma in **adenosina *difosfato*** (ADP), rilasciando una notevole quantità di energia, pari a circa una *ventina* di volte quella termica[10]. Tuttavia la reazione non avviene spontaneamente, perché ha un'elevata energia di attivazione, ed è proprio questo particolare a permettere agli organismi viventi di sfruttare l'ATP come moneta di scambio, controllando quando e dove viene rilasciata l'energia attraverso enzimi come l'**ATP-asi** che catalizzano l'idrolisi dell'ATP in ADP (si veda la Fig. 6.8). Una quantità ancora maggiore di energia si ottiene inducendo l'ATP a "suicidarsi' del tutto, perdendo un altro gruppo fosfato: in questo modo si ottiene una molecola detta AMP ciclico. Come bonus addizionale, l'AMP ciclico svolge una funzione fondamentale come "messaggero" degli ordini da impartire per svolgere importanti funzioni intracellulari quali per esempio la regolazione del livello di **glicogeno**, un polimero del glucosio (come lo è l'**amido**, un suo stretto parente vegetale) prodotto soprattutto nel fegato e nei muscoli, che costituisce un'importante riserva di energia pronta all'uso per le cellule animali (una riserva più a "lunga scadenza" sono i **trigliceridi**, ossia quelli che chiamiamo comunemente "grassi").

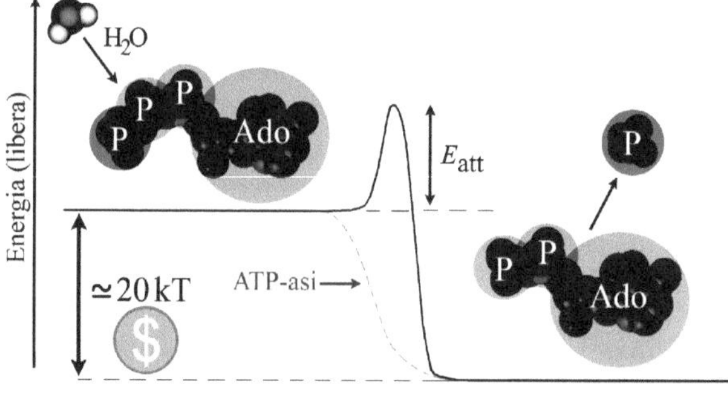

Fig. 6.8. Schema dell'idrolisi dell'ATP in ADP (il valore dell'energia di attivazione è puramente indicativo)

Come venga prodotto l'ATP è una questione davvero complessa, che richiede di conoscere molta più chimica di quanto, non solo voi, ma anch'io sappia. Vi basti sapere che il metodo più semplice

---

[10] Questo valore si riferisce a una reazione che avviene all'interno della cellula. In condizioni normali di laboratorio l'energia rilasciata è poco più della metà (circa $12kT$), ma le condizioni interne della cellula sono tutt'altro che "normali".

(per usare un eufemismo), utilizzato fin dai primordi della vita, è quello del "ciclo del glucosio", lo zucchero prodotto direttamente dalla fotosintesi nelle piante e che gli animali possono ricavare per esempio dal glicogeno. Ma gli organismi che respirano ossigeno hanno imparato a farlo *molto* meglio, sia direttamente come i batteri, o facendolo fare, per quanto ci riguarda, a batteri addomesticati come i mitocondri. La fonte principale della produzione di ATP è in questo caso un complesso ciclo di reazioni chimiche incentrato sull'acido citrico, il "ciclo di Krebs", seguito da un secondo processo detto di fosforilazione in cui, sostanzialmente l'ADP viene riciclato, ritrasformandolo in ATP per mezzo di enzimi detti **ATP-sintasi** (anch'essi della grande classe delle ATP-asi), che sono incredibili motori molecolari di cui parleremo: in questo modo, vengono prodotte circa 30 molecole di ATP per ogni molecola di glucosio.

Davvero interessante è anche stimare *quanto* ATP venga prodotto in totale dalle cellule. Cominciamo a dire che di ATP ce n'è in giro veramente tanto: in un individuo adulto, sono presenti in ogni istante circa 50 grammi di ATP. Ma decisamente sorprendente è quanto ATP venga prodotto e consumato *in totale* in un giorno da ciascuno di noi. Dalle cifre che abbiamo dato per il processo di idrolisi intracellulare, si ottiene che 1 kg di ATP fornisce circa 27-28 kilocalorie (l'unità di misura dell'energia preferita dai dietologi): tenendo conto del consumo medio di calorie di un individuo (chiedete al dietologo) e dell'efficienza con cui queste vengono convertite in energia (questo è un po' meno facile), si ottiene un valore che non è molto inferiore al vostro peso corporeo *totale*. In un breve e illuminante articolo Michael Buono e Fred Kolkhorst, dell'Università di San Diego, hanno calcolato che per compiere una maratona con i tempi di un record olimpico (circa due ore) si consumano circa 65 kg di ATP. Questo dato ci spiega perché gli organismi viventi abbiano bisogno di cicli che consentano di produrre *in continuazione* ATP, anziché trasformare direttamente in esso tutto il cibo, per poi consumarlo quando necessario: fare una maratona con un sacco da 65 kg sulle spalle non è una grande idea! Per quanto riguarda il rilascio di energia da parte dell'ATP, questo coinvolge ancora altri enzimi e non consiste tanto nella sua idrolisi diretta, che produrrebbe solo calore, quanto nel trasferimento di gruppi fosfato "energetici" (lo vedremo meglio in seguito con un esempio specifico).

Tenuto conto del fatto che gli enzimi provvedono alla sintesi e alla trasformazione di tutte le molecole d'interesse biologico, potremmo aspettarci che molte patologie siano da imputarsi alla carenza, l'eccesso, o in generale la cattiva regolazione di alcune di queste proteine. E invece no: per fortuna, la maggior parte delle malattie di origine strettamente enzimatica sono abbastanza rare. La ragione di ciò sta nel fatto che la maggioranza degli enzimi sono rimasti invariati per centinaia di milioni, se non miliardi di anni, e sono gli stessi nei batteri come nella specie più evoluta presente sul pianeta (i delfini, almeno a mio avviso). Purtroppo, di natura enzimatica sono spesso malattie come quelle di Tay-Sachs, di Hunter, di Menken o di Krabbe, legate a difetti genetici che provocano la carenza di qualche enzima e tanto gravi da generare gravi ritardi mentali o dello sviluppo. Di questa natura è anche la fenilchetonuria, una delle più comuni patologie genetiche pediatriche che colpisce circa un neonato su diecimila causando seri danni al sistema nervoso centrale e provocando anch'essa ritardo mentale e nell'accrescimento, quando non la morte precoce. Eppure, questa grave malattia deriva solo dal non essere capaci di produrre un enzima relativamente semplice che "digerisce" uno degli aminoacidi, la fenilalanina.

A dire il vero, vi sono anche patologie più lievi, che passano sotto il nome un po' abusato (perché vuol dire tutto e niente) di "intolleranze alimentari". Per esempio, i mammiferi sono originariamente "programmati" per consumare latte solo nel primo periodo della vita e quindi la **lattasi**, l'enzima che scinde il lattosio, lo zucchero principale del latte, smette in seguito di essere prodotta. Alcune popolazioni umane, come la nostra, hanno però sviluppato la capacità di continuare a produrlo, permettendoci così di continuare a consumare latte e latticini per tutta la vita. Ciò nonostante, se si smette di assumere questi prodotti, questa capacità regredisce, provocando un'intolleranza al lattosio, che si manifesta negli adulti con una frequenza che va dall' 1% tra i danesi a oltre il 95% tra i cinesi, fino a essere totale per i nativi americani[11]. Una volta cresciuti, comunque, molti europei preferiscono al latte la birra o il vino: così, le popolazioni caucasiche hanno largamente incrementato l'efficienza di produzione dell'enzima **alcol deidrogenasi**, che

---

[11] In Italia è molto minore al centro (19%) rispetto al sud (41%) e, curiosamente, al nord (52%).

scinde l'etanolo presente nelle bevande alcoliche[12]. Al contrario gli asiatici mostrano spesso un'intolleranza all'alcol dovuta a un difetto genetico nella produzione di un altro enzima coinvolto nelle fasi successive del metabolismo dell'alcol, l'**aldeide deidrogenasi**. Comunque, se avete seri problemi di intolleranza alimentare, spesso la colpa non è tanto dei vostri enzimi, quanto dei geni del DNA che li codificano: quindi, in definitiva, di mamma e papà.

6.4 Camionisti e informatori

Gli enzimi sono dunque proteine molto indaffarate nella produzione. Non tutte le proteine svolgono però un ruolo così frenetico e creativo: molte di esse si limitano a *trasportare* piccole, ma importanti molecole. Spesso queste molecole sono idrofobiche e quindi hanno necessariamente bisogno di un furgoncino che le porti in giro, ma non è necessariamente così: anche molecole idrofiliche possono trarre vantaggio dalle proteine di trasporto, che le trasferiscono efficacemente a destinazione in modo molto più rapido e selettivo di quanto farebbe la diffusione spontanea nei fluidi corporei. Questi "camionisti cellulari" hanno quindi un'importanza sociale per nulla inferiore a quella degli ingegneri chimici che abbiamo appena incontrato e ovviamente, come i camionisti macroscopici, godono di un forte "peso contrattuale", perché quando una proteina di trasporto entra in sciopero, o lavora a singhiozzo, sono davvero guai.

L'ossigeno è ovviamente una delle cose più importanti da trasportare e, come probabilmente sapete, questo ruolo è svolto dall'**emoglobina**, che costituisce più di un terzo del contenuto dei globuli rossi, acqua inclusa. Come potete vedere in Fig. 6.9, l'emoglobina è costituita da ben quattro catene, ciascuna delle quali contiene un *gruppo eme* (quei quattro "ragnetti" neri) in cui è presente un atomo di ferro che può legare l'ossigeno e trasportarlo. Ma il funzionamento dell'emoglobina è davvero geniale perché le quattro catene non agiscono individualmente, ma in modo *cooperativo*. Cerchiamo di spiegarci meglio: avete presen-

---

[12] Lo stesso enzima, quando agisce su un altro alcol, il metanolo (o "spirito di legno", perché si ottiene per esempio bruciando quest'ultimo) genera formaldeide, un potente veleno che porta alla cecità o addirittura alla morte. Per questa ragione, l'aggiunta di metanolo al vino (fatta per evitare l'imposta sull'etanolo) oltre che una frode, è un grave crimine.

te quando dite "ho tanta sete che più bevo e più berrei"? Bene, l'emoglobina funziona proprio così. Quando un gruppo eme lega un ossigeno, ciò modifica lievemente la conformazione della molecola, diciamo che la "apre" un po', cosicché per gli altri gruppi eme diventa *più facile* legare gli atomi di ossigeno. Come risultato, in quel grande *pub* che sono i polmoni, dove l'ossigeno abbonda, l'emoglobina si scola rapidamente pinte di ossigeno[13] mentre, in tempi di proibizionismo (per esempio se siete in apnea), accetta di buon grado di comportarsi da bevitore moderato. Non è quindi certo uno spreco l'aver progettato una struttura quaternaria con ben quattro gruppi eme, perché solo grazie a ciò si ottiene un processo che si "autorinforza" al crescere della pressione dell'ossigeno nell'ambiente circostante: tant'è vero che la parente povera dell'emoglobina costituita da una singola catena e da un solo gruppo eme, la *mioglobina*, che assicura l'apporto di ossigeno ai muscoli, mantenendoli in funzione anche in condizioni di limitata respirazione, è del tutto insensibile al fatto che vi sia più o meno ossigeno disponibile (emoglobina e mioglobina sono comunque molto simili, e non solo per il fatto di dare il colore rosso al sangue e ai muscoli).

Oltre all'esempio ben noto dell'emoglobina, vi è naturalmente un grande numero di proteine di trasporto extracellulare. Tra queste, un ruolo particolarmente cruciale è svolto da quei veri e propri postini che permettono la comunicazione tra cellule. In un essere pluricellulare, ovviamente, le cellule non possono fare ciascuna i fatti propri, ma devono comunicare continuamente tra loro[14]. Ogni cellula è in realtà bombardata in ogni istante da messaggi provenienti dalle altre cellule: anzi, se così non fosse, cercherebbe letteralmente di suicidarsi, producendo delle proteine che induco-

---

[13] Fino a ben più di un cc per grammo di emoglobina, cosa che aumenta di oltre *settanta volte* il contenuto di ossigeno rispetto al valore dovuto alla solubilità diretta dell'ossigeno nel sangue.

[14] Spesso è necessario comunicare qualcosa anche alle cellule *di qualcun altro*, ruolo svolto dai *feromoni*, sostanze che stimolano negli altri individui della stessa specie la produzione di ormoni, dei quali tra poco parleremo. Molti vertebrati, ma ancor di più gli insetti, sono grandi produttori di feromoni, che servono come segnali d'allarme, aggregazione contro i nemici, disponibilità sessuale, marcatori territoriali o di percorso. A dispetto di molte leggende metropolitane e dei riti compiuti prima degli incontri amorosi da Kelvin Kline in *Un pesce di nome Wanda*, nessun feromone ha per ora dimostrato di cambiare significativamente il comportamento degli esseri umani (qualche relazione forse esiste con la sincronizzazione dei cicli mestruali femminili, ma non c'è una prova certa).

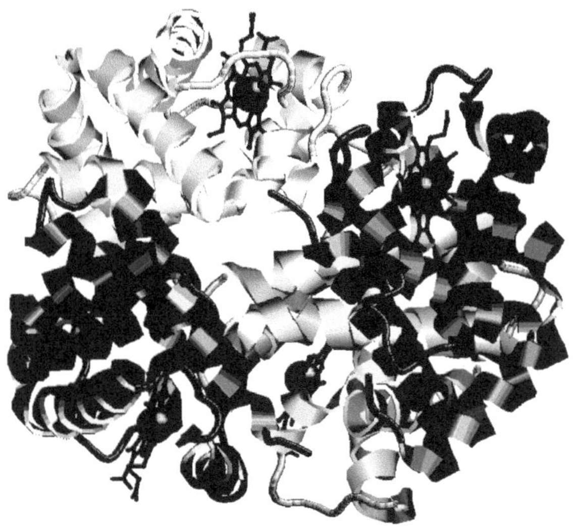

Fig. 6.9. Struttura dell'emoglobina, con quattro gruppi eme evidenziati in nero (fonte: *PDB, struttura 1gzx*)

no all'*apoptosi*, una specie di suicidio programmato delle cellule.
Le cellule dunque, volenti o nolenti, sono dei tipi molto sociali. Ma
come comunicano tra loro? Ci sono due strategie generali di comunicazione, che sono in qualche modo il corrispettivo di ciò che per
noi sono il telefono e la posta ordinaria. Negli organismi evoluti,
la comunicazione telefonica avviene attraverso il sistema nervoso, a cui faremo qualche accenno, e che serve a trasmettere rapi-
dissimamente messaggi, che poi vengono altrettanto rapidamente cancellati per far posto a nuovi stimoli. Ci sono però messaggi,
suggerimenti e comandi che devono rimanere in circolo per ore,
se non per giorni. In questo caso, la strategia è di rilasciare nel sangue per mezzo delle *ghiandole endocrine* messaggeri chimici sotto forma di molecole, peptidi (ossia piccoli gruppi di aminoacidi),
o piccole proteine come per esempio l'insulina: questi messaggeri
sono detti **ormoni**.

Tra gli ormoni giocano un ruolo molto importante alcuni **steroidi**, complesse molecole organiche derivate dal colesterolo
dalle molteplici funzioni. Ben noti sono per esempio il cortisolo
(o **idrocortisone**), l'ormone che controlla gli stati di stress dell'or-

ganismo aumentando la pressione e il contenuto di zuccheri nel sangue e che, riducendo anche la risposta immunitaria, ha notevoli impieghi terapeutici come antinfiammatorio, gli **estrogeni**, il **progesterone** e il **testosterone**, che danno origine alle differenze sessuali e supportano la riproduzione, o gli steroidi anabolizzanti come il **nandrolone**, sui cui effetti secondari è meglio sorvolare, che sono fondamentali per lo sviluppo dei muscoli e delle ossa, ma vi sono anche steroidi meno noti come l'**aldosterone**, che tuttavia ha la funzione fondamentale di permettere ai reni di riassorbire acqua ed elettroliti. Tutti gli steroidi sono però sostanze idrofobiche e pertanto hanno bisogno di proteine di trasporto che li leghino portandoli in giro nel flusso sanguigno. Anche alcune **vitamine**, sostanze essenziali alla vita che però il nostro organismo non è in grado di sintetizzare, sono idrofobiche e quindi hanno bisogno di specifiche proteine di trasporto[15].

Le proteine di trasporto sono in genere molto specifiche, ossia trasportano una sola sostanza o poche sostanze simili, così come nella realtà macroscopica c'è chi trasporta solo automobili o surgelati. C'è però una proteina prodotta dal fegato che ci lascia un po' perplessi, l'**albumina**, perché si lega a molte cose, ma piuttosto male. Si lega per esempio a molti ormoni, acidi grassi e farmaci senza andare troppo per il sottile, ma anche alla bilirubina, il principale prodotto della bile, e a una sostanza molto importante per combattere una malattia rara ma grave come la porfiria: in realtà si lega un po' a tutto, per esempio ai pozzetti di plastica usati per saggiare l'azione di un enzima, ragione per cui funge da "strato isolante" in molte tecniche biochimiche. È così poco caratterizzata che, quando chiesi a un'amica grande esperta di albumina a che cosa servisse, mi rispose che, vista questa sua fame di legami, forse non era altro che una specie di "cestino della spazzatura" per togliere dalle scatole tutto ciò che non era il caso che rimanesse in circolo nel sangue. La cosa che lascia veramente perplessi, tuttavia, è che questo facchino tuttofare è spaventosamente abbondante, costituendo oltre la metà del contenuto proteico del sangue e circa il 3-5% del suo peso totale, una concentrazione assolutamente abnorme per una proteina. La perplessità

---

[15] Tra di esse vi sono la vitamina A (meglio detta retinolo), fondamentale per sintetizzare la rodopsina, il pigmento che ci permette di vedere, la D, essenziale per calcificare le ossa, la carenza della quale provoca rachitismo e osteoporosi, la E, un importante antiossidante e la K, fondamentale per la coagulazione sanguigna.

cresce se si tiene conto che in realtà non sembra essere neppure strettamente necessaria: ci sono persone che, per un difetto genetico, non producono albumina, eppure vivono senza gravi problemi[16]. A che cosa serve dunque l'albumina? Vedremo in seguito che per le cellule l'osmosi, quel fenomeno di cui ci siamo occupati nel primo capitolo, è un problema delicato, su cui devono intervenire attivamente. L'enorme concentrazione dell'albumina la rende di fatto il responsabile di gran parte del contributo delle proteine alla pressione osmotica del sangue, contributo che i medici chiamano spesso pressione "oncotica", per distinguerlo da quello delle molecole piccole (e per complicarci come sempre la vita con un linguaggio forbito). Per un fisico è però abbastanza singolare che si faccia tanto sforzo per produrre qualcosa che serve solo da banale "riempimento osmotico". Tanto per fare un'ipotesi, forse in tempi molto lontani le proteine di trasporto non erano così specializzate come oggi e ci si doveva accontentare di trasportatori più "flessibili" come l'albumina: questa potrebbe essere quindi una specie di modello obsoleto, che la Natura comunque (dato che, come mio nonno, non butta via niente se non è proprio necessario) ha imparato a riciclare per altri scopi. Comunque, da semianalfabeta della biologia, ho forse detto una castroneria: quindi dimenticatela.

A parte quelle di trasporto extracellulare, c'è un'altra grande classe di proteine che si legano ad altre molecole e che in questo caso, più che trasportare, si *fanno* trasportare. Questi autostoppisti, le **immunoglobuline** (o Ig), più comunemente note come *anticorpi*, sono contemporaneamente le spie del sistema immunitario e i "cavalli di Troia" con cui esso riesce a penetrare nelle difese del nemico. Il sistema immunitario è una macchina meravigliosa che ci permette di capire se qualche cosa di estraneo al nostro organismo, sia esso un virus, un batterio, un fungo, o semplicemente una cellula di un altro individuo (anche geneticamente molto prossimo) possa far danno, per poi eliminarlo efficacemente (quasi sempre). La sua complessità è spettacolare, come sono spettacolari le

---

[16] La carenza *metabolica* (non genetica) di albumina può avere invece conseguenze più serie, prima tra tutte l'accumulo di liquidi nei tessuti sottocutanei (edema), che li fa rigonfiare. Tempo fa, quando mi occupavo di proteine, mostrai a una studentessa non proprio filiforme, che cercava una tesi, una foto abbastanza impressionante di una donna affetta da carenza di albumina. Forse ci vide qualche allusione, la prese piuttosto male, e non la vidi più.

strategie che mette in opera, tanto che ci vorrebbe non dico un libro, ma un'intera enciclopedia per discuterle. Voglio solo fare un accenno a una di queste strategie, che si basa proprio sulle Ig.

Tutto comincia nel midollo osseo, dove vengono fabbricate con un ritmo forsennato (nel nostro corpo ne circolano, letteralmente, milioni di milioni) delle cellule specializzate a riconoscere gli **antigeni**, ossia proprio quelle molecole che "marchiano" specificamente un particolare nemico: i **linfociti B**. Ogni linfocita B, quando giunge alla maturità è in grado di produrre *una sola* Ig e quindi di riconoscere uno e un solo antigene, ma è soprattutto il *modo* in cui matura a essere particolarmente interessante. Potremmo pensare che il nostro organismo sia come un sarto che, individuato un nemico, fabbrichi sul momento un vestito su misura da mettergli addosso per distinguerlo dagli altri, ma non è così: la strategia è piuttosto quella del *prêt-à-porter*, anzi, vista l'ampiezza della produzione, della grande distribuzione. Per dirla in parole semplici, in ogni istante viene generata una quantità spaventosa di linfociti B neonati e immaturi, che si trasformano progressivamente da giovincencelli liberi e spensierati in adulti maturi, i quali "sposano" per la vita uno e un solo antigene, che è in genere, ma non sempre, una proteina espressa dall'agente estraneo. Vengono quindi trasferiti attraverso il sistema linfatico (quel complesso sistema di circolazione alternativo al sangue, ancora in parte misterioso) alla milza e alle ghiandole linfatiche, dove vengono accuratamente preselezionati, eliminando in primo luogo, proprio inducendoli al suicidio per apoptosi, quei linfociti che riconoscono le proteine che *noi* esprimiamo (cosa molto opportuna) e facendone maturare ulteriormente una piccola frazione. Il resto avviene per "selezione naturale": quando un antigene si trova effettivamente in giro e si lega alla sua sposa, l'immunoglobulina prodotta da uno specifico linfocita B, quest'ultimo comincia a moltiplicarsi rapidamente e a scapito degli altri linfociti sfaccendati. Buona parte della sua progenie si occupa della produzione e distribuzione del prezioso anticorpo, ma non tutta: una parte della figliolanza si trasforma in linfociti B "di memoria" che, anche quando l'infezione sarà scomparsa, ricorderà bene il volto del nemico e si attiverà subito, saltando tutti questi complessi preliminari.

Le Ig in genere sono legate abbastanza debolmente alla membrana citoplasmatica dei linfociti B attraverso altre proteine (sono cioè delle proteine "periferiche" di membrana, di cui parleremo), cosa che ovviamente serve per addestrare il linfocita nella fase di maturazione, ma quando questo è attivato, vengono "sparate" letteralmente nel mezzo circostante. Il segreto del funzionamento e della fantastica variabilità delle Ig sta nella loro struttura. Come potete vedere in Fig. 6.10, quattro catene, due dette "leggere" e due "pesanti" formano una specie di "Y" sui bracci della quale stanno due siti di legame. Immunoglobuline diverse hanno in comune parte della struttura, ma sia sulle catene pesanti che su quelle leggere c'è una regione che cambia da Ig a Ig. Di ciascuna di queste parti variabili esistono *migliaia* di varianti e, dato che se ne devono scegliere quattro, le combinazioni possibili sono spaventosamente grandi (se avessimo proprio mille varianti per ogni regione, avremmo teoricamente *mille miliardi* di combinazioni possibili).

Ma perché la forma a Y e, soprattutto, perché *due* siti di legame? Non ne bastava uno? Perché questa struttura permette a una Ig di legare insieme *due* antigeni diversi e, dato che molti antigeni hanno più di un sito a cui la Ig si può legare, di legarne insieme tanti, formando una specie di rete in cui gli antigeni restano bloccati come in un gel (è facile vedere che questo richiede che ogni antigene abbia almeno *tre* siti di legame). Insomma, le Ig riescono a far coagulare e addirittura precipitare certi antigeni, il che li rende molto più facili da eliminare per i macrociti, le cellule-soldato specializzate nel fagocitare gli invasori. Ovviamente, questa stra-

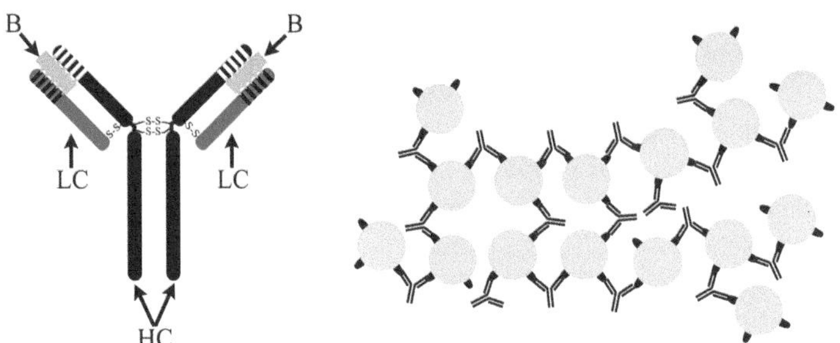

Fig. 6.10. A sinistra, struttura di un'immunoglobulina: le catene pesanti e leggere sono indicate rispettivamente con HC ed LC, mentre B indica i siti di legame. A destra: aggregazione di antigeni indotta dalle immunoglobuline

tegia funziona soprattutto per antigeni non troppo ingombranti. Se il nemico è un batterio, le Ig si devono limitare a legarsi ai siti che riconoscono sulla parete cellulare, detti *recettori*, fornendo comunque un valido segnale ai macrociti. I batteri però possono spesso essere eliminati anche senza dover ricorrere ai macrociti. Sono infatti presenti nel sangue dei complessi di proteine prodotte dal fegato, collettivamente detti "complementi" e specializzati nello sciogliere le membrane batteriche, che, anziché i braccini, riconoscono il *corpo* della Y che penzola fuori dalla parete batterica quando le Ig sono attaccate. Queste che ho schematizzato in maniera molto rozza sono solo alcune delle complesse strategie di difesa del sistema immunitario che, come dicevo, è davvero una macchina estremamente perfezionata.

6.5 Cittadini di Flatlandia

C'è uno splendido racconto di Edwin Abbott, *Flatlandia*, che racconta le vicende di un ipotetico mondo a due dimensioni i cui abitanti, in realtà figure geometriche con un numero di lati proporzionale alla loro importanza sociale (le femmine sono ridotte, manco a dirlo, a semplici segmenti), si muovono su un piano, che per loro è l'unico vero universo. Non ve ne svelerò la trama (anche perché spero che, se non lo avete ancora letto, lo facciate), ma voglio prendere spunto da esso per parlarvi di quegli abitanti della cellula che, a tutti gli effetti, sono confinati a vivere su mondi di questa natura, le **proteine di membrana**, che rappresentano una frazione considerevole delle molecole presenti non solo nella membrana citoplasmatica, ma anche in quelle degli organelli interni.

Abbiamo già parlato della struttura di base delle membrane cellulari, descrivendo il ruolo strutturale dei lipidi biologici. Tuttavia, come abbiamo detto, la membrana plasmatica è molto più di un sacchetto passivo, sia perché deve permettere il controllo di ciò che entra e di ciò che esce dalla cellula, sia perché è a tutti gli effetti l'interfaccia attraverso la quale la cellula comunica e interagisce con il mondo interno. Inoltre, vedremo come nella membrana esistano ganci e tiranti per il complesso sistema di controllo meccanico della cellula. Per quanto riguarda la prima funzione, la regolazione dei flussi in entrata e in uscita da parte della membrana è talora un semplice controllo *passivo*, in cui la cellula si limita ad aprire o chiudere delle porte attraverso cui le molecole passano per osmosi. Più spesso tuttavia, il controllo deve essere *attivo*: in parole semplici, limitarsi a controllare l'entrata e l'uscita non è sufficiente, ma bisogna al contrario poter tirar dentro o spingere fuori a forza le sostanze, lavorando *contro* la loro tendenza a diffondere spontaneamente in una direzione. Questo è quindi ancora, a tutti gli effetti, un fenomeno di trasporto, anche se in questo caso chi trasporta… non si muove. L'interazione con l'esterno ha poi molte facce: non si tratta solo di ricevere e trasmettere segnali di varia natura (chimici, elettrici, luminosi, meccanici), ma anche di permettere per esempio alla cellula di aderire a qualcosa o di riconoscere un'altra cellula. Questi ruoli e molti altri ancora sono svolti proprio dalle proteine di membrana. Più specificamente, esistono sia proteine di membrana, dette *integrali*, che risiedono permanentemente al suo interno, che proteine dette *periferiche*, come le immunoglobuline, che possono agganciarsi e staccarsi dalle membrane stesse: noi ci occuperemo soprattutto delle prime.

Quali caratteristiche speciali deve avere una proteina per aver diritto di cittadinanza all'interno di una membrana? L'interno del doppio strato lipidico, occupato dalle code dei fosfolipidi, è fortemente idrofobico, e pertanto una proteina come il lisozima, costruita per stare in un mezzo acquoso, non vi si troverebbe certamente a suo agio. Potremmo pensare allora che le proteine di membrana debbano avere una superficie costituita sostanzialmente da residui idrofobici. Una proteina che se ne stia completamente sepolta nel cuore idrofobico del doppio strato non può però trasportare né comunicare alcunché: per farlo, deve poter *sporgere* sia nel citoplasma che all'esterno della cellula. Come fanno le proteine di membrana a soddisfare queste due esigenze contraddittorie? Per capirlo, ci basta guardare la figura nel quadro B della Tavola 9, dove è mostrata una semplice proteina di membrana, l'**acquaporina**. Come potete vedere, nella proteina si può chiaramente distinguere un'ampia regione centrale, costituita in gran parte da aminoacidi fortemente idrofobici, mentre i residui carichi e polari sono confinati solo nella "testa" e nei "piedi". La prima regione è proprio quella che si ancora alla membrana, mentre le regioni polari sono quelle a contatto con il citoplasma e con l'esterno. Questa è la soluzione adottata da tutte le proteine di trans-membrana, ossia quelle che appunto devono estendersi sia all'esterno nel citoplasma, mentre per le proteine che debbano usare le membrane solo come supporto è sufficiente avere una zona idrofobica sufficientemente grande da potersi ancorare al doppio strato lipidico.

Il nome "acquaporina" dovrebbe suggerivi quale sia la funzione di questa proteina: infatti, le acquaporine sono proprio le "tubature" del sistema idraulico della cellula, che hanno l'importante funzione di regolare il flusso dell'acqua in entrata e in uscita. Il problema degli scambi di acqua tra la cellula e l'esterno è stato a lungo dibattuto. Dato che lo strato lipidico è idrofobico, potremmo aspettarci che la membrana plasmatica sia impermeabile, ma gli esperimenti compiuti con vescicole *artificiali* di fosfolipidi mostrano al contrario una discreta permeabilità all'acqua. Il meccanismo è abbastanza complesso e non ancora del tutto chiarito, anche se è indubbiamente legato alla possibilità per l'acqua di sfruttare il disordine creato dai difetti delle catene per infilarsi di soppiatto tra esse. Per lungo tempo i biologi hanno pensato che ciò avvenisse anche per la membrana plasmatica, ma non è così: quest'ultima è molto più complessa, e soprattutto contiene abbastanza colesterolo, che riduce sensibilmente la permeabilità all'acqua. Oltretutto la membrana plasmatica non deve essere *sempre* permeabile: le uova di molti pesci e anfibi vengono deposte anche in acque molto dolci, senza per questo rigonfiarsi a sproposito per effetto dell'osmosi. Fu proprio con delle uova di rana che nel 1992 Peter Agre compì un magnifico esperimento: mentre le uova normali possono essere messe in acqua distillata senza che questo crei loro alcun problema, quando vengono modificate facendo in modo che la membrana inglobi dell'acquaporina estratta dai globuli rossi, queste scoppiano proprio come farebbero gli eritrociti nelle medesime condizioni. La presenza dell'acquaporina è dunque essenziale per il passaggio dell'acqua all'interno della membrana[17]. Se ora guardate la proteina dall'alto, come mostrato nella tavola, potete proprio intravvedere un buchino, che vi ho indicato con una freccia e che rappresenta l'uscita di un canale che attraversa tutta la proteina. Questi canali, che possono venir chiusi se necessario modificando lievemente la struttura della proteina, sono così stretti che le molecole d'acqua devono mettersi in fila per attraversarli. Oltre a quella che vi ho mostrato esistono poi diversi

---

[17] Per questa scoperta, Agre ha condiviso con Roderick MacKinnon il premio Nobel 2003 per la chimica.

tipi di acquaporine, che differiscono principalmente per il diametro del canale che regola la loro portata. Anche se il controllo è sostanzialmente passivo, è comunque fortemente selettivo, perché l'ambiente chimico all'interno dei canali non permette a molecole che non siano quelle d'acqua di passare.

Le acquaporine sono un esempio molto semplice delle proteina di membrana, che sono spesso strutture molto più complesse, in particolare se devono poter *ricevere* dei segnali. Tra le più spettacolari di questo tipo ci sono i **sistemi fotosintetici**, attraverso i quali le piante, le alghe e molti batteri traggono direttamente energia dalla luce solare, e che hanno fondamentale importanza, dato che tutta la catena alimentare dipende da questi organismi. La fotosintesi consiste in sostanza nell'usare l'energia assorbita da un pigmento per produrre ATP, ma questa operazione, per essere compiuta con estrema efficienza (le celle solari che noi realizziamo impallidiscono al confronto), richiede davvero un piccolo esercito di proteine organizzate in sottostrutture estremamente specializzate. Il pigmento principale per la fotosintesi è la *clorofilla*, anzi *le* clorofille, dato che ne esistono due varianti principali (nei batteri ve ne sono altre) con la proprietà di assorbire luce di diversi colori, le quali nel complesso assorbono pressoché tutte le lunghezze d'onda tranne quelle corrispondenti al verde-giallo, che vengono riflesse dando il caratteristico colore ai vegetali. Oltre alle clorofille, le piante utilizzano altri pigmenti come i *carotenoidi* (il cui colore dovrebbe essere evidente dal nome), che dominano in autunno, quando la clorofilla presente nelle foglie si riduce. Come abbiamo già accennato, le piante non compiono la fotosintesi direttamente, ma servendosi dei cloroplasti, batteri che in tempi remotissimi hanno addomesticato così come noi abbiamo fatto con i mitocondri. Come questi ultimi, i cloroplasti contengono estesissime membrane in cui sono immersi i complessi proteici responsabili dei veri stadi della fotosintesi. Questi sono di diverso tipo e complessità[18], ma contengono sempre delle proteine, a cui le clorofille sono legate, che costituiscono un'**antenna** con il compito primario di catturare proprio la luce solare. Le antenne, a forma

---

[18] Finora conosciamo nei dettagli soprattutto il funzionamento dei sistemi fotosintetici dei batteri. Anche di questi, tuttavia, non sappiamo ancora riprodurre il funzionamento in laboratorio: la fotosintesi artificiale, che sarebbe un metodo estremamente efficace di sfruttamento dell'energia solare, rimane per ora ancora un sogno.

di bastoncino, sono di solito organizzate in maniera simile a quei ponti per la telefonia mobile disseminati ormai sui tetti delle nostre case e per le campagne, o se volete ai monoliti di Stonehenge, in una disposizione circolare che racchiude un altro complesso, il **centro di reazione** dove risiedono altre clorofille e all'interno del quale avvengono le reazioni principali della fotosintesi. Nel complesso, il sistema fotosintetico è costituito da *decine* di catene polipeptidiche.

Scopo comunque di tutte queste reazioni è quella di utilizzare l'energia solare per produrre delle cariche elettriche elementari, ossia degli elettroni, che vengono poi trasportate attraverso altri complessi proteici, i **citocromi**, dalla parte interna della membrana. Dato che la carica totale deve bilanciarsi, all'esterno della membrana si crea quindi un eccesso di carica *positiva* sotto forma di ioni H^+, che vengono utilizzati per produrre ATP attraverso la **ATP-sintasi**. Il funzionamento di quest'ultima, una proteina che usa le membrane interne dei cloroplasti e dei mitocondri sostanzialmente come supporto, è di per se spettacolare, perché è una vera a propria "nanoturbina a ioni", per certi versi simile ai meccanismi di propulsione "al plasma" delle sonde spaziali che solo di recente abbiamo cominciato a costruire. Questo meccanismo, che è illustrato schematicamente in Fig. 6.11, apre un canale che fa passare per osmosi i protoni in eccesso, sfruttando il flusso osmotico per far girare un "rotore". Scopo di quest'ultimo non è solo di fornire l'energia usata dalla parte della proteina al di fuori della membrana, il vero e proprio reattore, per trasformare ADP in ATP, ma anche di fungere da "metronomo" (o meglio da orologio, visto che c'è anche una specie di "scappamento") che scandisce il ritmo attraverso cui l'ADP si attacca, viene trasformato ed è rilasciato come ATP da ciascuna delle tre identiche catene di montaggio che costituiscono il reattore. Pompe a protoni di questo tipo sono usate anche in molte altre situazioni, per esempio per far ruotare i flagelli, ossia le piccole code con cui si muovono i batteri.

Come si inseriscono tutte queste proteine nelle membrane? È chiaro in primo luogo che l'ambiente che le circonda deve essere particolarmente stabile: una proteina di membrana richiede che i lipidi circostanti si organizzino in maniera opportuna e precisa per ospitarle, cosa che non sembra facilmente compatibile con il fatto che essi se ne scorrazzino liberamente avanti e indietro per il doppio strato. Per questo, la regione della membrana im-

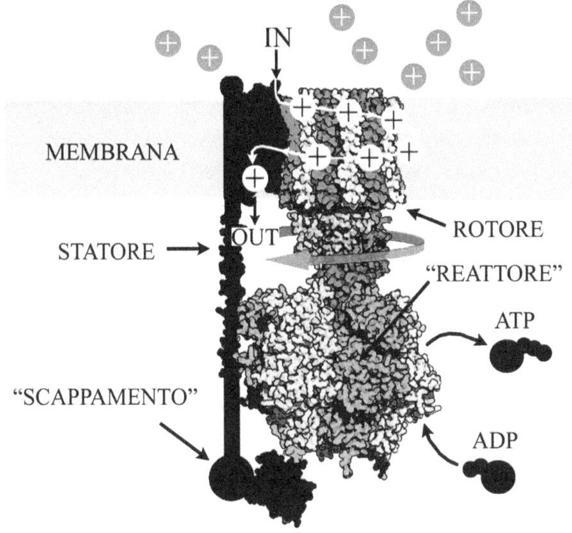

Fig. 6.11. Schema di funzionamento dell'ATP-sintasi (liberamente rielaborato da *Wikimedia Commons*)

mediatamente circostante una proteina è particolarmente ricca di lipidi come le sfingomieline e soprattutto di colesterolo, la cui concentrazione è doppia rispetto a quella nel resto della membrana, che le rendono molto più *rigide*: sono insomma delle vere e proprie "zattere" che galleggiano sul mare liquido del doppio strato. Oltre alle zattere piatte, ci sono anche vere e proprie barchette con un discreto pescaggio, le *caveole*, piccole invaginazioni rigide della membrana che servono soprattutto a favorire l'endocitosi e di cui sono particolarmente ricche le cellule specializzate nell'immagazzinare i grassi, gli adipociti (che io preferisco chiamare adipo*cicci*).

Fino a non molto tempo fa, l'immagine che si aveva della membrana era proprio questa, un grande oceano bidimensionale nel quale galleggiava un mosaico di piccole isole, ma di recente si è compreso che le cose sono molto più complesse: la membrana plasmatica sembra piuttosto essere un vero pianeta, separato in continenti e oceani, grandi isole e mari interni. Sappiamo ancora veramente poco sulla geologia di questo pianeta e sul modo in cui si genera (alcuni biofisici pensano addirittura che abbia a che vedere con quella separazione spontanea di una miscela che è all'origine dell'"effetto ouzo"), ma cominciamo a capire che ha sicuramente a che vedere con il modo in cui le cellule si riconoscono tra loro (se queste cellule sono i killer del sistema immunitario, i macrociti, è davvero opportuno che le nostre cellule si facciano riconoscere!).

Il fatto che la superficie delle proteine di membrane sia in gran parte idrofobica le rende invece pressoché insolubili in acqua e quindi estremamente difficili da cristallizzare. Come abbiamo detto, tuttavia, produrre un cristallo è un passo pressoché indispensabile per conoscere la struttura di una proteina. In che modo è allora possibile solubilizzare le proteine di membrana? La soluzione è di ricorrere ancora una volta ai tensioattivi. Il rapporto tra tensioattivi e proteine è però abbastanza conflittuale. Tensioattivi ionici come l'SDS, per esempio, "denaturano" in maniera irreversibile le proteine, trasformandole sostanzialmente in polimeri carichi senza alcuna struttura. Non è detto che ciò non sia interessante: una tecnica fondamentale nella biochimica delle proteine è proprio quella che si chiama cromatografia SDS-PAGE, che permette di ricostruire il peso molecolare delle proteine proprio "appiccicando" a esse l'SDS e poi facendole muovere in un gel polimerico per mezzo di un campo elettrico[19]. Alcuni tensioattivi, in particolare nonionici come i $C_m E_n$, sono tuttavia molto più innocui e permettono di estrarre le proteine dalla membrana aderendo con le code alla regione centrale idrofobica e formando così una specie di "ciambella salvagente" che permette a esse di solubilizzarsi. Comunque, ricette di questo tipo non sempre funzionano e, per questa ragione, il numero di proteine di membrana di cui conosciamo la struttura è molto minore che per le proteine idrosolubili.

6.6 Tipi da cantiere

A differenza di un batterio, una cellula eucariote sarebbe un sacchetto flaccido se non vi fossero specifiche strutture che ne determinano la forma e permettono di modificarla. Inoltre, come abbia-

---

[19] La tecnica è estremamente precisa, perché il numero di molecole di SDS, e quindi la carica negativa totale che si lega, è proporzionale al numero di aminoacidi della proteina.

mo detto, nella cellula vi è un continuo traffico di proteine, vescicole, organelli che, per spostarsi, hanno bisogno di vie di comunicazione proprio come una nazione ha bisogno di strade e ferrovie. Infine, negli organismi pluricellulari, i tessuti non sono ovviamente costituiti da sole cellule: una parte sostanziale del loro volume è occupata da quella che si chiama **matrice extracellulare**. Un organismo ha dunque bisogno di materiali che possano svolgere tutte queste funzioni, da quelle più banali di riempimento, a quelle molto più complesse che coinvolgono modifiche strutturali o addirittura il trasporto controllato di materiale attraverso l'impalcatura della cellula stessa. Tutte queste funzioni sono svolte da due classi di proteine, le proteine *strutturali* e quelle *motorie*.

Cominciamo proprio dalla matrice extracellulare, per alcuni aspetti più semplice: ciò nonostante, a seconda della funzione che deve svolgere, questa matrice assume strutture e forme sorprendentemente diverse, che vanno per esempio dal tessuto trasparente della cornea, a quello estremamente elastico delle cartilagini o addirittura, quando viene opportunamente "calcificata", ai materiali che compongono ossa e denti. In generale, è formata da due componenti principali: dei polielettroliti abbastanza complessi detti *mucopolisaccaridi* (o più semplicemente GAG, dal termine più corretto di *glicosaminoglicani*), e delle proteine fondamentali, universalmente utilizzate dagli organismi animali come materiali da costruzione. La parte polimerica è costituita da un gel di GAG che, essendo carichi, lo fanno rigonfiare di acqua risucchiata all'interno dall'elevata pressione osmotica dei controioni: per questa ragione, il gel fornisce ai tessuti soprattutto la resistenza agli sforzi di compressione, permettendo per esempio a giunture come la cartilagine del ginocchio di sopportare pressioni dell'ordine delle *centinaia* di atmosfere. Uno dei GAG più comuni è l'**acido ialuronico**, oggi ben noto al grande pubblico per le applicazioni nella cosmesi anti-invecchiamento, che, ampiamente usato come materiale di riempimento dei tessuti connettivi, è un po' il "polistirolo espanso" degli organismi viventi.

Ma veniamo alle proteine della matrice extracellulare e soprattutto a tre *primedonne* tra le proteine strutturali: il **collagene**, la **cheratina** e l'**elastina**. Anche se vi sono diversi tipi di collagene, la struttura generale comune è costituita da tre catene, ciascuna con una struttura a elica, a loro volta attorcigliate insieme a formare una sottile fune del diametro di solo 1,5 nm, ma molto, molto rigida (si veda la Fig. 6.12A). Queste eliche non sono però delle comuni alfa-eliche. Quando vengono sintetizzate, la maggior parte delle catene di collagene sono formate da solo due aminoacidi principali, la prolina e soprattutto la glicina, che è l'aminoacido più piccolo e l'unico a riuscire a infilarsi nell'angusto spazio che occupano le tre catene. Il collagene è poi una di quelle proteine che vengono modificate dopo la sintesi originaria: in questo caso, a una frazione di proline (ma anche di altri aminoacidi come la lisina) vengono attaccati dei gruppi OH^- che le rendono polari e, soprattutto, permettono loro di formare proprio quei legami idrogeno che la prolina, come sappiamo, è restia a formare[20]. Il collagene è comunque una proteina molto poco solubile, e ciò dà origine a un ulteriore processo di aggregazione, in cui un grande numero di queste triple eliche si unisce spontaneamente per formare delle *fibrille*, delle specie di super-funi robustissime che possono arrivare ad avere un diametro di anche 0,2-0,3 micron. Ma non è finita qui, perché le fibrille a loro volta, si riuniscono a formare le vere e proprie *fibre* di collagene, e lo fanno in modo tale da riuscire a massimizzare gli sforzi che il tessuto può sopportare, questa volta per quanto riguarda non la compressione, ma la *tensione*. Tra parentesi, trattando il collagene estratto dalle ossa e dalla pelle degli animali con soluzioni acide e acqua calda, in modo da renderlo idrosolubile, e poi filtrandolo e purificandolo si ottiene una sostanza che conoscete sicuramente molto bene: la gelatina, ingrediente essenziale di molti piatti prelibati.

Spesso la matrice extracellulare non deve essere però solo robusta, ma anche molto elastica: pensate alla pelle (almeno quando siete giovani) o al tessuto dei polmoni (prima di averlo affumicato con le sigarette), ma anche alla parete delle arterie (se non le avete indurite riempiendole di colesterolo), o alla vescica (anche qui l'età lascia i suoi segni, creando ben note urgenze). A ciò provvede (*nomen omen*) l'elastina, una proteina che condivide con il collagene la proprietà di essere formata da pochi tipi di aminoacidi ma che, a differenza di questo, non ha alcuna struttura particolare. L'elastina è forse, tra quelle che abbiamo incontrato, la proteina più simile a un polimero semplice: anzi, è proprio ciò che di più simile

---

[20] Una ridotta capacità di compiere questa operazione, dovuta alla carenza di vitamina C, è all'origine di quella grave malattia che è lo scorbuto, ben noto ai marinai di un tempo.

alla "gomma ideale" di Goodyear sappiano produrre gli organismi, perché la lisina, un aminoacido di cui è molto ricca, può in opportune condizioni creare dei crosslink tra catene diverse, dando proprio origine a una rete polimerica simile a quella di una gomma vulcanizzata (anche se immersa nel fluido circostante).

Il collagene e l'elastina, insieme a validi coadiuvanti, possono formare tessuti robusti ed elastici, ma spesso gli organismi, specialmente per proteggersi o viceversa aggredire ciò che li circonda, hanno bisogno di materiali veramente *duri*. Come diceva John Belushi, "quando il gioco si fa duro, i duri cominciano a giocare": la cheratina è veramente un duro, al punto di essere l'unica proteina a potersi permettere di fare impunemente le corna. E non solo le corna, ma anche le unghie, i capelli, le penne, persino il guscio delle tartarughe. Tutto sommato, la cheratina assomiglia abbastanza al collagene, dato che anch'essa, per esempio, sfrutta il piccolo ingombro della glicina per formare eliche molto strette: in più però è molto ricca di cisteina, che come sappiamo può legare catene diverse con ponti zolfo, i quali conferiscono appunto alla cheratina la sua notevole durezza. Per costruire invece delle lunghe fibre, si può seguire una strategia diversa: i bachi del *Bombyx mori* hanno imparato a sintetizzare la **fibroina**, una proteina fibrosa che contiene anch'essa una percentuale elevatissima di glicina, ma che non forma eliche bensì rigidissimi foglietti beta che, legati insieme da una seconda proteina, la **sericina**, che funge da "colla", costituisce quella che chiamiamo seta.

La seta dei bachi ha davvero proprietà meccaniche eccezionali, ma i ragni sanno fare di meglio. I filamenti della ragnatele, costituiti da proteine che sono parenti strette della fibroina, hanno un carico di rottura paragonabile a quello dei migliori acciai, ma sono sei volte più leggeri, tanto che un filo che circondi l'intero globo terrestre peserebbe solo mezzo chilo! Confrontato a una fibra polimerica come il Kevlar, il filo è tre volte meno robusto ma, dato che è estremamente elastico, è fino a cinque volte più tenace. Qual è il segreto del filo di ragnatela, che lo rende così superiore persino alla seta? Sicuramente in parte la sua composizione proteica, ma sembra esserci anche un altro motivo piuttosto curioso e più legato alla fisica dei fluidi che alla chimica. Il ragno secerne il filamento con una velocità molto superiore a quella dei bachi da seta, e ciò pare allinei fortemente le singole fibre che si comportano, nel lubrificante in cui sono inizialmente disperse, come un cristallo liquido[21]. Come mai allora non alleviamo ragni anziché bachi? La ragione è che i ragni sono poco socievoli e *molto* territoriali, al punto di scordarsi del tutto delle mosche per massacrarsi a vicenda: come diceva un noto film, se provate ad allevarli in comunità, dopo un po' "ne resterà soltanto uno" (per altro, questo *Highlander* è sempre una femmina). Ma vale la pena tentarci: potrebbe essere davvero il futuro del *Made in Italy*!

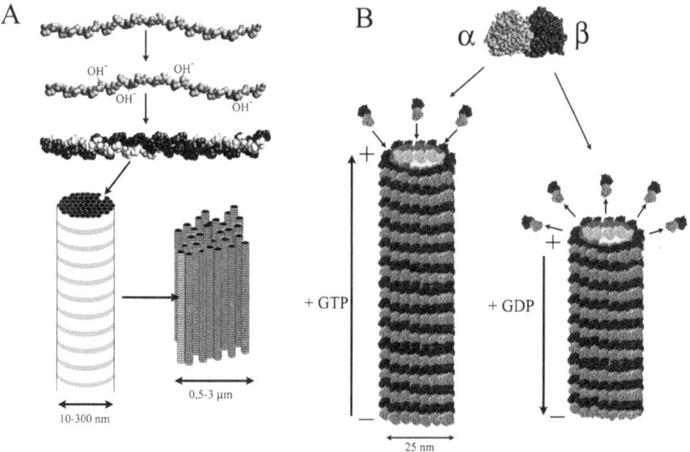

Fig. 6.12. A) Formazione della tripla elica, delle fibrille, e infine delle fibre di collagene. B) Dimero della tubulina e formazione/dissoluzione dei microtubuli

6.7 Tipi muscolari

Veniamo ora a quello che è lo scheletro della cellula, il *citoscheletro*, per l'appunto. In realtà, come scheletro, assomiglia molto più a quelli dei film horror che alle inanimate ossa dei dinosauri nei musei di storia naturale, perché è uno scheletro estremamente attivo. Nel citoscheletro sono presenti anche strutture, i cosiddetti *filamenti intermedi*, costituiti da proteine di diverso tipo, ma simili a quelle che abbiamo appena incontrato (anzi, nel caso delle cel-

---

[21] Diversi esperimenti sembrano mostrare che anche la rigidezza della seta aumenti quando i bachi sono costretti a secernerla più rapidamente.

lule della pelle, si tratta proprio di cheratine). I veri architetti della struttura interna delle cellule eucariote sono però due proteine, l'**actina** e la **tubulina**, che adottano una strategia molto diversa. Anziché organizzarsi sotto forma di lunghe eliche o rigidi foglietti beta, sono piccole proteine globulari, che però si assemblano spontaneamente a formare filamenti o addirittura cavi molto lunghi: è proprio questa diversa strategia a consentire di montare e smontare *rapidamente* queste impalcature.

Cominciamo dall'actina, senza dubbio una proteina di grande successo e uno dei tesori più gelosamente custoditi dagli eucarioti, tanto da non aver subito modifiche importanti durante tutta l'evoluzione che ha portato dalle alghe ai mammiferi. Di per sé, è una piccola proteina globulare, che però contiene una "tasca" nella quale può legare una molecola di ATP. Quando ciò avviene, l'idrolisi dell'ATP "attiva" l'actina, che comincia a polimerizzare, unendosi ad altre molecole uguali proprio come avviene in una polimerizzazione semplice, anche se in questo caso i monomeri sono così grandi che la catena che si forma dovrebbe essere chiamata "superpolimero". Due di queste catene si attorcigliano poi l'una sull'altra per formare una sorta di doppia elica con un diametro di circa 7 nm e un passo di poco meno di 40 nm, che è il vero e proprio filamento. La crescita di un filamento non avviene però in modo simmetrico dai due estremi, ma pressoché solo da quello in cui l'ultimo monomero ha la tasca per l'ATP rivolta verso l'*interno* della catena: per questo si dice che il filamento ha una "polarità", con un'estremità "positiva", quella che cresce, e una negativa, che non lo fa. Naturalmente questa crescita non può essere incontrollata, cosa che metterebbe seriamente a rischio la salute della cellula[22]: la regolazione è un processo complesso che richiede anche la presenza di piccole proteine che fanno da "tappo" sul terminale positivo.

L'actina è presente in tutto il citoplasma, dove fornisce l'impalcatura fine che fa da supporto meccanico e da sistema di movi-

---

[22] Le falloidine, delle tossine il cui curioso nome deriva da quello del fungo più velenoso, l'*Amanita phalloides*, hanno proprio l'effetto di provocare una crescita incontrollata dei filamenti di actina. Se vi dovesse capitare di ingerirne (vi auguro di no), un rimedio momentaneo potrebbe essere quello di ingerire subito molta carne rossa cruda, che contiene ovviamente tantissima actina utile a "distrarre" la tossina da quella contenuta nelle vostre cellule: molto meglio però correre *di gran fretta* al pronto soccorso (anche perché non è la sola tossina presente).

mentazione degli organelli, ma soprattutto in una regione molto prossima alla membrana citoplasmatica, dove, insieme ad altre proteine strutturali che le permettono tra l'altro di agganciarsi alla membrana, forma la cosiddetta *corteccia cellulare*. Tra le principali funzioni dell'actina c'è infatti proprio quella di modificare la forma della membrana, consentendo per esempio l'endocitotosi, l'esocitosi, o l'adesione tra cellule, ma anche attività più complesse come l'estrusione di piccoli piedini, gli pseudopodi, con cui si muovono molti organismi unicellulari o la formazione dei microvilli che permettono all'intestino di aumentare l'area che assorbe i nutrienti. La contrazione delle fibre muscolari avviene poi attraverso un complesso meccanismo di "tiro alla fune" con il quale un'altra proteina, la **miosina**, tira un filamento di actina (sarebbe davvero bello raccontarvi come, ma il tempo è tiranno).

Se l'actina forma le pareti mobili della casa-cellula, la tubulina ne costituisce i muri portanti. Per certi versi, la tubulina somiglia all'actina: anch'essa è una piccola proteina globulare, che polimerizza formando lunghi filamenti con la proprietà di essere "polarizzati" e quindi di crescere soprattutto a una estremità. Ma la struttura di questi filamenti è molto diversa: si tratta di veri e propri tubi rigidi cavi all'interno, detti *microtubuli*, con un diametro fisso di circa 25 nm e una lunghezza che può arrivare alle *decine di micron* (si veda la Fig. 6.12B). La loro polarità in questo caso è data dal fatto che la tubulina è in realtà un dimero, ossia è costituita da due proteine dette alfa e beta-tubulina legate tra loro, che si uniscono poi ad altri dimeri avvolgendosi poi ancora una volta in una struttura a elica che costituisce la parte del tubo. Per il modo in cui la struttura si ripiega, alle due estremità rimane esposte rispettivamente solo la tubulina alfa o beta, e solo quest'ultima (il "polo +") è in grado di far proseguire il processo di polimerizzazione nel modo che tra poco vedremo. Come i filamenti di actina, i microtubuli sono strutture molto dinamiche: la vita media di un microtubulo è di una decina di minuti, la velocità con cui cresce è dell'ordine di un paio di micron al secondo, ma soprattutto la rapidità con cui viene smontato può essere anche dieci volte superiore. In realtà, un microtubulo *non può* rimanere stabile: o cresce o si sfalda. Da dove nasce questa frenesia? Il processo di polimerizzazione ha qualche analogia con quello dell'actina, con la differenza che qui, per una volta tanto, l'energia necessaria non viene fornita dall'idrolisi del solito ATP, ma dal GTP, o *guanosin*trifosfato, un suo parente stretto dove al posto dell'adenosina c'è un'altra molecola organica, la *guanosina*, anch'essa strettamente connessa al DNA. Insomma, per la sintesi dei microtuboli, ma anche per un'altra operazione fondamentale che è la sintesi delle proteine nei ribosomi, si usa una moneta speciale, un po' come certe transazioni finanziarie "riservate" si fanno in franchi svizzeri anziché negli usuali dollari. La cosa interessante è che quando al polo positivo del microtubulo è legato il GTP, questo cresce, ma se a esso è legato del GDP (il guanosin*di*fostato, l'analogo dell'ADP nell'idrolisi del GTP), il microtubulo comincia a sfaldarsi rapidamente: quindi il microtubulo è sempre in uno stato di "instabilità dinamica", una situazione davvero speciale che ha attirato l'attenzione di molti fisici teorici "DOC"[23].

In ogni istante, una gran quantità di microtubuli si dipana da un piccolo organello detto **centrosoma**, che sta di solito al centro della cellula (a farglielo trovare ci pensano propri i microtubuli), a cui essi sono ancorati con il polo negativo. Oltre a essere le mura portanti del citoscheletro, i microtubuli permettono di costruire appendici complesse della cellula come i *flagelli*, che servono alla locomozione per esempio di piccole alghe unicellulari, o le *cilia*, che permettono per esempio alla nostra trachea di spazzar via dalle vie respiratorie lo sporco e il muco, e all'uovo di trasferirsi dalle ovaie all'utero. I microtubuli giocano un ruolo fondamentale anche nella riproduzione cellulare, all'inizio della quale il centrosoma si duplica e i due centrosomi gemelli migrano da parti opposte rispetto al nucleo. Successivamente, i microtubuli che si dipanano da ciascuno di essi agganciano l'uno o l'altro dei componenti delle coppie di cromosomi identici, che nel frattempo si sono prodotte con la duplicazione del DNA, strappandoli letteralmente via dal proprio gemello e riunendoli a formare i due nuclei identici delle future cellule figlie.

Vi ho già detto però che, oltre ad avere una funzione strutturale, i microtubuli sono anche autostrade sulle quali circola un intenso traffico. I turisti delle autostrade cellulari sono proteine che, a differenza di quanto faccia la miosina, che si limita a dare degli strattoni ai filamenti di actina, possono letteralmente *cammi-*

---

[23] Tra questi Stan Leibler, uno degli esempi di passaggio dalla fisica fondamentale alla biologia coronati da maggior successo. A una chiaccherata con Stan devo una delle definizioni di vita che ritengo più brillanti, secondo cui questa non è altro che "materia soffice più ATP" (curiosamente, pur avendo contribuito notevolmente a capire l'instabilità dinamica dei microtubuli, Stan si era scordato del GTP).

nare sui microtubuli, e che compiono anzi instancabili maratone trasportando con se oggetti anche molto grandi come le vescicole. Curiosamente, esistono due tipi ben distinti di maratoneti: le **dineine**, che si muovono sempre verso il polo negativo dei microtubuli (cioè verso la regione del nucleo, vicino a cui si trova il centrosoma), e le **chinesine**, che invece vanno (quasi) sempre verso la periferia. Come fanno queste proteine a muoversi? Le due catene che ho cercato di delinearvi nel pannello C nella Tavola 9 sono in effetti i piedini di una chinesina, che però non sono delle semplici appendici, ma dei veri e propri motori ad ATP. Ai piedini sono attaccate due lunghe catene, attorcigliate l'una sull'altra, che legano in testa il materiale da trasportare. Guardate ora in Fig. 6.13 che cosa accade se una chinesina si aggancia a un microtubulo. Quando la chinesina è libera in soluzione, a entrambe le estremità sono legate due molecole di ADP: se vuole attaccarsi al microtubulo, un'estremità deve necessariamente rilasciare l'ADP legato. Per come è fatta la chinesina, la seconda gambina non riesce ad agganciarsi e rimane sospesa. Ora però interviene l'ATP, che si lega all'estremità attaccata: ciò provoca una specie di contrazione e rotazione della proteina, cosicché la seconda estremità si sposta *in avanti* e si avvicina al microtubulo, a cui si aggancia. A questo punto l'ATP ha compiuto il suo lavoro e può idrolizzarsi (l'energia che libera è proprio quella che serve a far contrarre la proteina): adesso però la prima estremità che si era legata è dotata di ADP e pertanto si stacca, facendo ricominciare il ciclo. Ricordiamo poi che tutto ciò avviene nell'agitato mondo browniano, in cui nulla avviene con certezza. In realtà quindi la chinesina non avanza con cadenza prussiana, ma tentenna o addirittura ogni tanto torna indietro un po', come se fosse lievemente brilla: se è ubriaca però, è dotata di GPS, perché in effetti il cammino che segue è molto ben indirizzato verso casa. Insomma, sfruttando l'ATP la chinesina "raddrizza" il moto browniano. Non è ovviamente possibile osservare questo meccanismo all'interno di una cellula, dove il traffico è intenso e caotico: gli studi che ci hanno permesso di formulare un modello (di cui possiamo ricostruire solo le fasi principali, per cui potrebbe essere piuttosto diverso) derivano invece da esperimenti compiuti in laboratorio, dove un chinesina cammina su un microtubulo isolato. Ciò è stato possibile utilizzando nuovi metodi sperimentali che si basano sulla possibilità di manipolare singole particelle o filamenti intrappolandoli con fasci laser, cosa che permette di studiare singole micromacchine molecolari anche al di fuori del loro ambiente biologico: queste "pinzette laser" (*laser tweezers*) sono il segreto di molti successi ottenuti di recente dai biofisici.

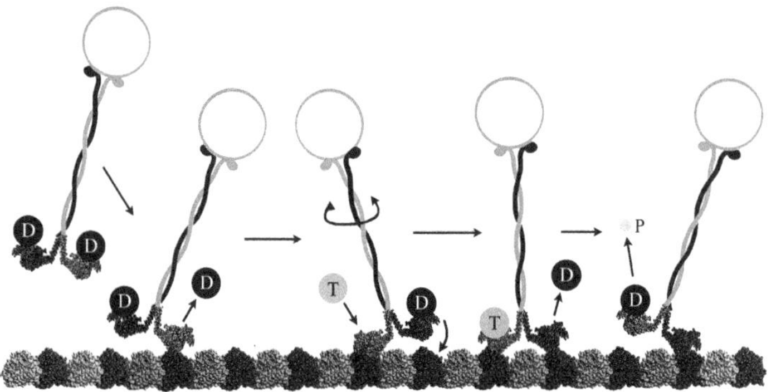

Fig. 6.13. Chinesina a zonzo su di un microtubulo (con vescicola a rimorchio)

6.8   Pausa pranzo (molto proteica)

Per staccare un po' dopo questa abbuffata (che non è tuttavia finita), prendiamoci una pausa pranzo, dedicandoci brevemente ad altre proteine forse non altrettanto "magiche", ma sicuramente più appetibili. Grazie al fatto di essere al tempo spesso polimeri, ma anche un po' anfifili, le proteine possono talvolta rubare il mestiere ai tensioattivi, riuscendo a creare o a stabilizzare strutture la cui costruzione ci era parsa finora esclusivo appannaggio di questi ultimi. È a dire il vero una concorrenza un po' sleale, proprio perché le proteine sono così ricche di possibilità espressive da sembrare delle Ferrari al confronto di quelle umili utilitarie che sono i tensioattivi, ma ci fa comodo sorvolare su questa evidente iniquità, perché senza di essa non potremmo deliziarci con molte leccornie a cui la cucina italiana ci ha abituato.

Ci concentreremo soprattutto sul latte, che ci ha accompagnato lungo tutto il nostro viaggio. La proteina principale del latte, che costituisce quasi l'80% del suo contenuto proteico, è la **caseina**, una proteina molto speciale, in primo luogo perché contiene un'elevata percentuale di prolina. Questo aminoacido, come abbiamo detto, disturba la formazione di alfa-eliche e foglietti beta, cosicché la caseina è costituita pressoché esclusivamente da filamenti, ossia è molto simile a un comune polimero in cui eliche e foglietti sono assenti. Uno dei vantaggi di essere già "destrutturata" è quello di non potersi ulteriormente denaturare, il che rende la caseina notevolmente insensibile, per esempio, alle variazioni di temperatura. Un secondo aspetto importante è quello di essere legata a molti gruppi fosfato, che vengono attaccati alla proteina nell'apparato di Golgi *dopo* che essa è stata sintetizzata (è uno di quegli esempi di modifica "post-trascrizionale" a cui abbiamo accennato, che avvengono nell'ufficio postale della cellula).

Come si organizza la caseina in soluzione? Già le prime osservazioni avevano mostrato come essa formi dei globuli, con una dimensione media attorno al centinaio di nanometri, a cui è stato dato il nome un po' infelice di "micelle". Dico infelice perché queste non possono essere micelle in senso proprio, dato che quest'ultime, come abbiamo visto, hanno sempre dimensioni che non superano i *pochi* nanometri. Sono in realtà delle imitazioni un po' rozze, dove tuttavia qualcosa di simile alla struttura delle micelle esiste: vi è infatti più di un tipo di caseina e una in particolare, la κ-caseina, che ha un contenuto di aminoacidi idrofilici decisamente maggiore, si trova soprattutto all'esterno dei globuli, mentre l'α-caseina e la β-caseina, molto più ricche di gruppi fosfato, occupano le regioni interne. La struttura interna dei globuli è stata per lungo tempo (ed è ancora) soggetto di controversie. Dapprima si riteneva che questi fossero formati dall'aggregazione di tante micelle più piccole, dato che strutture di questo tipo erano state osservate nell'apparato di Golgi delle cellule delle ghiandole mammarie. Oggi tuttavia, si ritiene che queste sottostrutture siano in realtà granelli di fosfato di calcio precipitati all'interno dei globuli: questi ultimi sarebbero quindi correttamente descritti come dei *microgel polimerici* in cui sono intrappolate piccole particelle colloidali di questo sale del calcio, la cui formazione è indotta proprio dalla presenza dei gruppi fosfato.

L'aver "appiccicato" alla caseina gruppi capaci di legare il calcio è in realtà una soluzione davvero lungimirante messa in opera dalle cellule delle ghiandole mammarie. A che cosa serve infatti la caseina? Mentre essa è una proteina abbastanza stabile nei confronti delle variazioni di temperatura, non lo è per niente nei confronti degli acidi che, in modo molto simile a quanto avviene in una semplice aggregazione colloidale, provocano l'immediata coagulazione dei globuli. Il che avviene ovviamente nello stomaco del vostri neonati (e nel vostro, quando bevete un cappuccio), dove le condizioni sono molto acide, fornendo così un'immediata riserva di aminoacidi che una serie di enzimi, costituenti quello che nel complesso chiamiamo *caglio*, possono "digerire" facilmente, per poi essere usati per costruire le proteine necessarie alla crescita (digerire una bistecca, o anche un omogeneizzato, non è così facile). Ma c'è di più: il neonato si trova a disposizione anche un'elevata quantità di calcio necessario per costruire le ossa, sostanza che, essendo poco solubile in acqua, sarebbe molto difficile fornire in altro modo. Oltre che una specie di cibo già pronto, la caseina è dunque una magnifica *proteina di trasporto*. Noi scimmioni curiosi abbiamo imparato efficacemente a sfruttare il caglio estratto dallo stomaco degli animali (vitelli, pecore o capre che siano) per fare precipitare la caseina e ottenere i formaggi. Da fisico della materia soffice devo quindi considerare i globuli di caseina solo come rozzi surrogati di strutture più eleganti come le micelle e le emulsioni, ma da amante del cibo, quando penso alle varietà spettacolare di formaggi, dal parmigiano al taleggio, dal caciocavallo allo zola, che da essi hanno origine, non posso che considerarli come un fortunato esempio di concorrenza sleale.

Oltre alla caseina, nel latte sono presenti molte altre proteine. Tra queste va ricordata la **lattalbumina**, una proteina che costituisce il punto di partenza per la sintesi del lattosio e che inoltre, secondo quanto osservato da Catharina Svanborg, una ricercatrice svedese, potrebbe avere una specifica funzione protettiva: pare infatti che, in presenza di lattalbumina le cellule tumorali possano andare incontro all'apoptosi. C'è però un'altra proteina, la **beta-lattoglobulina**, che è abbondantemente presente nel latte vaccino[24], ma di cui non sappiamo quali siano le funzioni biologiche. Sappiamo però bene cosa possiamo farne *noi*. Quando riscaldata, la beta-lattoglobulina va incontro a un processo di denaturazione, che porta alla formazione di un gel polimerico rigido, ingrediente fondamentale di alcune prelibatezze come i tortelloni di magro, la

---

[24] Non in quello umano: è proprio l'intolleranza alla lattoglobulina che rende difficile allattare i neonati con latte bovino.

pastiera napoletana, la cassata e i cannoli siciliani: perché questo gel è molto più noto col nome di… ricotta.

Ricordiamo poi che, prima di tutto, il latte è un'emulsione, in cui sono presenti globuli di grassi, soprattutto trigliceridi, con dimensioni comprese tra qualche decimo e una decina di micron. Queste emulsioni sono tutt'altro che semplici, perché lo strato che le stabilizza, la cosiddetta "membrana nativa" prodotta direttamente dalle cellule delle ghiandole mammarie, contiene fosfolipidi, sfingomileline, e anche proteine. Le proteine del latte stabilizzano poi anche molti suoi derivati, tra i quali uno dei più succulenti è sicuramente il gelato (a dire il vero una schiuma, perché di aria ne contiene tanta), ma non sono le sole ad agire come emulsionanti. Tutti conosciamo la maionese e probabilmente molti sanno che un ingrediente essenziale è il *tuorlo* dell'uovo, nel quale sono presenti molte proteine che possono stabilizzare emulsioni (insieme alla lecitina, che già di per sé, come molecola anfifilica, è un emulsionante), anche se la nostra comprensione del ruolo specifico di ciascuna di esse è ancora parziale. Saprete anche sicuramente che il bianco d'uovo viene invece spesso sbattuto o "montato a neve": questa operazione porta in intimo contatto le proteine, in particolare l'**ovalbumina**, che costituisce oltre il 60% del contenuto proteico dell'albume, con l'aria. Ciò la denatura parzialmente, cosicché le parti idrofobiche ora esposte vanno all'interfaccia delle microbolle d'aria, stabilizzandole e favorendo la formazione di gustose *mousse* e cremine. Ovviamente poi l'ovalbumina denatura anche riscaldandola e forma come la beta-lattoglobulina un gel elastico: ecco fatto l'uovo sodo. Abbiamo infine già visto come altre preparazioni alimentari facciano uso della gelatina, ossia sostanzialmente di una proteina fibrillare come il collagene. L'elenco delle applicazioni alimentari delle proteine potrebbe andare avanti ancora per molto, ma non vorrei farvi venire troppo l'acquolina alla bocca. Anche se di acquoline, acque salate e soprattutto *ioni* dovremo proprio parlare in quanto segue.

6.9 Respirazione forzata

Nel Cap. 2 abbiamo visto come i concetti di osmosi e di pressione osmotica siano fondamentali per comprendere il comportamento dei sistemi colloidali. Se l'osmosi è in qualche senso il respiro dei colloidi, quella della cellula è però una respirazione forzata, perché in realtà tutto ciò che una cellula fa nasce da una continua battaglia per *controllare* l'osmosi. Abbiamo già incontrato un episodio importante di questa battaglia, quando abbiamo visto come l'ATP-sintasi sfrutti proprio una differenza di concentrazione di ioni H^+, creata per esempio dal processo di fotosintesi, ma questo non è che un pallido esempio dello sforzo che la cellula fa per rendere diversa la concentrazione di ioni all'interno del citoplasma rispetto all'esterno. L'interno del doppio strato lipidico, idrofobico com'è, pone una barriera insormontabile al passaggio di ioni carichi, mentre è permeabile a gas come l'ossigeno e l'anidride carbonica (dell'acqua abbiamo già parlato). La regolazione del passaggio di ioni viene quindi fatta necessariamente sia attraverso canali passivi che, soprattutto, proteine di trasporto attivo.

Per renderci conto di quanto sia "anomala" la situazione, diamo un po' i numeri. La maggior parte degli ioni è molto più concentrata all'esterno che all'interno della cellula: per esempio, lo ione sodio Na^+ lo è da 10 a 30 volte, il magnesio Mg^{++} fino a quattro volte, e la concentrazione di un anione come il cloro Cl^- può essere solo il 5% di quella esterna. Una situazione estrema è quella del calcio, che è presente all'interno del citoplasma, ma pressoché solo legato alle proteine: il calcio *libero* è meno di un decimillesimo di quello esterno, qualcosa come pochi microgrammi per litro. Ma c'è uno ione che fa eccezione, il potassio K^+ che è fino a 30 volte più concentrato *all'interno* che all'esterno. Come fa la cellula a creare queste differenze e a mantenerle, ma soprattutto perché lo fa? Ciò che le permette di farlo sono ancora una volta proteine che agiscono come delle vere e proprie pompe, la più importante delle quali è sicuramente la pompa sodio-potassio. Anch'essa naturalmente, per funzionare, consuma ATP: per ogni molecola di ATP idrolizzata butta fuori tre ioni Na^+, ma ne importa *solo due* di potassio. Queste pompe devono funzionare in continuazione, altrimenti sono davvero guai. Ci siamo infatti dimenticati delle *proteine* interne alla cellula, che costituiscono quasi il 50% del citoplasma, che sono per la maggior parte cariche negativamente (per cui si tengono vicini i controioni positivi) e soprattutto non possono sicuramente passare liberamente dalla membrana: se le pompe sodio/potassio smettessero di funzionare, l'acqua penetrerebbe rapidamente all'interno della cellula facendola rigonfiare e scoppiare. Mantenere integra la cellula è dunque una funzione primaria della pompa, ma oltre a ciò un gran numero di proteine di membrana sfrutta per funzionare proprio gli eccessi di concentrazione di sodio all'esterno e potassio all'interno, in maniera simile a quanto fa l'ATP-sintasi.

Il più geniale utilizzo di questo squilibrio sodio-potassio è però un altro. Dato che la quantità di ioni Na^+ espulsi è superiore a quella degli ioni K^+ introdotti, si crea in realtà un piccolo squilibrio di carica tra l'interno e l'esterno: la differenza di carica è davvero minuscola, ma la cellula risulta lievemente negativa rispetto all'esterno, per cui tra il citoplasma e l'esterno si crea una piccola "tensione", o per meglio dire una *differenza di potenziale* elettrico. Sono tipicamente solo una settantina di millivolt, meno del 5% della tensione che fornisce una pila, ma dato che la membrana plasmatica è sottilissima, ciò corrisponde a enormi campi elettrici (*milioni di volt per metro*), tanto che, se al posto della membrana lipidica ci fosse uno strato d'aria così sottile, tra l'esterno e l'interno scoppierebbero fulmini e saette (ma la membrana è davvero un buon isolante). Questo "potenziale a riposo", che tiene tra l'altro fuori gli anioni come Cl^- (che rifuggono dalla cellula carica negativamente), è presente in misura maggiore o minore per tutte le cellule, ma c'è un tipo di cellula, il neurone, che ne fa un uso molto particolare e proficuo. Come abbiamo già accennato, i neuroni sono deputati a trasmettere i segnali nervosi, e per farlo usano una lunga struttura filiforme detta *assone* (ricoperta e rinforzata, manco a dirlo, dai microtubuli).

Non abbiamo purtroppo il tempo per discutere nei dettagli la trasmissione del segnale nervoso lungo l'assone, ma vi basti sapere che ciò avviene variando proprio la differenza di potenziale elettrico tra l'esterno e l'interno della membrana. Nel punto di partenza, il segnale viene generato aprendo, con una tempistica precisa, dei canali specifici che lasciano liberi gli ioni Na^+ e K^+ di passare liberamente dalla membrana. Allora però la differenza di potenziale diminuisce, e questo provoca una corrente di ioni che stimola l'apertura dei canali in un punto un po' più a valle, mentre nel frattempo nel punto iniziale i canali si chiudono e si restaura il potenziale di riposo. Con questo meccanismo "a catena", un segnale elettrico propaga dal corpo del neurone, il *soma*, fino alla punta estrema dell'assone, dove l'arrivo del segnale provoca il rilascio di vescicole contenenti i *neurotrasmettitori*. Questi messaggeri chimici vengono raccolti da altri filamenti più corti, i *dendriti*, di un neurone adiacente, che viene a sua volta attivato. La trasmissione avviene a una velocità che può superare i 100 metri al secondo: poca cosa rispetto alla trasmissione dei segnali nei fili elettrici, ma niente male per un meccanismo chimico così complicato! Pensateci bene (cioè fate funzionare i vostri neuroni): senza le pompe sodio-potassio non ci sarebbe nessun sistema nervoso e la vostra massima aspirazione potrebbe essere quella di essere un baobab (o una rosa, se preferite). Da tutto quanto abbiamo detto, non è difficile immaginare che le pompe sodio-potassio consumino un bel po' dell'ATP che produciamo ma, se vi dico davvero quanto, forse un po' sorpresi lo sarete: un terzo, dico *un terzo* del totale! Siamo in fondo soprattutto un sistema di pompe ioniche.

6.10   Il Grande Vecchio e il suo sciamano

È venuto il momento, nelle ultime pagine che ci rimangono, di dare un'occhiata a quelle macromolecole che costituiscono allo stesso tempo la memoria storica e il centro di comando della cellula: gli acidi nucleici, ossia il DNA, il Grande Vecchio della cellula, e l'RNA, il suo fedele sciamano, capace con le sue magie di dar voce ai comandi del suo signore e padrone. Sarà volutamente un'occhiata molto fuggitiva, prima di tutto perché non voglio rubare il lavoro ai veri specialisti, i biologi (né tanto meno ci riuscirei), ma anche per una ragione "morale": del DNA, ormai salito alla ribalta dei *mass media*, si parla anche troppo, ed è quindi il caso che si faccia un po' da parte, lasciando spazio magari al povero RNA, che magari non bucherà altrettanto bene il video, ma sicuramente è altrettanto importante.

Il segreto della semplicità

Qualche cosa però dobbiamo pur dire su questo Grande Vecchio, il cui scopo primario è quello di racchiudere tutta (o quasi) l'informazione che definisce uno specifico organismo vivente e di trasmetterla al fedele RNA per metterla in opera, con nessun altro fine apparente se non quello, un filo presuntuoso ed egocentrico, di… riprodurre se stesso. Credo tutti sappiate che si tratta di un polimero a "doppia elica". Ora, di eliche ne abbiamo incontrate tante, non solo singole, ma anche doppie e addirittura triple. Che cosa allora c'è di tanto speciale nel DNA? Prima di tutto il fatto che sia molto più *semplice* di una proteina, dato che invece di venti mattoncini diversi, gliene servono soltanto quattro, detti *nucleotidi*, peraltro molto simili tra loro e addirittura suddivisibili in due coppie di nucleotidi *quasi* identici: il segreto del successo del DNA sta però proprio nella sua semplicità e in quel "quasi".

I nucleotidi sono infatti formati da tre elementi di base di cui due, un gruppo **fosfato** (carico negativamente, ragion per cui il DNA è un polielettrolita) e uno zucchero (il **desossiribosio**), sono identici per tutti e quattro. È il terzo componente a fare la differenza: questo è in generale una base azotata, una molecola organica che contiene degli anelli di atomi di carbonio e azoto legati insieme. Le basi presenti nel DNA sono di due tipi, le pirimidine e le purine: le prime hanno un solo anello costituito da sei atomi, di cui due di azoto, mentre le purine hanno attaccato a questo un secondo anello a cinque atomi (due di azoto) e quindi sono decisamente più ingombranti. Gli anelli e i gruppi chimici a essi attaccati (che variano da base a base) giacciono su di un piano, per cui le basi azotate sono composti decisamente "piatti". Il DNA utilizza due tipi sia di pirimidine, la **citosina** e la **timina**, che di purine, l'**adenina** e la **guanina**, che differiscono, ma di molto poco, per i gruppi attaccati agli anelli, e che da ora in poi chiameremo, come si usa fare, solo con le loro iniziali C, T, A e G.

Proprio perché ha una composizione così semplice rispetto a quella di una proteina, il DNA, isolato nel 1869 e descritto come composizione chimica nel 1919, è stato a lungo snobbato dai biochimici, anche se era la sostanza più abbondante nei cromosomi, quei curiosi bastoncelli che si formano al momento della riproduzione cellulare e che si sapeva già essere i portatori dell'eredità genetica. Come poteva essere possibile che una molecola così umile raccogliesse in sé tutta la spaventosa mole di informazione necessaria a costruire un organismo vivente? Il panorama cambiò drasticamente nel 1943, quando un celebre esperimento, compiuto da Oswald Avery con i suoi collaboratori Colin MacLeod e Maclyn McCarty, mostrò che, estraendo il DNA dai batteri della polmonite e trasferendolo a un ceppo simile ma del tutto innocuo, quest'ultimo diventava rapidamente altrettanto virulento.

Grazie anche ad altri importanti esperimenti, dieci anni dopo era ormai chiaro che il DNA era il portatore dell'informazione genetica, ma come potesse farlo era davvero un rompicapo. Fu allora che James Watson, un biologo americano, e Francis Crick, un fisico inglese[25], analizzando le immagini da diffrazione a raggi X ottenute da Rosalind Franklin, presentarono sulla rivista *Nature* quel modello che oggi troviamo dappertutto, dalle *tee-shirt* al logo di infinite compagnie, dai monili alle sculture. La genialità del modello di Watson e Crick, rispetto a proposte precedenti, era che le basi stavano *all'interno* della struttura, legate agli zuccheri che, alternandosi ai fosfati, formano lo "scheletro" della struttura, costituito da due catene che si avvolgono a doppia elica.

Il fatto che le basi stiano all'interno è confortante, perché sono idrofobiche e quindi, in questo modo, vengono schermate dallo scheletro esterno di zuccheri e fosfati. Inoltre da ragione della forte stabilità della doppia elica, sia poiché esse formano tra loro, sul piano comune che le contiene, numerosi legami idrogeno che legano le catene l'una all'altra, sia perché anelli presenti su piani adiacenti e paralleli tra loro tendono ad attrarsi con delle forze dette di *base-stacking*, che rinforzano ulteriormente la struttura. Inoltre permette di spiegare un'osservazione curiosa, che era già nota da alcuni anni: le analisi chimiche mostravano che il DNA, comunque lo si preparasse, conteneva sempre tanta A quanta T e tanta C quanta G, ossia purine e pirimidine sembravano andare insieme a due a due come le ciliegie. Per spiegare quantitativamente i dati della Franklin, Crick e Watson dovettero supporre che l'interno dell'elica fosse troppo stretto per ospitare due purine l'una affacciata all'altra e troppo ampio perché due pirimidine nella stessa configurazione potessero formare legami idrogeno: era necessario che le basi affacciate fossero sempre di tipo diverso, anzi che ci fossero *solo* coppie di basi A-T e G-C. Da ciò derivava un modello estremamente regolare ed elegante, in cui le due catene si avvitano l'una sull'altra con un passo di esattamente 10,5 coppie di basi.

---

[25] Crick sarebbe forse rimasto un fisico, continuando a occupandarsi di cose piuttosto noiose, se durante la Battaglia d'Inghilterra una bomba non avesse distrutto il laboratorio in cui lavorava: mai una bomba fu più feconda.

Message in the bottle

Questa geniale intuizione gettava però soprattutto luce sul mistero più profondo della biologia: la sequenza delle basi lungo il DNA costituisce *l'alfabeto in cui è scritto il codice genetico*. A quei tempi, l'idea che una molecola speciale potesse contenere tutte le informazioni genetiche era nell'aria: già Erwin Schrödinger, uno tra i fondatori della fisica atomica, ipotizzò che il segreto della vita potesse essere contenuto in una struttura "aperiodica", in cui poche unità di base si ripetessero, ma non in modo così monotono come in un cristallo, bensì secondo un preciso "codice". Solo un anno dopo la pubblicazione da parte di Watson e Crick del loro straordinario risultato, che dava realtà a questo misterioso "cristallo aperiodico" e agli elementi che componevano il codice, fu George Gamow, un altro grande fisico teorico[26], a osservare che per ottenere i venti aminoacidi che compongono le proteine usando combinazioni di A, C, T e G, è necessario che ciascuno di essi sia codificato da almeno *tre* basi, ipotesi presto confermata da esperimenti compiuti dallo stesso Crick con Sydney Brenner. Con due lettere, ciascuna delle quale può essere scelta tra quattro disponibili, possiamo infatti formare solo $4 \times 4 = 16$ parole diverse, e questo non basta. Tuttavia tre nucleotidi sembrano troppi, dato che danno $4 \times 4 \times 4 = 64$ possibilità, mentre a noi bastano 20 aminoacidi. Gamow e lo stesso Crick cercarono di sviluppare dei modelli consistenti che riuscissero risolvere questo spreco apparente d'informazione[27], ma invano. Una geniale serie di esperimenti, nei quali il codice genetico fu progressivamente "craccato" e di cui fu pioniere Marshall Nirenberg, mostrarono infatti che *tutte* le possibili triplette (tranne tre, che fungono da segnale di "stop" alla trascrizione) sono codificanti, per cui la maggior parte degli aminoaci-

---

[26] Certamente più noto per aver dato una base scientifica alla teoria del "Big Bang" sull'origine dell'Universo, mostrando che da essa derivava con precisione l'abbondanza relativa degli elementi atomici principali del nostro attuale universo.

[27] Il modello di Crick, in particolare, portava a concludere sulla base di considerazioni *puramente logiche* che, se si voleva poter leggere una sequenza di nucleotidi a partire da un punto qualsiasi senza commettere errori, solo 20 triplette di nucleotidi (tante quanti gli aminoacidi), potevano "codificare", mentre le altre dovevano essere dei *nonsense*. Purtroppo, per parafrasare Shakespeare, c'erano più triplette codificanti in cielo e in terra di quante ne sognasse la sua filosofia. Comunque, anche se faceva a pugni con la realtà, il modello di Crick è stato definito "il più geniale tra tutti i modelli sbagliati mai proposti".

di sono codificati da *più triplette* distinte o, come diremo, da più *codoni*.

Potete trovare i codoni associati a ogni singolo aminoacido nell'ultima colonna della Tabella 6.1. Per leggerla tuttavia, tenete conto che in essa i codoni sono scritti nella "lingua dell'RNA" che, come vedremo, è colui che veramente provvede alla sintesi delle proteine, e nel quale la base timina è sostituita dall'uracile (U), cosa che non cambia le carte in tavola, perché anch'essa si accoppia particolarmente bene con l'adenina: per tradurre un codone dall'"RNA-ese" al "DNA-ese" basta quindi sostituire tutte le U con delle T. Come potete notare, mentre ci sono aminoacidi quali la metionina o il triptofano a cui corrisponde un solo codone, altri, come per esempio la leucina, possono essere codificati da ben sei triplette distinte. Il codice genetico è quindi, come si usa dire "ridondante". Come mai tanto spreco? Perché i sistemi viventi non si limitano a usare 16 aminoacidi, codificabili con coppie di basi, risparmiando così un sacco di materiale, dato che in fondo alcuni aminoacidi hanno funzioni molto simili? Non lo sappiamo, ma uno dei motivi probabili ha a che vedere con la preveggenza della Natura. In caso di errori di trascrizione, per esempio per un errore nella lettura della terza base, l'aminoacido che viene erroneamente copiato non è infatti troppo diverso da quello che avrebbe dovuto essere trascritto originariamente: così per esempio, se l'aminoacido da trascrivere era idrofobico, lo sarà spesso anche quello erroneamente trascritto. Il codice genetico quindi è un po' sprecone, ma anche tollerante. Notate che, dato che le basi sono all'interno, il codice genetico è comunque ben protetto contro accessi indesiderati: per leggerlo, come vedremo è necessario *aprire* la doppia elica.

Doppie eliche e strategie per aprirle

Torniamo alla struttura del DNA, che è mostrata in Fig. 6.14. Abbiamo visto innanzitutto che la conformazione a doppia elica lo rende un polimero piuttosto rigido: il DNA ha infatti una lunghezza di persistenza di circa 50 nm, che corrisponde approssimativamente a 150 paia di basi (per confronto, la lunghezza di persistenza di un *singolo filamento* di DNA è circa dieci volte minore). Abbiamo poi detto che il DNA è un polielettrolita carico negativamente: se si guarda la struttura della doppia elica, sembrerebbe che vi sia una carica negativa ogni 0,17 nm, che è la distanza tra due fosfati successivi lungo l'asse del polimero, ma ricordiamoci che la condensazione di Manning fissa la minima distanza tra due cariche (in acqua) a circa 0,7 nm, per cui la carica effettiva del DNA è circa quattro volte inferiore[28]. I legami idrogeno tra le basi sono, come abbiamo detto, ciò che tiene insieme le due catene: alzando la temperatura, questi legami progressivamente si indeboliscono, fino a quando si raggiunge una temperatura, detta di *melting*, a cui le due catene si separano. La temperatura di melting è ovviamente tanto più alta quanto più lungo è il DNA, ma dipende anche dalla sua composizione: una coppia C-G, che forma tre legami idrogeno, contribuisce per esempio più di una A-T, che ne forma solo due[29]. Questo fenomeno è alla base della PCR (*Polymerase Chain Reaction*), in cui la doppia elica viene fatta separare riscaldandola fino a 94-96 °C e poi duplicare per mezzo di un enzima di cui parleremo tra poco: non solo il "test del DNA" di cui sono piene le cronache bianche e nere, ma innumerevoli altri risultati nel campo della biologia si devono all'invenzione della PCR. Un altro aspetto importante della struttura è che l'alternarsi regolare di zuccheri e fosfati permette di individuare una direzione delle catene, per esempio assumendo convenzionalmente che una catena sia diretta da uno zucchero iniziale (che si indica, per ragioni chimiche, con 3′) a un fosfato finale (indicato con 5′): in questo modo, le due catene nella doppia elica hanno direzione *opposta*. Questa distinzione è importante perché, come vedremo, gli enzimi che duplicano il DNA o fabbricano da esso l'RNA si muovono sempre in una sola direzione.

La struttura di Watson e Crick è ben nota anche al pubblico non scientifico, ma ben pochi sanno che non è l'*unica* doppia elica che il DNA possa formare. Un esempio di queste strutture alternative è mostrata a destra in Fig. 6.14. Come vedete, anche qui abbiamo due filamenti che si avvolgono, ma la doppia elica che ne risul-

---

[28] Abbiamo detto che la presenza di carica aumenta la lunghezza di persistenza del polimero: ciò tuttavia non succede per la doppia elica del DNA, che ha già una rigidità intrinseca molto maggiore di quella derivante dagli effetti di carica (le cose vanno però diversamente per un singolo filamento).

[29] Non sorprende che il DNA dei batteri termofili, che vivono in condizioni di temperatura estremamente elevata, sia particolarmente ricco di coppie C-G.

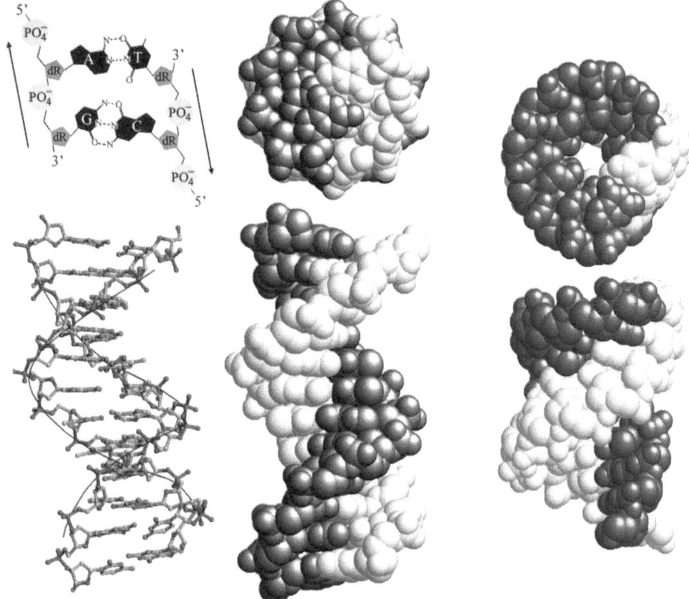

Fig. 6.14. Struttura chimica (a sinistra) e spaziale (al centro) della doppia elica. A destra è mostrata la forma A del DNA: si noti il "buco" al centro nella vista in sezione, non presente per la struttura B

ta (detta di tipo A, mentre quella comune è denominata di tipo B) è un po' più tozza, le basi all'interno non sono perpendicolari all'asse, e per di più c'è anche un buco al centro, cosa che non fa certo piacere alle basi idrofobiche. Di fatto, il DNA assume questa conformazione solo quando viene estratto e fortemente disidratato, mentre "in vivo" assume pressoché sempre la forma B.

Il Grande Contorsionista

L'aspetto più strabiliante del DNA è però la sua estrema lunghezza. Anche nel caso di un semplice batterio come l'*Escherichia coli* (un coinquilino del nostro intestino che ci è necessario per digerire i cibi), il DNA è costituito da quasi cinque milioni di coppie di basi, per una lunghezza totale di circa 1,5 mm (migliaia di volte la lunghezza del suo ospite!). Negli eucarioti questo valore è di gran lunga maggiore[30]. Per esempio, abbiamo detto che la lunghezza totale del DNA presente in una sola delle nostre cellule (circa *sei miliardi* di coppie di basi) è pari a circa due metri: ciò vuol dire che se mettessimo in fila il DNA presente in tutte le nostre cellule potremmo fare decine di volte il viaggio dalla Terra al Sole e ritorno, mentre quello di tutta la popolazione terrestre arriverebbe a metà strada dalla galassia di Andromeda. Il DNA ha quindi un serio problema di packing, di fronte a cui quelli che abbiamo incontrato nel Cap. 5 impallidiscono, che è ancor più accentuato dal fatto di essere un polimero particolarmente rigido. Consideriamo per esempio proprio il caso dell'*Escherichia coli* dove, come in tutti i batteri, il DNA è una singola doppia elica, che si chiude però a cerchio. Se si comportasse come una catena ideale, il suo raggio di girazione sarebbe $R = \sqrt{L_\mathrm{p}L} \simeq 10\ \mu$m, che è ben superiore alle dimensioni del batterio stesso!

Come fa dunque il DNA a compattarsi così tanto? Cominciamo proprio dagli eucarioti, che sembrano presentare il problema maggiore. Come sappiamo, il DNA è confinato nel nucleo a formare la cromatina, di cui costituisce una notevole frazione. A differenza che nei procarioti, non c'è però una sola doppia elica di DNA, ma molte e, salvo qualche eccezione e anomalia, generalmente in numero pari. Nel nostro caso, per esempio, sono 46, metà regalataci dalla mamma e metà dal papà, che sono in realtà 23 coppie quasi identiche (tranne nel caso in cui siate un maschietto, in cui due sono abbastanza differenti tra loro). Circa metà della cromatina non è DNA, ma è costituita da una classe di proteine, gli **istoni**, che si organizzano sotto forma di piccoli "rocchetti" costituiti da otto catene. Ogni nucleo contiene decine di milioni di istoni, che sono quindi migliaia di volte più abbondanti di qualunque altra proteina che abbia a che fare con il DNA. Caratteristica particolare degli istoni è di essere carichi *positivamente*, per cui non dovrebbe sorprendervi che questi rocchetti abbiano una particolare affinità per il DNA che si esprime in modo molto preciso: la doppia elica si avvolge a spirale attorno a ogni rocchetto, formando una specie di "superelica" che fa un po' meno di due giri completi, per un totale

---

[30] Anche se la lunghezza del DNA ha poco a che vedere con quanto una specie sia "evoluta" (qualunque cosa questa espressioni significhi): per esempio, il DNA di un fagiolo è una decina di volte più lungo di quello umano.

di circa 150 coppie di basi attaccate al rocchetto[31]. La cromatina diviene così un insieme di fili di perline, ciascuna delle quali è un rocchetto con avvolto il DNA del diametro di una decina di nanometri, detto **nucleosoma**, collegato agli altri da brevi tratti di DNA libero. In questo modo, la lunghezza del DNA si riduce a circa un terzo di quella originale, ma non basta: è necessario che queste collanine si attorciglino a loro volta l'uno sull'altra, formando una fibra del diametro di circa 30 nm, che è la cromatina che osserviamo al microscopio. Alla fine, quasi due metri di DNA si sono ridotti a meno di dieci centimetri di cromatina. Questo è sufficiente per i periodi di vita "normale" del DNA, ma non quando esso deve duplicarsi: per far ciò, e solo in questo caso, deve unirsi ulteriormente a formare coppie di piccoli bastoncini, i pochi famigerati cromosomi, che tra l'altro portano al centro una specie di bottone, il **centromero**, a cui il i microtubuli si agganciano per trascinarli via. Da due metri di DNA, ci si è ridotti così a circa 120 μm, suddivisi tra 23 coppie di cromosomi: decisamente un modo efficace di fare le valigie!

Per i procarioti, che hanno mille volte meno DNA, le cose sembrerebbero più semplici, ma non è così, perché i batteri non sanno neanche che cosa siano gli istoni[32]. Possono indubbiamente ricorrere a una serie di artifici, torcendo su se stessa la singola doppia elica circolare che costituisce il loro DNA per formare una "superelica", che appare come il filo di un telefono dopo un po' che lo usate (quante volte avete dovuto srotolarlo?), ma ciò non basta. Tuttavia il DNA si compatta eccome, in una regione di forma irregolare della cellula, non separata da membrane, che è detta *nucleoide*. I nucleoidi hanno messo per lungo tempo in grave imbarazzo i biologi non solo perché non si aveva idea di come si formassero, ma anche per la loro natura "effimera": infatti, estratti dal citoplasma, spesso si sfaldano come se nulla li tenesse insieme. Da qualche tempo però una spiegazione, che ha molto più a che vedere con la fisica

---

[31] Le forze elettrostatiche che legano il DNA agli istoni sono quindi ben intense, dato che questo valore è all'incirca pari a una lunghezza di persistenza, che è la distanza su cui il DNA vorrebbe rimanere *dritto*! Tuttavia, dato che si tratta di un fenomeno di "complessazione" di cariche opposte, per sciogliere i rocchetti basta metterli in una soluzione fortemente salina, che riduce l'attrazione elettrostatica.

[32] Curiosamente certi semplicissimi *Archea*, proprio quelli che vivono in condizioni più estreme, gli istoni ce li hanno: forse è un altro indizio sulle nostre origini ancestrali.

della materia soffice che con i complicati problemi della biologia cellulare, sembra affermarsi: a indurre questa compattazione potrebbero essere proprio quelle forze di *depletion* che abbiamo incontrato nel capitolo precedente. Il citoplasma è infatti affollato di piccole proteine (il *macromolecular crowding*, ricordate?) che, cercando di massimizzare lo spazio a loro disposizione, giocherebbero proprio lo stesso ruolo di "agenti di svuotamento" che svolgono i piccoli polimeri o le micelle nei semplici sistemi colloidali. Prova ne sia che anche un pezzo di DNA estraneo, inserito nel citoplasma batterico, condensa: insomma, paradossalmente si fa ordine nei bagagli *sfruttando* l'entropia.

L'ape regina e le sue operaie

Veniamo alle funzioni principali del DNA, ossia codificare per le proteine e duplicarsi, cominciando proprio dalla seconda, per molti aspetti più semplice. A essere onesti, questo Grande Vecchio, come un'ape regina, da solo non fa proprio nulla, neppure generare se stesso. Sono altri personaggi, come sempre proteine, a farlo per lui, agendo più o meno come le laboriose api operaie in un alveare. In Fig. 6.15 ho cercato di schematizzarvi un po' rozzamente la complessa serie di operazioni necessarie per la duplicazione del DNA. Innanzitutto un enzima, l'**elicasi**, apre la strada, tagliando i legami idrogeno tra le due catene e generando in questo modo una struttura a forcella dove, a valle di questo sarto enzimatico che avanza, ci sono due filamenti singoli a cui altre proteine, dette SSB, impediscono di ricombinarsi[33]. A questo punto, interviene il protagonista principale, la **DNA-polimerasi**, che comincia a usare i filamenti come "stampo" per sintetizzare, nucleotide per nucleotide, un nuovo filamento usando le basi *complementari* (per esempio, se legge ATGA… costruisce TACT…) creando quindi una copia dell'*altro* filamento[34]. Tuttavia, la polimerasi si può muo-

---

[33] Nel tagliare, l'elicasi tenderebbe a far srotolare il DNA che gli sta di fronte, ma a evitare ciò provvede un'altra proteina che la precede, la **topoisomerasi**, che controlla la torsione della doppia elica.

[34] Nella duplicazione artificiale tramite PCR la nostra polimerasi non funziona, perché a queste alte temperature si denatura, e deve essere quindi sostituita da quella di un batterio termofilo. Il fatto che questa funzioni anche per un DNA così diverso, ci dice quanto la struttura della DNA-polimerasi abbia raggiunto un alto grado di perfezione fin dai primi stadi dell'evoluzione e non sia stata quindi più modificata.

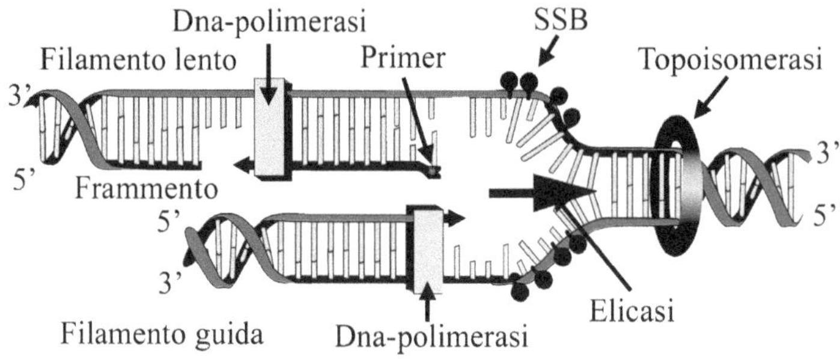

Fig. 6.15. Schema semplificato della duplicazione del DNA

vere *solo in una direzione*, per l'esattezza da 3' a 5' (sintetizzando quindi un filamento complementare che parte da 5'), e pertanto le cose vanno in modo diverso per i due filamenti. In uno di essi, detto *filamento guida*, la polimerasi può tranquillamente seguire l'elicasi che avanza, sintetizzando "in tempo reale" la copia. La polimerasi sull'altro filamento, che è detto *lento*, deve però andare al contrario, partendo dal punto in cui l'elicasi è arrivata e tornando indietro. Mentre indietreggia, tuttavia, l'elicasi avanza ancora, e quindi rimane indietro un tratto non copiato, per cui non gli rimane che ricominciare daccapo. Insomma, il filamento lento viene copiato a tratti, e sono poi necessarie altre proteine per giuntare i pezzi[35].

Il processo di replicazione sembra quindi piuttosto complicato, soprattutto per la polimerasi "retrograda", ma negli eucarioti è davvero molto accurato, perché una polimerasi sbaglia tipicamente a copiare un nucleotide su *dieci milioni* (nonostante ciò, ci sono poi altre proteine che fanno da "correttori di bozze"). La duplicazione non è però molto veloce, almeno negli eucarioti, perché avviene alla velocità di circa cinquanta nucleotidi al secondo: tenendo conto di quante coppie di basi ci sono in un cromosoma, ci vorrebbe una vita per replicare un cromosoma, se non fosse che la replicazione inizia in moltissimi punti contemporaneamente, segnalati da precise sequenze di nucleotidi che fan-

---

[35] Oltretutto, per cominciare, ha bisogno di un'"imbeccata", ossia che gli venga fornito un pezzettino di RNA a cui attaccare il primo nucleotide, che si dice **primer** e che dovrà essere a sua volta sostituito.

no da bandierine di partenza (nei procarioti, dove le bandierine di partenza sono molte meno, la velocità di replicazione è anche mille volte superiore, ma a scapito di un numero molto maggiore di errori che i batteri, a differenza di noi, si possono permettere). Il fatto che la DNA-polimerasi si muova sempre in una precisa direzione lungo ciascun filamento non è del tutto irrilevante: già nel 1971, il teorico russo Alexei Olovnikov mostrò rigorosamente che ciò conduce a un'inquietante conseguenza: il DNA di un cromosoma non può mai essere copiato del tutto, se ne perde sempre per strada un pezzettino. La Natura però è altrettanto brava a prevedere e soprattutto a provvedere, e così ha fornito ai cromosomi dei "cappucci terminali", detti **telomeri**, costituiti da pezzi di DNA del tutto inutili, che si possono tranquillamente consumare duplicazione dopo duplicazione come le pastiglie dei freni. Però si consumano, e ciò pone un limite al numero di volte (tipicamente una cinquantina) per cui una cellula si può duplicare prima di, diciamo, danneggiare i dischi del freno, ossia perdere informazioni vitali. L'accorciamento dei telomeri è dunque in qualche modo il segno più intimo del nostro invecchiamento, che nessun lifting può nascondere. Qualche biologo molecolare pensa però che questa chirurgia plastica si possa fare con tecniche genetiche: telomeri nuovi, vita nuova! Di fatto, qualche animale i cui telomeri non sembrano accorciarsi, o addirittura si allungano, vive molto a lungo. Peccato che più una cellula vive, più aumenta il rischio che diventi cancerogena: vedete voi. Comunque, esattamente una settimana prima del momento in cui sto scrivendo, Elizabeth Blackburn, Carol Greider e Jack Szostak sono stati insigniti del Nobel 2009 per la Medicina proprio per i loro studi pionieristici sui telomeri, dei quali sentiremo sicuramente riparlare.

Da Gastone a Paperino

Il vero protagonista dell'altro compito fondamentale, quello di "tradurre" le informazioni contenute nel DNA per fabbricare le proteine, non è il Grande Vecchio (che, ancora una volta, se ne sta in panciolle), ma piuttosto il suo fedele servitore, l'RNA. A prima vista, quest'ultimo non sembra essere molto diverso da quella superstar del fratellino maggiore: a parte la sostituzione della timina con l'uracile, l'unica altra differenza chimica è che lo zucchero non è un desossiribosio, ma un ribosio, che ha un gruppo OH in più[36]. Nonostante queste differenze, L'RNA può formare, almeno in linea di principio, delle doppie eliche, ma queste sono in tutto simili alla forma A del DNA in Fig. 6.14 che, come abbiamo detto, non è particolarmente ben riuscita. In realtà, in tutti gli organismi (escluso qualche virus), ciò non succede mai: mentre i filamenti complementari del DNA vengono prodotti più o meno contemporaneamente e si avvolgono subito a riformare la doppia elica, l'RNA viene sempre sintetizzato (dal DNA, come vedremo) sotto forma di filamento *singolo*, e sotto questa forma lascia il suo signore e creatore. La differenza in termini di struttura è totale: non solo l'RNA è molto più flessibile, ma è anche per così dire "auto-appiccicaticcio". A differenza che nel DNA, le basi azotate sono esposte e, dato che la catena può ripiegarsi su se stessa, una base o anche più basi consecutive possono incontrare facilmente le loro complementari che si trovano in *altre* zone della catena, legandosi a esse e dando origine a "motivi" strutturali molto vari, spesso sfruttati per scopi precisi (in realtà si può formare anche qualche legame tra basi non complementari, perché l'uracile non disdegna per nulla la guanina). All'RNA manca quindi del tutto l'eleganza strutturale del DNA, al cui cospetto sembra un *clochard* appena svegliato di fronte a un direttore di banca, o se volete, Paperino di fronte al fortunato cugino Gastone. Questo suo disordine lo rende sicuramente meno adatto a custodire gelosamente il patrimonio genetico e a replicarsi con precisione[37], ma al tempo stesso questa ricchezza di soluzioni strutturali lo fa assomigliare un po' più alle proteine e gli consente molta più libertà di espressione di quanta ne abbia il suo fortunato e paludato parente.

Abbiamo parlato dell'RNA, ma in realtà dovremmo parlare *degli* RNA, perché per compiere le sue magie lo sciamano deve farsi almeno in tre: dobbiamo infatti distinguere l'RNA messaggero (**m-RNA**) da quello ribosomale (**r-RNA**) e da quello di trasporto

---

[36] Una adenina legata al ribosio forma l'*adenosina*, come la guanina forma la *guanosina*. Dato che ci sono anche i fosfati, l'RNA contiene tutti gli ingredienti per l'ATP (cosa che conferma di nuovo l'incredibile abilità dei sistemi viventi nel riciclare).

[37] Oltretutto non potrebbe farlo, visto che non esiste nelle nostre cellule un vero equivalente della DNA-polimerasi, che copi RNA in RNA (l'RNA polimerasi di cui parleremo lo sintetizza, ma *a partire dal DNA*): i virus che "funzionano" a RNA devono produrselo da soli.

(**t-RNA**). Cominciamo dal primo, un messaggero dalla vita breve e tormentata, che ha il compito di trasmettere al mondo gli ordini del Grande Vecchio, proprio come Hermes lo faceva per Zeus. La sintesi dell'm-RNA viene fatta a partire dal DNA in modo non troppo dissimile dalla replicazione. Come sempre Edward-mani-di-forbice, l'elicasi, comincia ad aprire la doppia elica. Una particolare sequenza di nucleotidi, detta **promotore**, indica a un altro enzima, la **RNA-polimerasi**, dove cominciare a trascrivere[38]: la trascrizione avviene però solo su *un* filamento, quello dove si trova il promotore, che fa così da stampo per la formazione di una *singola* catena di RNA (ancora una volta, dato che vengono attaccati nucleotidi complementari, è però *l'altro* filamento a essere copiato). La RNA-polimerasi poi procede più o meno come la sua collega di sartoria, muovendosi sempre da 3′ a 5′, tranne che per il fatto di attaccare una U, anziché una T, quando incontra una A (e naturalmente, come zucchero, del ribosio), fino a incontrare una sequenza di "stop". L'intera sequenza di nucleotidi letta da "start" a "stop" è detta *gene* e corrisponde molto spesso a tutte le istruzioni necessarie a codificare una specifica proteina, anche se nel caso degli eucarioti, come presto vedremo, il contenuto di informazione è molto maggiore (in realtà, vi sono anche molti geni che non codificano per alcuna proteina, ma solo per dell'RNA che serve per esempio a regolare il funzionamento del genoma stesso). Mentre avviene la trascrizione, l'RNA che si è già formato si libera e il DNA a valle della zona dove sta ancora avvenendo la lettura si ricompone, riformando la doppia elica. A questo punto, il destino dell'RNA diviene molto diverso a seconda che la cellula sia procariota o eucariote.

La fabbrica dei sogni

Cominciamo dal caso dei procarioti, che è molto più semplice. La nostra storia ci porta a incontrare il secondo tipo di RNA, quello ribosomale, che risiede proprio nei ribosomi, le vere e proprie fabbriche delle proteine. I ribosomi dei procarioti sono grossi complessi formati da r-RNA e da moltissime proteine, del diametro di

---

[38] Negli eucarioti c'è bisogno dell'aiuto di un altro complesso di proteine, perché la nostra RNA-polimerasi non sa riconoscere da sola il promotore.

una ventina di nanometri e con un peso molecolare pari a quello di *duecento* proteine semplici come il lisozima[39]. Un singolo ribosoma è costituito da due subunità, l'una decisamente più grande dell'altra, che lavorano a stretto contatto, conferendogli una forma davvero particolare, che a me ricorda tanto una doppia testina di lettura di un vecchio registratore a nastro. Per la traduzione del messaggio contenuto sull'm-RNA, l'RNA ribosomale chiede aiuto al fratellino minore della famiglia, l'RNA di trasporto, anzi *ai* fratellini minori, perché i t-RNA sono davvero tanti e, per quanto simili, tutti diversi tra loro. Ciascun t-RNA, che è una breve catena di meno di 100 nucleotidi, raggomitolata su se stessa a formare una sorta di "asciugacapelli", è infatti specializzato nel connettere un particolare aminoacido, che si lega all'imboccatura di uscita del fon, al complementare del suo codone, ossia al suo **anti-codone**, che costituisce la parte terminale dell'impugnatura: per esempio, vi sono due t-RNA che trasportano la cisteina, che ha per codoni UGU e UGC, i quali portano sul terminale gli anti-codoni complementari ACA e ACG[40].

Come avviene la sintesi delle proteine nei ribosomi? Un modello molto semplificato è quello mostrato in Fig. 6.16. Proprio come un nastro di registrazione, l'm-RNA scivola progressivamente attraverso la fessura presente nella testina di lettura. Quando la testina riconosce un particolare codone, chiama a raccolta un t-RNA con il corrispettivo anticodone che, trasportato da opportune proteine, va a posizionarsi in un opportuno incavo della testina. A questo punto il ribosoma forma un legame peptidico tra l'aminoacido trasportato e la catena polipeptidica che va crescendo, la quale comincia immediatamente a subire il processo di folding.

---

[39] Quelli degli eucarioti sono lievemente più grandi e massicci, e soprattutto si distinguono in ribosomi liberi nel citoplasma, che sintetizzano proteine che verranno rilasciate e utilizzate all'interno della cellula o nella parte interna della membrana cellulare, e ribosomi legati al reticolo endoplasmatico ruvido, che si occupano di sintetizzare e rilasciare proteine più complesse che verranno poi spedite alla loro destinazione finale, sia interna che esterna alla cellula, dalla quale vengono espulse per esocitosi.

[40] Ci si potrebbe aspettare che servano almeno 61 tipi diversi di t-RNA (tanti quanti i codoni, esclusi quelli di "stop"), ma in realtà ne bastano meno (tipicamente una quarantina), sia perché l'uracile, come abbiamo visto, flirta anche con la guanina, sia in quanto ai t-RNA viene aggiunta spesso un'altra base, l'inosina, che è davvero di bocca buona, visto che si accoppia con A, C e U.

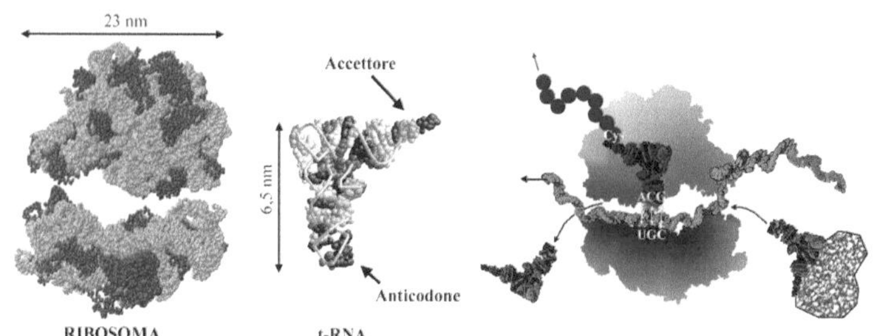

Fig. 6.16. La fabbrica delle proteine. Nella struttura del ribosoma le proteine sono indicate in grigio più scuro, mentre per il t-RNA nucleotidi complementari sono mostrati con tonalità di grigio simili. (fonte: *PDB, strutture 1ffk 1fka e 1ehz*)

Nel frattempo, il t-rna viene espulso e sostituito con uno adatto al codone successivo. Tutto ciò, che ovviamente comporta un gran numero di reazioni chimiche, può avvenire a una velocità che può attivare nei batteri a una ventina di codoni al secondo: davvero stupefacente. In realtà, quello che vi ho mostrato è ancora poco più che un fumetto, perché molti aspetti della trascrizione ribosomale sono ancora oscuri. Di fatto, anche se la struttura generale dei ribosomi è nota fino dagli anni '70, solo all'inizio del nuovo secolo si è ottenuta una sufficiente risoluzione che ha permesso di convalidare in parte o correggere i modelli esistenti per questo complesso meccanismo[41]: verosimilmente, ci sarà ancora molta strada da fare prima di comprendere in pieno il funzionamento di queste incredibili macchine molecolari. Una delle cose più interessanti tuttavia, che ci fa capire una differenza importante tra RNA e DNA, è che la regione attiva del ribosoma è composta essenzialmente di r-RNA, che quindi sembra essere l'attore principale della traslazione, mentre le proteine sembrano essere solo di supporto. A differenza del DNA cioè, l'RNA non si limita a essere un soggetto passivo dell'azione delle proteine: vedremo che vi sono molti altri indizi in questo senso.

---

[41] Per questi risultati Venkatraman Ramakrishnan, Thomas Steitz e Ada Yonath hanno ottenuto il premio Nobel 2009 per la Chimica.

Introversioni del Grande Vecchio

Per l'RNA messaggero degli eucarioti, come abbiamo detto, le cose vanno in modo piuttosto diverso, perché prima di essere tradotto deve subire un complesso processo di "maturazione": in altri termini, se l'm-RNA dei procarioti è come una mozzarella pronta al consumo, quello degli eucarioti è come il parmigiano, che richiede tempo e amorevoli cure prima di essere consumato. Due importanti operazioni sono l'aggiunta di una sequenza di adenine al terminale 3', che a quanto pare serve a proteggere l'm-RNA dalla digestione da parte dei nostri enzimi durante il lungo viaggio dal nucleo ai ribosomi del citoplasma, e l'aggiunta di un "cappuccio" al terminale 5' per facilitarne l'aggancio al ribosoma. Ma l'operazione veramente fondamentale, detta di *splicing*, avviene prima e consiste nella rimozione dall'm-RNA di una gran parte di quanto è stato faticosamente trascritto, perché, queste sequenze di nucleotidi non fanno parte di quelle necessarie alla sintesi della proteina codificata dal gene. Nei geni degli eucarioti, infatti, le parti codificanti (dette **esoni**) sono inframmezzate a lunghe sequenze che, apparentemente, non servono proprio a nulla: gli **introni**. La loro abbondanza è molto variabile tra le specie: vi sono alcuni tipi di funghi e licheni nei quali sono pressoché assenti, mentre nella specie umana costituiscono circa il 26% dell'intero genoma. Sembrano comunque essere una caratteristica specifica degli eucarioti. Prima che l'm-RNA sia pronto a fare la sua funzione dev'essere quindi smontato, gettando via gli introni e rimontando opportunamente gli esoni.

Ma a che cosa servono gli introni? Che a qualcosa servano lo dimostrano diversi esperimenti in cui si scopre che, se vengono eliminati da un gene, la proteina che questo codifica non si ripiega correttamente. Vi sono poi buoni motivi di credere che abbiano almeno due funzioni. La prima è abbastanza facile da comprendere, se ripensiamo alla nostra idea delle proteine come prefabbricati. Se un gene è costituito da tanti "elementi costruttivi" inframmezzati a semplice "materiale di imballaggio", si può pensare di riassemblare i primi in modo diverso, magari scegliendone solo alcuni e creando così diverse *varianti* su un tema, ossia proteine diverse ma apparentate. Il tutto con il vantaggio di avere acquistato tutta la partita di materiale in un colpo solo, per poter poi "sperimentare" con calma. Inoltre gli introni sembrano avere un ruolo in quel complesso sistema che si chiama "regolazione dell'espressione genica": già, perché noi abbiamo visto, almeno in modo elementare come funziona la trascrizione di un gene, ma non ci siamo chiesti quando, come e perché ciò avvenga. Pensate a una grande orchestra sinfonica senza un direttore: credete che se ne possa trarre fuori qualcosa di udibile? I geni sono splendidi solisti, e sono tantissimi: il guaio è che non possono avere un direttore d'orchestra "esterno", perché gli unici autorizzati a dirigere sono proprio loro, che devono quindi mettersi d'accordo. Il problema di come, quando e perché i geni si esprimano è, a tutti gli effetti, il più grande problema della biologia moderna. Aver capito il codice genetico corrisponde ad aver imparato a leggere le note, aver compreso qualcosa dei meccanismi con cui si esprime ci ha dato qualche nozione sul ritmo e l'armonia: ma in ogni istante il nostro DNA suona una musica molto più complessa di una sinfonia di Beethoven e il nostro orecchio, al momento è più sordo di quello del grande compositore.

Quello degli introni è in realtà il problema minore. Oggi che conosciamo tutto, o pressoché tutto, il genoma umano, sappiamo di avere solo circa 23.000 geni e che, nel complesso, la parte costituita da sequenze non codificanti è pari al 98,5% del totale. Introni a parte oltre i due terzi del nostro genoma sembra quindi essere solo *junk DNA*, DNA spazzatura, ossia gran parte del Grande Vecchio è grandemente inutile, o perlomeno grandemente misteriosa: altro che emergenza rifiuti! Tra l'altro, la presenza del DNA spazzatura rende ragione delle imbarazzanti e del tutto inspiegabili differenze nella dimensione del genoma degli eucarioti: vi sono amebe unicellulari con più di 200 volte la quantità di DNA presente nei nostri cromosomi, mentre il pesce palla, pur avendo all'incirca lo stesso numero di geni della nostra specie, ha un genoma dieci volte inferiore.

A che cosa serve tutta questa spazzatura, che è detta anche la "materia oscura" del genoma? Vi sono anche qui indizi che fanno dubitare sulla sua totale inutilità: alcune di queste sequenze infatti, si sono conservate gelosamente durante l'evoluzione, tanto da essere comuni a specie diversissime. Di ipotesi sull'origine e la funzione del DNA spazzatura se ne sono fatte tante, nessuna delle quali tuttavia pienamente convincente. Sicuramente una parte di esso è una sorta di DNA "parassita", derivata da antichissime infezioni virali. I virus, come forse sapete, non sono organismi viventi a tutti gli effetti, nel senso che non sono capaci di autoreplicarsi e per farlo hanno bisogno di una cellula ospite[42]. Sono di fatto nati *dopo* le cellule, forse evolvendo da quei pezzetti di DNA che i batteri si scambiano abitualmente per rimescolare il corredo genico (è il loro unico modo, poco eccitante, di fare sesso) e sono costituiti solo da un involucro di proteine (la **capside**) che contiene DNA, o talora RNA (già, i virus funzionano spesso anche "a RNA"). Una discreta parte della nostra spazzatura (almeno il 10%, ma probabilmente molto di più) è costituita da RNA copiato ("trasposto") come DNA nel nostro genoma. Tra l'altro questi "trasposoni" non fanno apparentemente altro che copiare se stessi, riuscendo a inserire proprie copie in altre regioni del genoma e aumentando così la quantità di rifiuti (forse tossici, perché sospetti di dare origine a gravi malattie autoimmuni come la sclerosi multipla). I trasposoni si integrano più velocemente di quanto gli organismi siano in grado di eliminarli e pertanto, anziché diminuire, possano aumentare nel corso dell'evoluzione.

Si ritiene comunque che parte del DNA spazzatura funga più semplicemente da "spaziatore" tra geni, permettendo agli enzimi che intervengono nella sintesi di lavorare in maggiore libertà senza ostacolarsi a vicenda. Un'altra funzione "seria" sarebbe quella di intervenire nella regolazione dei geni in modo ancora sconosciuto, per esempio durante lo sviluppo dell'embrione, per molti aspetti tuttora misterioso. Oppure altre regioni non codificanti potrebbero servire semplicemente da "specchietti per le allodole", ossia da finti bersagli per gli attacchi di nemici come gli agenti chimici o radioattivi, un po' come quelli lanciati dai sommergibili. Molte sequenze potrebbero però non essere nient'altro che rimasugli di geni, che nel corso dell'evoluzione hanno perso la loro funzione (per esempio quella di farci crescere una bella coda fluente). Come mai però il DNA non si sbarazza di questa ingombrante spazzatura? A me piace pensare che il DNA sia un po' come mio nonno, che non buttava mai via nulla, perché tutto prima o poi può

---

[42] Anche se, per dirlo con sicurezza, dovremmo sapere che cosa definisce *realmente* un essere vivente. È davvero la capacità di riprodursi? Quando un domani (molto vicino) ci saranno robot che costruiranno altri robot identici, li chiamerete "viventi"? O al contrario, quando un po' di anni dopo (non credo molti), dialogando a distanza sugli argomenti più vari con un computer che *non* si è costruito da solo, non riuscirete a distinguerlo da un essere umano, penserete che sia solo un "manufatto"?

venire utile. La "materia oscura" potrebbe cioè essere una sorta di riserva di sequenze *al momento* inutili ma dalle quali potremmo un giorno estrarre, come un coniglio dal cappello, qualche gene che ci dia un vantaggio competitivo: se così fosse, costituirebbe paradossalmente la vera materia prima dell'evoluzione. Dal punto di vista dei biologi evoluzionisti, comunque, il DNA spazzatura ha sicuramente un aspetto interessante e utile, perché mentre le sequenze codificanti vengono gelosamente conservate nel corso dell'evoluzione (i cambiamenti possono costare cari), le mutazioni del genoma non codificante sono ampiamente tollerate: così, la materia oscura di specie relativamente vicine come il topo e l'uomo, il cui corredo genetico è uguale all'80%, è piuttosto diversa, cosa che permette di ricostruire meglio il cammino evolutivo.

Polvere del tempo o polvere di stelle?

Cercare di capire i misteri del DNA sembra tuttavia un'impresa disperata: è come se un pensatore greco (antico, ovviamente), per quanto intelligente, volesse comprendere come funziona un motore a scoppio studiando quello di una Ferrari, con la differenza che dai primi motori a scoppio alla vettura di Maranello è passato poco più di un secolo, mentre il DNA ha raggiunto la sua struttura odierna in oltre *tre miliardi* di anni di evoluzione. Forse le cose potrebbero andare un po' meglio guardando l'RNA. Abbiamo già visto come questa macromolecola sia molto più flessibile e attiva del DNA, anzi, il fatto che anziché nascondere gelosamente il corredo genetico lo metta in bella mostra suggerisce che sia molto più propenso a usarlo, magari in maniera un po' più imprecisa. Oggi tutti gli organismi viventi, tranne i virus a RNA (ma non tutti: i **retrovirus**, come quello dell'AIDS, lo "ritrascrivono" prima in DNA), usano il DNA per funzionare e replicarsi, ma potrebbe esserci stato un tempo molto lontano in cui quello della vita era un "mondo a RNA"? A partire dagli ultimi due decenni del secolo scorso, questa idea ha eccitato la fantasia dei biologi, soprattutto perché si sono scoperte delle particolari molecole di RNA, i **ribozimi**, che possono catalizzare delle reazioni chimiche, proprio come gli enzimi. Ciò sembrava gettare luce sul vecchio problema dell'uovo e della gallina, divenuto ora il problema degli acidi nucleici e delle proteine: se solo gli acidi nucleici possono codificare per le proteine, ma per farlo e per replicarsi hanno a loro volta bisogno proprio di queste, chi è nato prima? In seguito ci si è resi conto che i ribozimi, per quanto abbastanza rari, svolgono delle funzioni fondamentali nelle cellule, per esempio proprio per sintetizzare le proteine nei ribosomi.

Ma è possibile per un ribozima sintetizzare se stesso, o almeno un pezzo di RNA? Gli esperimenti artificiali di laboratorio condotti in questo senso, anche se coronati da successo, sono per ora un po' delle vittorie di Pirro: la cosa riesce solo se si sintetizza un ribozima abbastanza grande, diciamo formato da 150-200 nucleotidi, il quale però riesce poi a sua volta a catalizzare la sintesi di RNA formati da non più di una quindicina di nucleotidi. Può darsi che si faccia meglio in futuro, ma rimane sempre il fatto che l'RNA è una molecola molto più fragile del DNA, che sicuramente potrebbe trasportare solo un corredo genetico molto limitato, copiandolo per di più in maniera molto meno fedele. Il mondo a RNA potrebbe quindi in breve tempo diventare un'altra leggenda metropolitana, come quella del "brodo primordiale" (nel quale i legami peptidici non si sarebbero mai formati, neppure se si fosse trattato di un *consommé*). A mio modo di vedere, è come se al pensatore greco facessimo vedere una Fiat Punto, più semplice indubbiamente, ma altrettanto evoluta. Il problema è che, in questo caso, non ci sono più in giro delle Topolino o addirittura delle Ford T: tutto quanto ci è rimasto sono due molecole perfette, ultime sopravvissute e vincitrici assolute di una lotta all'ultimo sangue (altro che Serengeti!) tra molecole auto-replicanti più semplici avvenuta chissà quando e chissà dove. Anche nei primi organismi di cui ci rimangono tracce fossili, gli acidi nucleici si erano infatti ormai probabilmente cristallizzati in una forma identica a quello di oggi, il che ci dice che devono essersi sviluppati in fretta, molto in fretta, visto che di tempo, dalla formazione del pianeta, ne era passato davvero poco. A meno che non siano arrivati da qualche altra parte… L'immagine nella Tavola 10, che mostra una nebulosa dalla forma inconfondibile, è forse un messaggio che ci giunge proprio dal centro della nostra Galassia?

6.11 Ritorno al futuro

Siamo giunti al termine del nostro (spero non troppo) lungo viaggio, che ci ha condotti dalle semplici particelle minerali presenti negli acquiferi e nell'atmosfera alle meravigliose macchine viventi. Prima di abbandonare la tastiera e spegnere il video, voglio però proporvi un piccolo viaggio a ritroso. Guardate l'immagine a sinistra in Fig. 6.17: a prima vista, sembra una semplice particella colloidale, direi quasi un modello di sfera senza particolari accessori e ammennicoli. E invece no: quella che vedete è la ricostruzione esatta dal virus della *dengue*, la febbre emorragica "spacca-ossa" trasmessa da alcuni tipi di zanzare che infetta ogni anno decine di milioni di persone in quasi tutti i paesi tropicali. In realtà, più che una sfera, è un icosaedro, ossia il più complesso solido regolare costituito da venti facce triangolari. I punti più scuri sulla superficie corrispondono a quelle regioni idrofobiche che permettono al virus di attaccarsi alla membrana per poi penetrare al suo interno. Qui sfrutta i lisosomi, organelli presenti nelle cellule che secernono enzimi come il lisozima, per farsi sciogliere il complesso involucro proteico che lo avvolge (più evidente nell'immagine a destra), liberando così il suo RNA che va a infettare la cellula ospite. Un po' più che una semplice sfera, non credete?

Fig. 6.17. Virus della *dengue*. A sinistra, gli aminoacidi idrofobici sono indicati in grigio scuro, mentre l'immagine a destra mostra in toni di grigio le varie catene proteiche che ne compongono la superficie. (fonte: *PDB, struttura 1K4R*)

Molti virus, come per esempio quello dell'Herpes, hanno una forma simile a quello della dengue, ma ve ne sono alcuni decisamente più complicati. Quello del "mosaico del tabacco", per esempio, un RNA-virus birichino che fa una sua personalissima crociata anti-fumo infestando le foglie di questa pianta, è per un colloidista uno stupendo esempio di bacchetta rigida molto sottile, con un diametro di 18 nm e una lunghezza di 300 nm, che è stato utilizzato come sistema modello in molti studi, perché forma interessantissimi cristalli liquidi. Lo si può anche manipolare proprio come se fosse una particella colloidale inorganica, ricoprendolo per esempio di una straterello di silice per renderlo più stabile. Ma ora tornate a guardate il quadro D nella Tavola 9: quello che vedete è uno dei tanti dischi forati, costituiti da centinaia di proteine, che si sovrappongono *spontaneamente* l'uno all'altro per formare la bacchetta, racchiudendo all'interno l'RNA avvolto a spirale. Osservate la straordinaria simmetria della struttura, il modo in cui le cariche positive attorniano l'RNA carico negativamente, la disposizione dei gruppi polari e di quelli idrofobici: davvero un capolavoro di arte astratta (anzi, concreta)!

Eppure anche questa straordinaria struttura fa uso delle semplici leggi che abbiamo imparato a conoscere studiando i colloidi. Perché volete sapere come fa il virus, una volta penetrato nella cellula, a liberarsi dalla sua ingombrante capside? Non ha bisogno di sfruttare gli enzimi dell'ospite, come quello della *dengue*. Come vedete, la capside contiene molti gruppi di amminoacidi dello stesso segno, che possono rimanere vicini solo perché *tenuti insieme*, un po' come per i cementi, da ioni, soprattutto calcio, bivalenti. Ma nel citoplasma, come sappiamo, il calcio è quasi assente e quindi le proteine della capside cominciano a respingersi, quanto basta per rilasciare un pezzetto di RNA: quest'ultimo poi, sfruttando i ribosomi, finisce l'opera. Davvero un uso perverso delle forze elettrostatiche, la cui ambivalenza amore/odio attraversa tutta la Terra di Mezzo, dai cementi al TMV. Una terra che abbiamo appena cominciato a esplorare.

In occasione del conferimento del premio Nobel, ottenuto "per aver scoperto che i metodi sviluppati per lo studio di ordinari fenomeni in sistemi semplici possono essere generalizzati a forme più complesse di materia, in particolare a cristalli liquidi e polimeri", Pierre-Gilles de Gennes chiuse il suo discorso ricordando alcuni versi anonimi che accompagnano un'incisione di Jean Daullé tratta da un quadro di François Boucher, *La Souffleuse de Savon*. Io, anche per ricordare quel grande scienziato, ma soprattutto quella persona di finissima umanità che fu de Gennes, non posso certamente fare di meglio. Sperando di riuscire a rendere nella no-

stra lingua il senso dell'originale francese, ma soprattutto che, dopo quanto abbiamo visto, il quadro che questi versi prospettano
non vi sembri poi così negativo, voglio solo aggiungere un grazie
e un arrivederci alla mia ipotetica lettrice e a tutti voi che avete
faticosamente condiviso con me questo cammino.

Godiamo per terre e per mari.
Sventurato chi si fa un nome!
Ricchezza, onore, mendaci luccichii di questo mondo.
Tutto non è che bolle di sapone.

i blu - pagine di scienza

Passione per Trilli
Alcune idee dalla matematica
R. Lucchetti

Tigri e Teoremi
Scrivere teatro e scienza
M.R. Menzio

Vite matematiche
Protagonisti del '900 da Hilbert a Wiles
C. Bartocci, R. Betti, A. Guerraggio, R. Lucchetti (a cura di)

Tutti i numeri sono uguali a cinque
S. Sandrelli, D. Gouthier, R. Ghattas (a cura di)

Il cielo sopra Roma
I luoghi dell'astronomia
R. Buonanno

Buchi neri nel mio bagno di schiuma ovvero L'enigma di Einstein
C.V. Vishveshwara

Il senso e la narrazione
G. O. Longo

Il bizzarro mondo dei quanti
S. Arroyo

Il solito Albert e la piccola Dolly
La scienza dei bambini e dei ragazzi
D. Gouthier, F. Manzoli

Storie di cose semplici
V. Marchis

Noveper**nove**
Segreti e strategie di gioco
D. Munari

La fine dei cieli di cristallo
L'Astronomia al bivio del '600
R. Buonanno

La materia dei sogni
Sbirciatina su un mondo di cose soffici (lettore compreso)
R. Piazza

Di prossima pubblicazione

Et voilà i robot!
N. Bonifati

Per una storia della geofisica italiana
*La nascita dell'Istituto Nazionale di Geofisica e la figura di Antonino
Lo Surdo, fondatore e primo direttore (1931-1949)*
F. Foresta Martin, G. Calcara

Tutela ambientale e risorse: quale energia per il futuro?
A. Bonasera

Quei temerari sulla macchine volanti
Piccola storia del volo e dei suoi avventurosi interpreti
P. Magionami